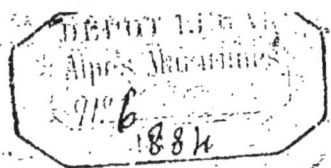

HISTOIRE

CONTEMPORAINE

DE STRASBOURG ET DE L'ALSACE

(1830-1852)

PAR

CHARLES STÆHLING

Ancien Membre
du Conseil municipal et de la Chambre de commerce de Strasbourg

NICE

IMPRIMERIE VICTOR-EUGÈNE GAUTHIER ET Cᵒ

21, Avenue de la Gare, 21

1884

HISTOIRE CONTEMPORAINE

DE

STRASBOURG ET DE L'ALSACE

(1830-1852)

NICE — IMPRIMERIE V.-EUG. GAUTHIER ET Cᵒ. — NICE

HISTOIRE

CONTEMPORAINE

DE STRASBOURG ET DE L'ALSACE

(1830-1852)

PAR

CHARLES STÆHLING

Ancien Membre
du Conseil municipal et de la Chambre de commerce de Strasbourg

NICE

IMPRIMERIE VICTOR-EUGÈNE GAUTHIER ET Cᵇ

21, Avenue de la Gare, 21

—

1884

AVANT-PROPOS

---◆---

Ces pages, dans l'origine, n'étaient pas destinées à la publicité; ce furent d'abord de simples notes ayant un caractère tout intime, écrites pour un de mes fils sur quelques faits historiques qui s'étaient passés pendant ma jeunesse et sur lesquels il m'avait consulté.

Depuis, pénétrant plus avant dans l'histoire des années qui ont suivi 1830, et complétant mes souvenirs personnels à l'aide de nos journaux locaux, j'ai été frappé par une série de faits qui me paraissaient avoir d'autant plus d'intérêt pour l'histoire de Strasbourg et de l'Alsace, que, depuis qu'ils se sont passés, notre province a dû subir un bouleversement politique complet.

Les auteurs allemands ne manqueront pas d'écrire un jour l'histoire de l'Alsace à leur point de vue; il me semble donc utile d'offrir au public un récit qui, émanant d'un contemporain, appuyé sur des documents publiés à mesure que les événements se déroulaient, sera comme une preuve vivante du véritable esprit des Alsaciens dans les années qui précédèrent la catastrophe de 1870.

Peut-être trouvera-t-on que, pour une histoire d'Alsace, j'ai fait trop fréquemment des incursions dans le domaine de la politique générale. Mais, d'une part, les événements que je relate avaient presque toujours eu quelque corrélation avec l'histoire de notre province; d'autre part, j'ai tenu à rappeler les abus scandaleux, les fautes innombrables qui se sont produits sous la monarchie, à ceux de mes lecteurs qui les ont oubliés ou qui les ignorent, et qui aujourd'hui critiquent volontiers la plus petite faute des républicains.

Si, dans la conclusion, je touche à la situation présente, c'est dans la pensée que, si un exemplaire de cet ouvrage franchissait le Rhin, il pourra peut-être faire naître, chez des esprits clairvoyants, l'idée que l'Allemagne n'a pas été bien inspirée en 1870-1871, en demandant, à grands cris, l'annexion de l'Alsace-Lorraine. Elle a ainsi jeté entre les deux grandes nations voisines un brandon de discorde tel, que, pour de longues années, elles seront obligées d'user leurs meilleures forces vives, le plus clair de leurs finances, en armements militaires.

En écrivant ces souvenirs, je n'ai pas la prétention de faire un ouvrage littéraire ou scientifique, et si, sous ce rapport, il laisse à désirer, j'espère qu'on sera indulgent en raison du but essentiellement patriotique que j'ai poursuivi, tout en m'efforçant de rester strictement impartial.

Nice, * mars 1884.

C. S.

---

* Ce livre a été imprimé à Nice parce que, depuis quelques années, nous y passons la saison d'hiver.

INTRODUCTION

L'esprit de réaction qui, dès 1815, s'empara de la France, se fit naturellement sentir en Alsace également et l'avènement de Charles X, en 1825, lui donna une nouvelle impulsion. A partir de cette époque, le parti ultramontain tendait à tout envahir.

Pour étendre ou affermir son influence, tous les moyens paraissaient bons : pèlerinages processionnels ; exposition de reliques dans les églises ; prédications en plein vent ; plantations de croix, etc. Strasbourg surtout en eut sa bonne part. Un Christ, sur une immense croix, fut promené processionnellement avec grande pompe par les confréries d'hommes et de femmes dans toute la ville ; finalement on s'arrêta devant la cathédrale, en face du château. C'est là que la croix fut érigée sur un énorme socle en pierres de taille ; elle y resta jusqu'en 1830.

Il est facile de comprendre que le parti libéral, si vivace en Alsace, était navré et humilié de voir cet envahissement. Il eut cependant une lueur d'espoir en 1828.

Charles X avait remplacé le ministère Villèle par le ministère plus libéral, présidé par M. de Martignac, qui engagea le roi à faire un voyage dans les départements de l'Est.

L'enthousiasme que cet heureux revirement avait provoqué dans l'immense majorité de la population et l'espérance de voir Charles X entrer dans une voie libérale, parurent dans l'accueil qu'elle fit au roi. Ce voyage devint pour lui une véritable marche triomphale (1).

Ce fut le 7 septembre 1828, vers les deux heures de l'après-midi, que Charles X, accompagné du duc d'Angoulême (le Dauphin), fit son entrée dans *sa bonne* ville de Strasbourg. Un magnifique arc de triomphe avait été élevé à deux kilomètres en avant de la ville, près de Kœnigshofen. On y lisait en grosses lettres d'or les vers suivants :

AU PIED DE CES REMPARTS, OU TON PEUPLE SE PRESSE,

VIENS RECEVOIR LES VOEUX QU'IL BRULE D'EXPRIMER,

IL T'OFFRE ICI, DANS SA JOYEUSE IVRESSE,

DES BRAS POUR TE DÉFENDRE ET DES COEURS POUR T'AIMER.

L'enthousiasme était immense et bien que quelques vieux républicains ne le partageassent pas, il parut, en somme, être de bon aloi. Pour comprendre comment ces Alsaciens, qui passaient de tout temps pour de chauds patriotes à tendances républicaines, qui avaient vu éclater chez eux la conspiration de Belfort (1822), qui avaient assisté à la mort du brave colonel Caron, (2) fusillé à Strasbourg, avaient ainsi pu devenir roya-

---

(1) *Relation du voyage de S. M. Charles X en Alsace*, par Fargès–Méricourt, avocat. Strasbourg, imprimerie F.-G. Levrault, imprimeur du roi, 1829.

(2) La tombe de Caron existe encore aujourd'hui au cimetière Saint-Urbain, hors la porte d'Austerlitz. Quatre cyprès et un petit grillage en fer entourent une pierre portant l'inscription : « Ci-gît le lieutenant-colonel Caron, mort pour la liberté, à la Finkmatt, le 1er octobre 1822. »

listes, il faut se représenter le soulagement qu'avait ressenti la France à l'avènement du ministère Martignac, après plus de dix années d'oppression.

Du reste, ce n'était pas à Strasbourg seulement que furent débitées ces flatteries excessives ; chaque petite ville, sur le parcours royal, avait érigé son arc de triomphe. A son entrée en Alsace, près de Saverne, le roi dut passer sous un arc de triomphe en feuillage, élevé par les agents forestiers du département, et cela devait continuer ainsi jusqu'à sa sortie de la province.

Le 10 septembre, Charles X quitta Strasbourg pour se rendre, par Benfeld et Sélestat, à Colmar, où l'arc de triomphe portait l'inscription suivante :

A CHARLES X

AU PREMIER ROI BOURBON QUI HONORA LES FIDÈLES COLMARIENS DE SON AUGUSTE PRÉSENCE, LE 10 SEPTEMBRE 1828

LA VILLE DE COLMAR

HEUREUSE ET A JAMAIS RECONNAISSANTE

A Colmar, l'accueil fut tellement enthousiaste que Charles X voulut se rendre à pied de la cathédrale (la première visite était à cette époque, naturellement pour l'église) à la préfecture, qui avait été disposée pour lui servir de résidence, et — dit la chronique du temps : « Il est impossible d'exprimer combien était majestueux et touchant, tout à la fois, le spectacle d'un grand roi, marchant lentement sans autre garde que le respect et l'amour de son peuple, au milieu de citoyens faisant retentir l'air de leurs acclamations. »

Le 11 septembre, le roi se rendit, par Ensisheim, à Mulhouse. Les courtisans avaient quelques appréhensions au sujet de cette partie du voyage. Des lettres anonymes adressées à Paris et portant le timbre de villes de la Haute-Alsace parlaient de dangers que courrait le roi en se rendant à Mulhouse (1). Charles X montra la confiance d'Henri IV : « Puisqu'il en est ainsi, doit-il avoir dit, j'arriverai sans escorte. » Point n'était besoin de précautions. Au premier bruit d'un voyage du roi dans le Haut-Rhin, le conseil municipal de Mulhouse se réunit spontanément et décida *que Sa Majesté serait suppliée d'honorer la ville de son auguste présence.*

La réception fut aussi enthousiaste que magnifique. En avant d'un pavillon triomphal, élevé pour recevoir le roi, le corps des pompiers à cheval (2) de Mulhouse, commandé par M. Edouard Koechlin, était rangé en bataille. Le roi monta en calèche découverte, pour se rendre à l'hôtel de M. Mathieu Dollfus, choisi par la ville pour recevoir le roi et le Dauphin. Après le déjeuner d'apparat, on se rendit au palais de la Société industrielle, où une magnifique exposition des produits de l'industrie mulhousienne avait été organisée et le roi, plein d'admiration, eut ce mot heureux : *Mulhouse est la capitale de l'industrie française.*

(1) On sait que Mulhouse ne perdit son indépendance qu'en 1798, en renonçant à son alliance avec la Suisse et en votant sa réunion à la France. On était dès lors quelque peu fondé à penser que l'esprit républicain particulier aux Alsaciens était encore plus vivace à Mulhouse que partout ailleurs.

(2) Fargès-Méricourt, *Relation du voyage de S. M. Charles X en Alsace.* « Arrivée à Mulhouse. »

Arrivé à neuf heures du matin, le roi dut déjà quitter Mulhouse à deux heures de l'après-midi, ayant promis aux habitants de Colmar d'assister le soir à un grand bal. Le 12 septembre, le roi quitta l'Alsace, par Kaysersberg et le col du Bonhomme.

Les fêtes en l'honneur de Charles X étaient à peine terminées qu'elles recommencèrent pour l'arrivée de la duchesse d'Angoulême (Mme la Dauphine), qui entra à Strasbourg le 14 septembre et y séjourna jusqu'au 18. La duchesse partagea la popularité dont jouissaient à ce moment les Bourbons ; elle fut reçue, dans toute l'Alsace, avec les mêmes témoignages d'affection qui furent prodigués à Charles X et au Dauphin.

A la même époque, l'insurrection de la Grèce occupa beaucoup les esprits ; elle eut un grand retentissement en Alsace et les noms de Canaris, de Notis Botzaris, nous étaient alors au moins aussi familiers que ceux des héros de l'ancienne Grèce. Un jeune auteur alsacien, Edouard Kneiff, avait fait un drame, *Notis Botzaris ou la prise de Missolonghi,* avec chœurs, dont la musique avait été composée par un jeune strasbourgeois, George Kastner. (1) La pièce fut jouée par la troupe allemande qui, à cette époque, venait régulièrement

(1) Kneiff mourut jeune ; son ami G. Kastner, par contre, a fourni une plus belle carrière. Fils d'un boulanger, le jeune Kastner qui, de bonne heure, avait montré de grandes dispositions pour la musique, entra au Conservatoire avec une subvention du Conseil municipal de Strasbourg. A Paris, il épousa Mlle Boursault, aussi distinguée par la culture de son esprit que par sa belle dot. A l'abri du besoin, Kastner déploya une grande productivité littéraire ; le chemin des honneurs lui était ouvert ; il fut nommé professeur au Conservatoire de musique, membre de plusieurs Sociétés savantes, chevalier, puis

à Strasbourg, en été, pour y donner des représentations en l'absence de la troupe française. La pièce n'eut qu'un succès médiocre ; du reste, écrite en allemand, elle ne pouvait franchir les Vosges ; quant à lui faire traverser le Rhin, il ne fallait pas y songer. La diète de Francfort, qui alors dictait la loi en Allemagne, n'aurait pas toléré des aspirations aussi libérales, que celles contenues dans le drame de Kneiff.

L'hiver de 1829 à 1830 fut certainement un des plus rigoureux du siècle. Tous les cours d'eau gelèrent ; le Rhin fut pris sur une grande étendue, notamment entre Strasbourg et Kehl, et le 1er janvier 1830, nous le franchîmes sur la glace pour nous rendre à Kehl.

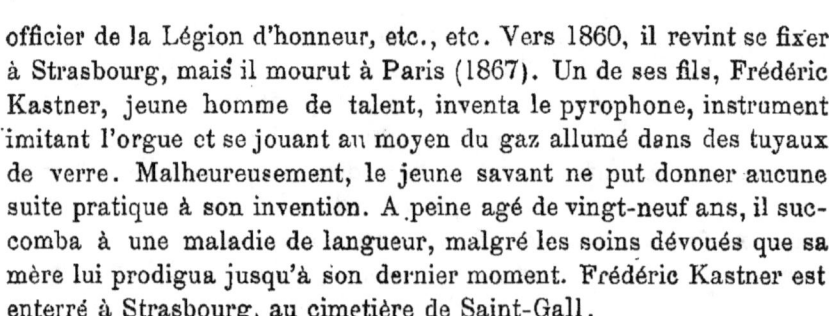

officier de la Légion d'honneur, etc., etc. Vers 1860, il revint se fixer à Strasbourg, mais il mourut à Paris (1867). Un de ses fils, Frédéric Kastner, jeune homme de talent, inventa le pyrophone, instrument imitant l'orgue et se jouant au moyen du gaz allumé dans des tuyaux de verre. Malheureusement, le jeune savant ne put donner aucune suite pratique à son invention. A peine agé de vingt-neuf ans, il succomba à une maladie de langueur, malgré les soins dévoués que sa mère lui prodigua jusqu'à son dernier moment. Frédéric Kastner est enterré à Strasbourg, au cimetière de Saint-Gall.

HISTOIRE CONTEMPORAINE

DE

STRASBOURG ET DE L'ALSACE

(1830-1852)

1830

SOMMAIRE

Révolution de Juillet. — Louis-Philippe est nommé roi des Français. — Il est proclamé à Strasbourg. — Fêtes. — Cérémonies funèbres en souvenir de Caron, de Desaix, de Kléber. — Remise des drapeaux à la garde nationale. — Manifestations patriotiques. — Réaction. — Mort de Benjamin Constant. — Mouvements révolutionnaires en Suisse. — Soulèvement de la Pologne. — Pétitions. — Puits artésiens. — Ecoles gratuites du soir. — Maison de refuge. — Octroi. — Innovations et réformes. — Mouvements en Allemagne. — Propagande libérale. — Le choléra.

1830. — Date mémorable dans l'histoire de l'humanité.

Le roi Charles X, qui avait paru être si sincère dans ses affirmations libérales, quand en septembre 1828, sous le ministère Martignac, il avait fait son voyage en Alsace, ne put résister longtemps aux influences réactionnaires qui devaient le perdre. Dans le courant de 1829, le ministère Martignac fut remplacé par le ministère Polignac ; son avènement fit naître dans le parti libéral les plus vives appréhensions que les événements ne manquèrent pas de justifier.

Cependant, pour un instant, les idées prirent une autre direction. Husseyn, le dey d'Alger, avait frappé, avec un chasse-mouche, le consul français, M. Deval, à l'occasion d'un colloque relatif à une question d'argent. La France demanda réparation de cet outrage. Le dey ne voulant pas l'accorder, l'expédition d'Alger fut résolue. Nous suivîmes naturellement avec beaucoup d'intérêt les nouvelles du corps expédition-naire et quand dans les premiers jours de juillet, la prise d'Alger fut annoncée, nous prîmes une large part à la joie, que cette victoire produisit, et aux démonstrations enthou-siastes qu'elle provoqua. Entre autres, un *Te Deum* à grand orchestre fut exécuté à l'église du Temple-Neuf ; tous les amateurs de la ville y prêtèrent leur concours.

Ce *Te Deum* me rappelle les grandes fêtes musicales, qui furent données à Strasbourg, pendant les jours de Pâques de cette même année, par la *Société des Concerts alsaciens* (1). Organisée dans le courant de 1829, cette Société avait pour but de donner un puissant essor à l'art musical dans les départements du Rhin, en réunissant, pour une exécution en commun des ouvrages des grands maîtres, tous les artistes et amateurs de talent, épars sur le sol alsacien. Aux termes des statuts, ces concerts devaient avoir lieu tous les trois ans, alternativement dans une ville du Haut ou du Bas-Rhin ; Strasbourg, avec sa vaste et belle salle de spectacle fut choisi pour la première de ces solennités. C'est dans la soirée du

---

(1) L'âme de ces concerts fut M. Auguste Kern ; né à Strasbourg en 1800, il y mourut en 1873. Cet organisateur infatigable des solen-nités musicales, établit en 1830, avec le concours de M. Conrad Berg, professeur de piano et artiste aussi distingué que modeste, la Caisse d'émérität, pour les artistes infirmes, leurs veuves et leurs orphelins, qui aujourd'hui possède un capital de près de 100,000 fr.

vendredi-saint qu'une partie des sociétaires du Haut-Rhin arriva sur un bateau, par l'Ill (1), et débarqua près de l'ancienne douane et du pont de l'Esprit. Les répétitions générales eurent lieu samedi et dimanche ; le premier concert fut donné le lundi de Pâques et l'oratorio de Schneider, *Das Weltgericht (le Jugement dernier)*, y fut exécuté. Le concert de mardi fut consacré à ce qu'on appelle aujourd'hui la musique non classique, mais qui, à mon avis, est la bonne parce qu'elle charme l'oreille et est comprise par tout le monde. On y fit entendre l'ouverture d'*Obéron*, des chœurs de *Préciosa*, etc., etc.; les fêtes se terminèrent par un grand bal dans la salle du théâtre.

Les fêtes en l'honneur de la prise d'Alger, étaient à peine terminées que les bruits de coup d'Etat reprirent de plus belle. Nos professeurs en étaient visiblement préoccupés ; pendant le quart d'heure de récréation, on les voyait se promener dans la cour du Gymnase, appelée le *Grasboden*, discutant avec tant de feu, que nos jeunes têtes s'en émurent. De nouvelles élections de députés eurent lieu à cette époque ; la Chambre avait été dissoute, 221 députés ayant voté contre le ministère Polignac. Il s'agissait de les renommer. Le nombre des électeurs était alors très restreint ; il fallait payer 1,000 fr. de contributions directes, pour être grand électeur (2). Tout

(1) Le service des voyageurs se faisait alors à l'aide de diligences ; mais comme le voyage était long et désagréable, sur la grande route poudreuse, quelques amateurs préférèrent la voie de l'Ill, qui du reste, à cette époque, était très utilisée pour le trafic des marchandises, entre Strasbourg, Sélestat et Colmar. La plus grande partie des amateurs du Haut-Rhin arriva par voiture et le public musical strasbourgeois alla à leur rencontre jusqu'au pont de Grafenstaden.

(2) Electeur et éligible ; pour être simplement électeur, il fallait payer 500 francs d'impôt foncier.

le monde comprit la gravité de la situation ; quelques vieillards infirmes se firent transporter, à bras d'hommes, dans la salle du collège électoral, qui se tenait au petit auditoire (1) près du Gymnase, et nous entendîmes dans nos salles de classe les applaudissements qui accueillirent ces dévouements des amis de la liberté.

On n'était pas sans inquiétude quand, du 26 au 27 juillet furent affichées les fameuses ordonnances de Charles X dont la plus importante était celle qui suspendait la liberté de la presse. Strasbourg, ville de forte garnison restait forcément tranquille. Le vendredi, 30 et le samedi, 31 juillet passèrent sans manifestation particulière, si ce n'est que l'hymne patriotique, *La Marseillaise* venait pour *la première fois* (2) frapper nos oreilles. Dans la journée de dimanche 1er août, on parlait de révolution, de combats dans les rues de Paris, et vers le soir, on entendait les cris de : « *A bas les Bourbons !* » En même temps, on se mit à abattre les écussons fleurdelysés des notaires. Cependant ce n'est que dans la journée de lundi, 2 août, que le triomphe définitif de la Révolution, dans la grande lutte soutenue par l'héroïque Paris contre le despotisme, fut connu à Strasbourg. Le soir, à 6 heures, nous eûmes l'inexprimable joie de voir flotter, pour la *première* fois, le drapeau aux trois couleurs, *bleu, blanc, rouge*, sur les tourelles de la cathédrale. Revoir ce noble drapeau, que nos pères avaient vu flotter de 1789 à 1815, devait être pour eux une jouissance bien vive. Il ne m'est guère possible de décrire l'impression que firent les trois couleurs sur nous, qui n'avions vu que le drapeau blanc, et qui savions que le drapeau tricolore signifie victoire de la liberté sur le despo-

(1) Brûlé par le bombardement de 1870.

(2) A partir de 1815 elle fut prohibée en France ainsi que les autres chansons républicaines, le *Chant du Départ*, etc., etc.

tisme : une espèce de fièvre s'empara de nous et nous n'eûmes de repos que lorsque nos casquettes furent garnies de la cocarde tricolore dont s'ornaient alors les vrais, et aussi les faux patriotes.

Bientôt les murs furent couverts d'affiches et de proclamations. Les citoyens notables s'étaient réunis pour délibérer sur les mesures à prendre, dans les graves circonstances où l'on se trouvait. Le rétablissement de la garde nationale fut décidé; dans la Commission, qui tenait ses séances à l'Hôtel-de-Ville, je vois figurer, en tête, les noms de Turckheim, Nebel, Reuss, Zimmer, Pfaehler, Weigel, Louis Kob, Steiner, Lichtenberger avocat, etc. Cette Commission obtint du préfet Esmangart un arrêté autorisant la réorganisation de la garde nationale; elle dut se faire très promptement, car déjà le lendemain, mardi, 2 août, nous vîmes circuler les premières patrouilles de citoyens armés. L'enthousiasme fut universel et nous n'avions qu'un regret, celui d'être de quelques années trop jeunes pour pouvoir être admis dans les rangs de la garde civique. Le général en retraite Geither fut appelé au commandement provisoire; quoique infirme, il accepta par dévouement.

Des listes de souscription furent ouvertes, en faveur des braves blessés de juillet; elles se couvrirent de nombreuses signatures. Les souscriptions ne se bornaient pas à la ville; la campagne aussi voulut y prendre part et presque tous les villages envoyèrent leurs offrandes. Ce fut un véritable entraînement; comme preuve, je ne citerai que la phrase finale d'une des proclamations :

« La journée du 2 août (où furent arborés les drapeaux tricolores) est pour nous à jamais mémorable ; elle brillera dans nos fastes; la révolution qui dure depuis quarante ans se termine avec elle ; une aurore de prospérité et de bonheur se lève enfin pour la France ! Vive la patrie ! vive la liberté ! »

Hélas ! bientôt les déceptions durent venir. Le canon de juillet avait réveillé les espérances de tous les peuples opprimés. Vers la fin d'août, nous apprenons la révolution de Belgique. C'est Bruxelles qui, à la suite d'une représentation de la *Muette de Portici*, se lève pour chasser les Hollandais ; puis, c'est Lisbonne qui s'insurge contre son tyran, Don Miguel. Ce sont les Italiens qui secouent le joug des Autrichiens, plus près de nous, chez nos voisins d'Outre-Rhin, un certain nombre de patriotes, notamment du pays de Bade, de Wurtemberg et du Palatinat, réclament les libertés longtemps promises. Enfin, c'est l'héroïque Pologne qui secoue son linceul. Pauvres peuples ! que d'efforts ne font-ils pas pour conquérir la liberté, qui leur est presque toujours escamotée au moment où ils croient la tenir.

La France avait commencé ; elle devait, la première, être prise au piège. Le duc d'Orléans avait été proclamé roi des Français, sous le nom de Louis-Philippe 1er. C'est dans la journée du jeudi, 12 août, que la nouvelle officielle en arriva à Strasbourg et le soir, la Commission municipale, suivie d'un nombreux cortège, de détachements de la garde nationale et de la garnison, réunis sur la place du Broglie, se mit en marche pour parcourir les principales rues de la ville et proclamer l'avènement au trône de Louis-Philippe. Des salves d'artillerie et le son des cloches annoncèrent la cérémonie. Le cortège était précédé d'artilleurs à cheval, portant des torches ; les rues furent spontanément illuminées ; les drapeaux flottaient partout et de formidables cris d'enthousiasme accueillaient le cortège sur tout son parcours.

Dimanche, le 15 août, il y eut une nouvelle fête : la fête officielle avec *Te Deum* dans les églises, salves d'artillerie, foire à la Robertsau, etc. ; on lui donna du relief, en y joignant des actes de bienfaisance et c'est dans un but charitable que la nouvelle municipalité accorda 4,000 francs, pour le dégagement d'effets de première nécessité, déposés au mont-de-piété, et pour distribuer des comestibles aux orphelins et aux indigents.

Il ne faudrait cependant pas conclure de ces fêtes que tout le monde était d'accord ; qu'une parfaite harmonie régnait dans les idées de tous. Pendant que le parti libéral triomphait, la réaction était exaspérée et, ne pouvant s'opposer ouvertement au courant nouveau, elle essaya d'alarmer la population par de faux bruits. C'est ainsi qu'au mois d'août il y eut, en plein jour, une alerte. Un individu s'était mis à crier qu'on avait découvert une mèche devant servir à mettre le feu à une poudrière qui se trouvait alors derrière la caserne dite des Canonniers, près de la porte d'Austerlitz. D'autres ennemis du nouvel ordre de choses firent circuler une pétition pour le maintien du préfet Esmangart. Quand les meneurs furent connus, on eut beaucoup de peine à les soustraire à l'animosité populaire.

Dans les campagnes, on répandit le bruit que les désastres de l'invasion de 1814 et de 1815 allaient se renouveler : que les Allemands et les Russes reviendraient châtier les Français, pour avoir osé chasser le roi Charles X, etc.

C'était le parti ultra royaliste, qui mettait tout en œuvre et qui, hors de lui, de perdre le fruit de quinze années d'intrigues, essayait, mais en vain, d'arriver à une contre-révolution. Il se trompait d'époque. C'est tout au plus s'il put ameuter quelques milliers de Bretons qui, en Vendée, recommencèrent une guerre civile, du reste de peu de durée. En Alsace, sauf quelques faits isolés et sans gravité, ces menées ne trouvèrent aucun écho.

Vers la fin d'août, le général Brayer fut nommé commandant de la 5ᵐᵉ division, en remplacement du général Castex ; M. Nau de Champlouis remplaça le préfet Esmangart, et

M. Frédéric de Turckheim fut nommé maire, en place de M. de Kenzinger.

L'opinion publique accueillit favorablement ces nominations. M. Brayer, un enfant de l'Alsace, avait conquis ses grades sur les champs de bataille de la République et de l'Empire.

M. Nau de Champlouis avait été nommé préfet des Vosges, sous le ministère libéral Martignac, et destitué sous le ministère Polignac ; enfin, M. de Turckheim, sortant d'une ancienne famille strasbourgeoise, avait comme député toujours voté avec l'opposition. Ces nominations furent suivies de beaucoup d'autres, toutes dans un sens libéral. C'est ainsi que l'avocat Lichtenberger, un des plus purs patriotes de Strasbourg, fut nommé conseiller de préfecture (1) ; M. Louis Schertz, un autre bon patriote, fut nommé adjoint au maire, etc. Mais ce mouvement libéral ne devait pas continuer ; la réaction n'était pas éloignée.

———

Dans le courant de septembre, des cérémonies funèbres eurent lieu sur la tombe de l'infortuné colonel Caron. Un cortège, précédé de quatre drapeaux tricolores, destinés à être placés sur la tombe, partit d'une maison particulière. Il se composait de citoyens et de détachements de la garde nationale, auxquels s'étaient joints des officiers et des sous-officiers de la garnison. Le cortège se rendit au cimetière Saint-Urbain, où il avait été précédé par une des musiques de la garde nationale, qui le reçut en exécutant une marche funèbre !

M. Lichtenberger, l'avocat de Caron devant le conseil de guerre, prononça un discours rappelant la lutte soutenue par les intrépides défenseurs de la liberté. Puis, M. Ehrenfried Stœber témoigna, par quelques paroles de regret, la profonde

———

(1) M. Lichtenberger n'accepta pas ; il préféra, sans doute, conserver son indépendance.

sympathie de l'assistance ; la cérémonie se termina par l'exécution d'un morceau de musique approprié à la circonstance,
auquel succéda, pour la rentrée en ville, *La Marseillaise*,
que le cortège entier chanta en chœur.

Des cérémonies analogues eurent lieu au pied du monument de Desaix, à l'île du Rhin, et de celui de Kléber, au polygone ; elles furent l'occasion de manifestations non équivoques
de l'esprit très libéral qui régnait à cette époque.

C'est à la même époque que fut enlevée la croix de mission, plantée en 1825, par la congrégation. Déjà, dans la
journée du 3 août, quelques impatients parlaient de la renverser et l'on fut même obligé, à plusieurs reprises, de la
protéger par des détachements de la garde nationale. Enfin, le
gouvernement donna l'ordre de faire disparaitre des places
publiques toutes les croix que les missionnaires y avaient élevées, et de les mettre dans les églises.

L'opération se fit à Strasbourg, le 29 septembre et grâce
au concours de la garde nationale, appelée pour maintenir
l'ordre, cette croix put être transportée, sans encombre, dans
l'intérieur de la Cathédrale, où elle existe encore.

Dimanche, le 3 octobre, eut lieu la remise des drapeaux,
offerts par les Dames de Strasbourg aux bataillons de la garde
nationale.

La cérémonie se fit sur la place Kléber, alors nommée
place d'armes ; la remise des drapeaux et la prestation de
serment, par les colonels et commandants, annoncées par le
son des cloches et par des salves d'artillerie, se fit en présence
des magistrats et du corps d'officiers de la garnison.

Le 8 octobre, une batterie du 7me régiment d'artillerie, revenant d'Alger, rentra à Strasbourg. Un détachement du bataillon d'artillerie de la garde nationale, musique et tambours en tête, se porta à la rencontre de ces militaires qui furent reçus par le cri mille fois répété de : *Vive l'artillerie de la ligne !*

Le colonel du régiment fut tellement émotionné par cette réception sympathique, qu'il poussa le cri de : *Vivent les bons bourgeois de Strasbourg !* il fut aussitôt couvert par des milliers de cris : *Vivent les militaires !*

———

Cet esprit patriotique n'était cependant pas du goût de tout le monde. En 1830, les souvenirs de 1793 étaient encore très vivaces et beaucoup de braves citoyens, qui n'avaient cessé de protester contre la politique de Charles X, prirent peur quand, celui-ci renversé, ils virent l'élément avancé réclamer des libertés, qu'ils ne tenaient plus à lui accorder. Malheureusement, le nouveau roi partagea ces sentiments, non par seule peur de la révolution, mais surtout pour un autre motif. Louis-Philippe avait beaucoup d'enfants ; il était avant tout bon père de famille et pour pouvoir les bien établir plus tard, c'est-à-dire les marier à des têtes couronnées, il n'eut pas honte de se montrer ingrat envers les hommes auxquels il devait le plus beau trône de l'Europe.

On alla même jusqu'à poursuivre déjà en octobre 1830, trois combattants de Juillet (1) et à les faire condamner par le

———

(1) MM. Hubert, Thierry, Caffin. Les juges étaient encore des hommes de Charles X, aussi M. Hubert leur dit, dans son plaidoyer : « Juges de Charles X, récusez-vous. Le peuple vous a dépouillé de votre toge, en rendant la liberté à vos victimes ; vous pouvez me condamner, mais pas me juger, car je ne me dégraderai pas jusqu'à vous soumettre une justification que vos antécédents vous mettent hors d'état de comprendre. »

tribunal correctionnel de la Seine, à trois mois de prison, pour avoir dirigé la *Société des Amis du peuple*, fondée précisément dans le but de renverser Charles X.

Ce système de traquer les libéraux eut son retentissement en province ; une nouvelle sorte de réaction fut ainsi inaugurée et partagea, en deux camps bien tranchés, ceux qui, deux mois auparavant, étaient unis. C'est à cela qu'il convient d'attribuer quelques scènes tumultueuses à l'Université de notre ville, à propos des cours de l'abbé Bautain, professeur de philosophie.

Sous l'ancien gouvernement, ces cours étaient très suivis et fort goûtés par la jeunesse ; les principes de M. l'abbé avaient-ils aussi changé depuis juillet ? C'est à présumer, car les étudiants n'en voulaient plus ; ils firent une telle opposition, qu'il fallut suspendre les cours de M. Bautain et finalelement le remplacer.

A cette même époque, on commença à pousser l'autorité à ne pas tolérer plus longtemps les couvents qui, à l'ombre de la réaction de 1825 à 1830, s'étaient nichés un peu partout. Les plus importants de ces établissements étaient ceux des Trappistes d'Œlenberg (Haut-Rhin), et les Ligoriens du Bischenberg (Bas-Rhin).

L'administration n'ignorait pas que le personnel de ces couvents se composait en grande partie d'étrangers, venus de l'Allemagne, des Pays-Bas, de l'Italie et que tous, ennemis nés de la révolution, conspiraient, plus ou moins, contre le nouvel ordre de choses. Mais les réclamations des patriotes ne servirent guère, les couvents ne firent qu'augmenter.

Cette réaction, due au parti du centre de la Chambre des députés, à l'égoïsme de Louis-Philippe et à l'influence de M. Guizot, son conseiller funeste, se fit sentir aussi à Strasbourg et remplit d'appréhensions le parti libéral. Une lettre, *couverte de nombreuses signatures, fut adressée au patriotique*

et intrépide député de notre ville, M. Benjamin Constant (1).
Voici les principaux passages de cette lettre mémorable :

« A Monsieur BENJAMIN CONSTANT, Député
DE L'ARRONDISSEMENT DE Strasbourg

« Monsieur et très cher compatriote,

« Il y a quatre mois, un élan spontané, sublime, éveilla
un grand peuple du sommeil léthargique, où il paraissait
plongé ; la liberté, que combattait à l'envi l'esprit nobiliaire
et sacerdotal, allait nous être à jamais ravie. Trois jours suffi-
rent pour anéantir un édifice que quinze années de fraude et
de tyrannie avaient élevé . . . .

« Tous les cœurs étaient émus ; toutes les espérances
légitimes se réveillèrent. Un enthousiasme universel nous
entraîna tous vers cette carrière de liberté, que 1789 avait
ouverte à nos pères..... Un immense avenir de gloire et de
progrès se déployait devant nous.

« Quatre mois se sont écoulés ! Où sont les fruits de cette
conquête populaire ? Que sont devenues ces espérances, que
naguère nul Français n'aurait osé présumer vaines sans
craindre de se rendre coupable d'un crime. . . . . . .

« Au lieu de toutes ces promesses, que la semaine de
Paris (journées de Juillet), nous avait faites, que voyons-
nous ? Une Chambre dont la majorité s'étudie laborieusement
à rattacher le présent au passé . . . .

(1) Benjamin Constant était né à Genève, en 1767, de parents français, émigrés en Suisse par suite de la révocation de l'Édit de Nantes.
Il revint en France, en 1795, et publia divers écrits politiques, que le
despotisme napoléonien ne voulut tolérer. On l'exila, et ce n'est qu'en
1814 qu'il put rentrer définitivement en France. Depuis lors, voué
entièrement au triomphe des institutions libérales, sa vie n'a plus été
qu'un combat continuel contre la tyrannie.

« Et autour de nous, hormis les couleurs nationales, qui décorent nos édifices, rien, hélas ! ne nous avertit que le roi jésuite a cessé de régner. Partout encore les emplois des administrations sont entre les mains de la congrégation . . . .

« Un mécontentement profond, une fermentation, que les approches de l'hiver et les chances probables d'une guerre rendent grave et dangereuse, tels sont les résultats de l'attitude hostile à la révolution qu'a prise la majorité de la Chambre...

« Telles sont, en résumé, les plaintes que la marche des affaires publiques nous arrache, tels sont nos vœux. . . .

« Strasbourg, le 8 décembre 1830 ».

Malheureusement, cette lettre ne put plus être remise à M. Benjamin Constant. L'illustre patriote succomba, le 11 décembre, à un mal qui le minait depuis longtemps. Ce fut une perte immense pour la France libérale et un coup terrible pour les patriotes strasbourgeois, qui trois fois l'avaient élu député. Paris lui fit des funérailles magnifiques et, pour rendre un dernier hommage à sa mémoire, une cérémonie funèbre fut célébrée dans la salle même où trois fois il avait été proclamé député de Strasbourg. Plus de quatre mille personnes prirent rang dans le cortège, qui se forma quai Saint-Thomas. Il était composé des autorités civiles et militaires, de gardes nationaux et de militaires de tous grades, de professeurs et d'élèves des facultés, et d'une foule de citoyens de tout âge. Deux discours furent prononcés ; l'un par M. Lichtenberger, avocat, l'autre par M. A. de Quatrefages, alors étudiant en médecine à Strasbourg, aujourd'hui un des plus illustres professeurs de Paris.

Pendant ce même mois de décembre nous arrivèrent de l'étranger des nouvelles politiques qui produisirent une profonde sensation.

Des mouvements révolutionnaires avaient eu lieu dans les principales villes de la Suisse. Le peuple tendait à secouer le joug honteux, qu'en 1814 lui avait imposé Metternich, en concentrant le pouvoir entre les mains de quelques familles patriciennes.

La Pologne, à son tour, s'était soulevée. Le 29 novembre 1830, Varsovie avait rompu les chaînes, forgées par la puissance moscovite, et si la nouvelle officielle n'en fut connue à Strasbourg que le 12 décembre, elle n'en eut pas moins un immense retentissement, car chacun sentait que c'était une lutte suprême, entre les nations aspirant à la liberté, et leurs oppresseurs. Malheureusement, le bon droit devait encore succomber ; un an plus tard, les débris de l'héroïque armée polonaise vinrent chercher, chez nous, un refuge qui leur fut accordé avec l'hospitalité la plus large qu'on puisse s'imaginer. Mais n'anticipons pas sur la marche des événements.

Les chefs du parti libéral, tout en s'occupant de manifestations politiques, qui devaient contribuer à donner une bonne impulsion à la marche générale des affaires publiques, ne négligèrent pas pour cela nos intérêts municipaux. C'est sous leur influence que furent adressées au gouvernement des pétitions contre l'exagération du système douanier prohibitif et protecteur, notamment contre le droit sur les bœufs qui, en 1823, avait été porté de 3 francs à 55 fr. par tête.

C'est en octobre 1830 que furent commencés à Strasbourg les premiers travaux pour l'établissement d'un puits artésien, dans l'espoir, malheureusement chimérique, de trouver, à une profondeur de 100 à 150 mètres, une source d'eau jaillissante. On avait fait choix du marché aux herbes, aujourd'hui place Gutenberg, et le forage fut entrepris à la place qu'occupe maintenant le monument.

Une autre pétition, provoquée par M. Weyher (1), négociant, demanda l'achèvement du canal du Rhône au Rhin
dont les travaux, commencés vers la fin de l'Empire, avaient
été menés avec une lenteur déplorable.

Des écoles gratuites du soir, pour les ouvriers ou apprentis,
furent ouvertes ; parmi les instituteurs qui s'y vouèrent tout
spécialement, je dois citer M. Reussner et M. Stutz, maîtres
d'école : le premier à Saint-Guillaume, le second à Sainte-
Madeleine.

Le bureau de bienfaisance fut organisé sur de nouvelles
bases et l'adjonction d'une maison de refuge, pour les pauvres
qui n'ont pas atteint l'âge de soixante-dix ans, exigé, pour être
admis à l'hôpital, fut décidée, sous l'impulsion surtout d'un
honorable négociant de notre ville, M. Louis-Frédéric Ehrmann.

Enfin, une des innovations les plus heureuses fut la reprise, par la ville, de la régie de l'octroi. Il avait été affermé
pour la somme annuelle de 600,000 francs ; mais, à la suite
d'actives démarches, le contrat put être résilié et le 1er janvier
1831, la ville rentra dans la perception directe de ces droits
qui, par la suite, constituèrent pour elle une de ses plus importantes sources de revenu.

Beaucoup d'autres innovations ou réformes furent réa-
lisées, ou au moins tentées, pendant cette époque mémorable,
où les chefs du parti libéral, comme s'ils eussent prévu que
leur règne ne serait pas de longue durée, paraissent avoir été
saisis d'une activité vraiment fiévreuse.

(1) Le parti libéral comptait, dans son sein, peu de membres du
haut commerce de Strasbourg. A l'exception de MM. Weyher,
Schertz et L.-F. Ehrmann, ils étaient, après la révolution de Juillet,
entrés à peu près tous dans le parti de la réaction.

Les journaux de l'époque sont remplis de pétitions contre les impôts sur le sel, sur les boissons et sur le tabac. J'ai même vu une pétition, partie d'ici, contre le port des décorations. La sotte manie de porter le ruban rouge se développa naturellement avec plus de facilité sous les gouvernements despotiques, et il paraît que le règne des Bourbons avait singulièrement favorisé cette contagion.

Pour Strasbourg même, et pour le département, on réclama l'établissement de nouvelles routes; la plantation d'arbres; l'établissement de promenades publiques et, ce qui était plus important, on demanda l'endiguement du Rhin d'après un système plus rationnel et plus pratique. Des sommes considérables étaient destinées annuellement à ces travaux, mais, à tort ou à raison, on prétendait qu'une portion seulement de ces fonds était dépensée en travaux utiles dont, du reste, le contrôle était très difficile en raison des inondations presque périodiques du fleuve.

L'activité de nos patriotes était dirigée encore vers un autre but. Le canon de Juillet avait fait trembler les trônes de tous les potentats européens. Les petits princes, en Allemagne surtout, avaient été rudement secoués : le duc de Brunswick fut obligé de quitter ses Etats; l'électeur de Hesse ne put se soustraire au même sort qu'en octroyant une Constitution à son peuple. A Gœttingue, à Hanau, à Francfort-sur-le-Mein, il y eut des émeutes; en Prusse même on constata de l'effervescence. Pour faire diversion à ces idées révolutionnaires, les princes recoururent à leur ancien stratagème; on prêcha la haine contre la France. La presse gouvernementale allemande (il n'y avait presque pas de journaux indépendants) représenta la France comme avide de conquêtes, brûlant de reprendre les pays qu'elle a dû céder à l'Allemagne par les traités de 1815. Les bruits de guerre avaient pris une telle consistance qu'il était question d'armer les remparts de Strasbourg (1).

L'âme de toutes ces machinations se trouvait en Russie ; l'empereur Nicolas avait reçu froidement les avances de la cour des Tuileries et l'on compta surtout sur son concours pour entreprendre une nouvelle croisade contre la France.

Le soulèvement de la Pologne occupant suffisamment l'armée du czar, vint y mettre obstacle.

La presse n'étant pas libre en Allemagne, les patriotes alsaciens publièrent un grand nombre de brochures en allemand, pour éclairer l'opinion publique chez nos voisins d'outre-Rhin. Beaucoup de libéraux allemands firent imprimer, à Strasbourg, des journaux et des manifestes adressés à leurs compatriotes, pour combattre l'influence néfaste de cette propagande haineuse qui excitait les deux nations à s'entre-déchirer, pour la plus grande gloire et le bonheur de leurs princes. Une communauté de vues amena une union vraiment fraternelle entre les chefs du parti libéral des deux côtés du Rhin ; elle ne prit fin que lorsque la réaction, devenue également maîtresse en France, fit cause commune avec les potentats européens.

C'est vers la fin de 1830 que l'on commença à parler sérieusement d'un ennemi dont tous les partis indistinctement appréhendaient l'approche. C'était le choléra, désigné alors sous les deux mots : *choléra morbus*. On savait qu'il régnait

(1) La garnison de Strasbourg fut augmentée et les casernes ne suffisant plus, la ville affecta au logement des troupes l'ancien couvent de Sainte-Marguerite, près de la porte Nationale, qui depuis est resté caserne.

en Russie, et parmi les nombreuses adresses parties de Strasbourg et destinées au peuple allemand pour le dissuader de
la guerre, s'en trouve une où nos compatriotes l'adjurent de
ne pas s'allier à la Russie, dont les armées étaient infestées
de ce terrible fléau, qui viendrait infailliblement faire irruption en Allemagne.

La guerre n'eut pas lieu, mais le choléra vint s'abattre,
non seulement sur l'Allemagne, mais aussi sur une grande
partie de la France.

1831

L'année 1831 s'ouvrit par une polémique assez vive entre les deux partis politiques qui s'étaient formés en Alsace, à la suite des journées de Juillet. Le 2 janvier, M. Louis Schertz, un des rares négociants de Strasbourg qui s'étaient rangés sous la bannière libérale, publia, dans le *Courrier du Bas-Rhin*, un appel à ses concitoyens, pour les inviter à former une association qui prendrait le nom de *Société patriotique et populaire du Bas-Rhin*. Les passions politiques restaient irritées et la marche du gouvernement n'était pas faite pour les calmer.

Le procès des ministres de Charles X, MM. de Polignac, de Peyronnet, Chantelauze et de Guernon-Ranville, y avait fourni un puissant aliment. La voix populaire demandait la peine de mort pour ces hommes qui, par haine politique, avaient causé le massacre de tant de citoyens, pendant les trois journées, et dont le parti, durant les quinze années qu'il avait été au pouvoir, s'était montré implacable dans la répression de la moindre tentative libérale.

La cour inclinait à la clémence. Louis-Philippe ayant enfin obtenu le trône, que depuis tant d'années il avait convoité, sut habilement se débarrasser des ministres libéraux et populaires qui, trop confiants et généreux, lui avaient prêté leur concours. Dans la séance du 30 décembre 1830, M. Dupont de l'Eure donna sa démission et, peu de temps après, M. Laffitte le suivit dans la disgrâce dans laquelle il avait déjà été précédé par le général Lafayette. Le gouvernement avait pris le chemin de la réaction et c'était pour la combattre que le parti libéral avait eu l'idée de fonder partout des associations.

L'appel de M. Schertz provoqua une véritable tempête. Dès le 3 janvier, le maire de Strasbourg, M. Frédéric de Turckheim, publia dans le *Courrier du Bas-Rhin*, sous forme de lettre au rédacteur, une réponse à cet appel ; il disait en résumé que, « tout étant pour le mieux dans le meilleur des mondes, il n'y avait aucune nécessité de fonder cette association ».

Le 5 janvier, les soi-disant principaux citoyens qui, de libéraux, étaient devenus réactionnaires, publièrent une réponse à M. F. de Turckheim, pour lui donner leur plus complète adhésion à ses principes et pour protester contre ce projet d'association, « destiné, disaient-ils, à propager l'agitation dans les esprits et la discorde parmi les citoyens. » Au nombre des signataires, je remarque, non sans quelque peine, le nom de M. Zimmer (1) à côté de ceux de MM. Sengenwald, Humann, Saglio, OEsinger, Hecht, etc. ; cependant je me hâte

---

(1) Notaire à Strasbourg, mort en 1867, à l'âge de soixante-cinq ans.

d'ajouter que M. Zimmer a largement racheté plus tard ce petit écart par une vie noblement remplie, toute dévouée aux idées libérales et au bien de l'humanité.

On invitait, en outre, tous les citoyens à signer cette protestation, déposée chez MM. Sengenwald et Maurice Hecht ; elle a dû se couvrir de nombreuses signatures, car on sut si habilement faire revivre le spectre des clubs de 1793 que beaucoup de nos concitoyens s'y laissèrent prendre.

Mais des causes d'une autre nature continuaient à maintenir l'agitation politique. L'héroïque Pologne avait commencé sa lutte à mort contre ses oppresseurs. Ce qui lui faisait défaut, c'était avant tout l'argent. Une souscription en faveur des Polonais avait été ouverte à Paris, sous la présidence du général Lafayette ; Strasbourg ne pouvait rester indifférente. Dès le 17 janvier, M. Kunzer, négociant, par une insertion dans le *Courrier du Bas-Rhin*, fit un appel à ses concitoyens, et une souscription fut ouverte dans les bureaux du journal. Les petites villes des environs, Barr, Wasselonne, Wissembourg, etc., suivirent cet exemple et, de toutes parts, affluèrent les dons, qui furent immédiatement transmis au comité central à Paris. Cependant, les sympathies de la France ne pouvaient se contenter de dons d'argent. Il fallait aux Polonais un concours plus puissant. A défaut de la voie diplomatique, on demandait une intervention armée ; mais on se heurta contre l'esprit de réaction qui dominait aux Tuileries. En effet, pourquoi Louis-Philippe devait-il exposer, lui et la France, aux chances d'une guerre dont personne ne pouvait prévoir les suites et l'issue. Tel était le langage de la réaction ; on le tint un peu partout et, en Alsace aussi, cette question polonaise divisait les esprits au plus haut degré.

Le ministère libéral avait été changé ; le 13 mars 1831, M. Casimir Périer fut nommé président du Conseil, ayant pour collègues le baron Louis, ancien ministre de la branche aînée des Bourbons, M. Barthe, ancien carbonaro, mais devenu réactionnaire à outrance, le maréchal Soult, le général Sébastiani, l'amiral de Rigny et MM. de Montalivet et d'Argout. L'influence rétrograde du nouveau ministère ne se fit pas longtemps attendre ; dès le 18 mars, M. Barthe présenta un projet de loi contre les attroupements. Dans la même séance, le général Lafayette donna lecture de lettres que le grand-duc Constantin, en fuyant de Varsovie, avait oubliées et dans lesquelles la politique de la Russie était expliquée. Il s'agissait d'exterminer la Pologne, puis de mettre à la raison les révolutionnaires de France et de Belgique. Interpellé sur les intentions du gouvernement, le ministère déclara qu'il maintiendrait le principe de la non-intervention ; la majorité de la Chambre l'approuva. La Pologne devait mourir...

A la même époque, les différents Etats de l'Italie s'étaient soulevés. L'Autriche fut chargée d'y mettre bon ordre et durant près de vingt-cinq ans, les efforts des patriotes italiens furent paralysés.

Plus près de chez nous, à Bâle, eut lieu également un mouvement révolutionnaire. Les habitants de la campagne demandaient à se soustraire au régime oppressif qu'exerçait sur eux la ville de Bâle, où une aristocratie d'argent, dure et hautaine, tenait depuis longtemps les rênes du gouvernement. Les premiers efforts de la campagne ne furent pas heureux ; plus tard cependant, les patriotes, encouragés par les autres cantons libéraux, obtinrent enfin leur séparation de la ville, par la division du canton en Bâle-Ville et Bâle-Campagne, ce dernier avec Liestal pour chef-lieu. Ce fut aussi pour la ville de Bâle le point de départ d'un système plus libéral et les patriotes suisses, comme ceux du reste de l'Europe, feraient bien de ne pas oublier que c'est aux nobles efforts du peuple de Paris qu'ils sont redevables des libertés dont ils jouissent.

Le parti libéral en France, sentant tout le danger dont cet esprit de réaction menaçait les libertés si chèrement acquises eut l'idée de fonder une vaste association, sous le nom d'*Association nationale.*

Dans le *Courrier du Bas-Rhin* du 7 avril, le comité de Strasbourg publia l'acte constitutif ; il fut déposé au bureau du journal et bientôt couvert de nombreuses signatures, en opposition à celles qui protestaient contre la *Société patriotique et populaire,* qu'on avait essayé de fonder quelques mois auparavant.

Cette fois, ce fut surtout la jeunesse qui fit acte de présence ; parmi les signataires, je trouve MM. Lichtenberger, avocat, Chrétien Ott, tanneur, Edouard Eissen, docteur en médecine, Stœber, Schützenberger, Schurr, etc. Parmi les adhésions de la campagne, je remarque les noms de MM. Grass de Wolxheim, Gutzeit de Molsheim, etc.

Louis-Philippe avait appelé son système de non-intervention le *juste-milieu.* Ce nom fut alors donné à tout le parti ; il ne fut plus autrement désigné, pendant le règne de Louis-Philippe, que sous le nom de *Juste-Milieu.*

La réaction se donnait libre carrière ; les préfets nommés par le ministère libéral furent remplacés. Des procès politiques furent intentés, Strasbourg aussi en eut sa part et les cléricaux n'y furent pas moins poursuivis que les membres du parti libéral. Dans la session des assises du mois de mai, on acquitta deux individus, dont l'un avait dit que Louis-Philippe n'avait été élu que par la canaille et l'autre que le gouvernement faisait pendre les prêtres. Par contre, un jeune clerc de notaire fut condamné à six mois de prison, pour avoir dit publiquement que la France ne serait heureuse qu'en république. On voit qu'alors le jury n'était pas tendre au parti avancé ; on craignait ses excès et la bourgeoisie comptait encore trop sur les bonnes qualités de Louis-Philippe. En voici une preuve : Les brasseurs de Strasbourg envòyèrent à Paris trois délégués MM Schott, du *Tigre*, J. J. Lauth, de la *Chaîne,* et Wagner, de l'*Autruche* (1), pour se plaindre de certaines mesures vexatoires des contributions indirectes. Présentés par le baron Athalin, député du Bas-Rhin, ils furent admis à une audience du roi, « qui, dit le journal, les accueillit avec beaucoup de « bienveillance et leur exprima des sentiments très flatteurs « pour leur département. »

Je crois que ce fut là l'unique résultat de leur démarche, car on songeait d'autant moins à diminuer les impôts que l'on augmentait continuellement les dépenses publiques. C'était un moyen de se faire des créatures, et le gouvernement de Louis-Philippe n'avait en cela qu'à copier ceux qui l'avaient précédé (2). C'est ainsi que le Conseil général, dans sa session de mai, accorda en supplément de traitement, 5,000 francs à l'évêque, 1,500 francs à chacun des deux grands vicaires et 1,500 francs à chacun des neuf chanoines. Pour que les protestants ne fussent pas jaloux, on alloua, dans la même séance, un secours de 7,500 francs au séminaire, et un autre de 6,000 francs au gymnase protestant.

Pour faire regagner au roi une partie de sa popularité, le **ministère** Casimir Périer imagina de le faire voyager. Un **voyage** en Normandie ayant bien réussi, il fut décidé que

(1) Ce dernier, plus tard, quitta la brasserie pour entrer dans le commerce de houblon.

(2) Cependant, pour être juste, il faut dire que, sous la Restauration, le gouvernement tendait plutôt à réduire qu'à augmenter les dépenses. Il est vrai qu'il avait de bonnes raisons pour cela ; n'avait-il pas fait voter le milliard pour les émigrés ?

Louis-Philippe se rendrait dans le Nord, de là dans l'Est pour visiter Metz, Strasbourg, Colmar, Mulhouse, etc., puis de repartir pour le Midi après un court séjour à Paris. Sa visite nous fut annoncée pour le 18 juin.

Le *Courrier du Bas-Rhin* du 1er juin publia, sur la réception à faire au roi, un bon article ; il y est dit, entre-autres : « Certaines personnes parlent d'illuminations, de réjouissances publiques, etc., et semblent oublier que, pour se réjouir, il faut être heureux et nous en sommes bien loin..... L'encens de la flatterie pouvait plaire à Charles X, mais il ne convient pas à un roi populaire ; faisons à Louis-Philippe une réception de famille et n'augmentons pas les charges de la ville, déjà si obérée, par des dépenses extravagantes. Ainsi, point de ces arcs de triomphe qui coûtent 20,000 francs, » etc... (1).

On verra plus loin comment ces sages conseils furent suivis.

Fin mai, mourut M. Grégoire (2), l'ancien évêque de Blois, et ses obsèques donnèrent lieu à des scènes très vives dont je trouve quelques détails dans le *Courrier du Bas-Rhin* du 2 juin. L'archevêque de Paris avait ordonné, sous peine d'excommunication, aux curés et prêtres de la paroisse de l'Abbaye-aux-Bois, où le service a dû se faire, de ne point recevoir le corps. Le préfet de police autorisa alors M. Baradère, chanoine à Tarbes, un des exécuteurs testamentaires, de s'emparer de l'Eglise, avec, ou sans le consentement du curé, et de faire célébrer le service par quelques prêtres de bonne volonté. Il s'en trouva qui osèrent braver les censures ecclésiastiques,

---

(1) Celui construit pour l'arrivée de Charles X, en 1828, avait coûté à peu près cette somme.

(2) Mieux connu sous le nom de l'abbé Grégoire.

mais le curé ne voulut pas céder. Il fit enlever tous les ornements ; l'Eglise fut trouvée toute nue. Les honneurs ecclésiastiques n'en furent pas moins rendus au défunt, ainsi que
les honneurs militaires, en sa qualité de commandeur de la
Légion d'honneur et en présence d'une foule immense composée surtout d'ouvriers et du personnel des écoles. Pour bien
montrer leur mépris pour les foudres de l'Eglise, les jeunes
gens dételèrent les chevaux du corbillard et le traînèrent
jusqu'au cimetière, où plusieurs discours furent prononcés.

Ces tiraillements avec le clergé eurent leur contre-coup
en Alsace. C'est ainsi que le curé de Barr, en violation de la
loi, ordonna pour le lundi de la Pentecôte une procession
publique (1) qui provoqua une vive irritation. Mais il faut
dire qu'à cette époque le clergé n'eut jamais le dernier mot ;
le gouvernement était réactionnaire en tout, sauf en matière
religieuse.

Diverses autres causes surexcitaient à cette époque l'opinion publique ; les nouvelles de la malheureuse Pologne
devenaient de jour en jour plus mauvaises. La perte de la
bataille d'Ostrolenka produisit la plus douloureuse impression
sur le parti libéral d'Alsace, qui ne s'était jamais lassé de
travailler, dans la limite de ses forces, au succès de la cause
polonaise, par des envois de fonds, d'effets, de charpie, etc.
Il avait favorisé le départ de quelques volontaires et il avait
écrit au comité de Paris pour obtenir du gouvernement des
secours plus efficaces. Ce dernier n'avait aucune envie de
faire quoi que ce fût pour la lointaine Pologne ; il avait
d'autres affaires plus rapprochées, auxquelles il s'intéressait.

Après bien des tiraillements, Léopold avait été élu roi des

---

(1) *Courrier du Bas-Rhin*, juin 1831.

Belges, par les Chambres belges ; il devint le gendre de Louis-Philippe.

Notre envoyé à Lisbonne avait eu une difficulté avec le gouvernement du despote Don Miguel ; on y envoya une flottille pour obtenir une réparation qui fut du reste accordée de suite. Plusieurs cantons de la Suisse étaient de nouveau en révolution.

Le parti de la réaction à Strasbourg demandait la réorganisation, *sur un pied réduit,* de la garde nationale dont l'esprit lui semblait trop révolutionnaire. Le préfet ayant résisté, la réaction ne put l'emporter dans cette question, mais elle pesa de tout son poids sur les élections des officiers et obtint cette fois encore, dans les grades supérieurs, assez de succès. L'effervescence se fit jour par plusieurs charivaris, donnés en mai et en juin, aux députés de Strasbourg, MM. Humann (1) et Turckheim, ainsi qu'à M. Nebel, banquier, commandant d'un des bataillons de la garde nationale, et mal noté parmi les libéraux, pour ses dispositions réactionnaires (2).

L'arrivée du roi apporta, pour quelques jours, une diversion à ces agitations. Il fit son entrée à Strasbourg, samedi le 18 juin, après-midi, au bruit du canon et au son des cloches, accompagné de ses deux fils aînés, les ducs d'Orléans et de Nemours. Les rues étaient pavoisées de drapeaux tricolores, à la place des drapeaux blancs de 1828. La garde nationale et la troupe de ligne firent la haie. Le soir, le roi dut assister, à la salle de spectacle, à une solennité musicale qui lui fut offerte

---

(1) M. Humann, devenu peu après ministre des finances. Ce fut le père de M. Théodore Humann, le dernier maire de Strasbourg, nommé par le gouvernement français jusqu'en 1870.

(2) *Courrier du Bas-Rhin,* mai et juin 1831.

3

par la *Société des concerts alsaciens*. Le dimanche, 19 juin, il y eut grande revue de la garde nationale et de l'armée, au polygone (1) ; le roi visita la citadelle, l'arsenal, la fonderie, l'académie, et assista le soir à un bal offert par la ville ; le lundi, 20 juin, il ↓eut des manœuvres de pontonniers sur le Rhin et le soir écoↆe de nuit, etc.

Enfin, pendant les trois soirées, les édifices publics et des maisons particulières furent illuminés.

Des discours furent prononcés, comme en 1828, par d'autres personnages, mais encore avec plus ou moins de flatteries. Cependant, celui de M. Weigel (2), chef du bataillon d'artillerie de la garde nationale, parlant au nom du corps d'officiers, à la place du colonel Geither malade, fit une honorable exception :   ●

« Sire, dit M. Weigel, la garde nationale de Strasbourg est animée du patriotisme le plus vrai, le plus désintéressé ; nous sommes prêts à verser notre sang pour la défense de notre liberté et le maintien du trône constitutionnel. Vive le roi ! »...

D'unanimes acclamations de : *Vive le roi, vive la liberté!* suivirent ces paroles, M. Weigel reprit :

« *Sire, vous êtes né de la liberté ; vous êtes forcé de la défendre* ».

C'est alors que le roi, plaçant sa main sur son cœur, s'avança de quelques pas au milieu des officiers et s'écria :

« Celui qui sépare le roi de la liberté n'est qu'un mau-

(1) On avait fait venir, pour la circonstance, des régiments de cuirassiers, de hussards, de dragons et de chasseurs à cheval.

(2) M. Weigel était notaire. Une de ses filles a épousé M. Scrive, chirurgien en chef de l'armée de Crimée en 1854-1855, mort des suites de cette campagne.

vais citoyen ; il n'y en a pas parmi nous. Vive la liberté ! »

A ces mots le roi éleva son chapeau.

Des manifestations analogues eurent lieu à Metz, à Colmar et à Mulhouse, mais l'administration fit de grands efforts pour empêcher qu'elles ne vinssent à la connaissance du public. Si elle n'y réussit pas, elle en dénatura tout au moins le sens, dans des publications officielles, qu'elle fit répandre par les journaux à sa dévotion.

———————

A peine le roi eut-il quitté l'Alsace que s'ouvrit la lutte pour les élections de députés, — l'ancienne Chambre ayant été dissoute. Les partis s'étaient nettement dessinés ; la réaction, appelée le Juste-Milieu, ou les Ministériels, travaillait avec tout l'appui de l'administration. Elle présentait, pour Strasbourg, le maire, M. Frédéric de Turckheim, et le général Athalin, un personnage cher à la famille royale. Les libéraux s'étaient adressés aux deux sommités du parti libéral en France, le vieux *général Lafayette* et le jeune *M. Odilon-Barrot ;* les deux furent élus. Si la majorité n'était pas forte, ce n'en fut pas moins une belle victoire, la lutte ayant été très vive. Comme d'habitude, les professions de foi, les accusations et dénégations pleuvaient, mais le parti libéral disposait du journal le *Courrier du Bas-Rhin*, alors tout dévoué à la cause démocratique et vraiment française.

———————

De grands préparatifs furent faits, pour fêter l'anniversaire des *glorieuses journées de Juillet*. L'esprit de réaction, qui dominait dans les hautes régions, ne les empêchait pas de pousser à la célébration de cette fête, dans la pensée peut-être qu'en amusant le peuple, il s'éloignerait un peu de la

politique. La jeunesse des écoles (1), cependant, suivait une
tendance opposée ; elle voulait, à l'occasion de cet anniversaire, planter *un arbre de la liberté*. Grand fut l'émoi de la
réaction à cette idée révolutionnaire. Le maire s'opposa ; une
correspondance très âpre eut lieu entre lui et le comité des
étudiants, en tête duquel je vois figurer M. Charles Schützenberger, étudiant en médecine, M. Frédéric Traut
fils, etc. (2). Les derniers cédèrent ; le terrible arbre ne fut
pas planté et les fêtes eurent lieu sans que l'ordre fut
troublé...

———

Ces petites agitations ne firent pas oublier la malheureuse Pologne ; au contraire, le zèle des comités redoubla. Les
souscriptions, les envois de charpie, de linge continuaient ;
ces derniers arrivèrent-ils jamais à destination ? Le mauvais

———

(1) Du reste, le parti avancé tout entier profita de l'occasion : il
organisa un banquet à l'*Hôtel de l'Esprit*, alors le premier hôtel de
Strasbourg, en face du pont Saint-Nicolas. Les toasts les plus patriotiques y furent portés par M. Lichtenberger, avocat, le professeur et
pasteur Richard, l'avoué Schnéegans (le père de M. Ferdinand Schnéegans), par M. Edouard Martin, devenu plus tard député de Strasbourg, etc. Un de ces toasts disait : « Aux Polonais ! Peuple martyr
de la liberté ; il combat et meurt en étendant ses mains vers la France.
Assistance aux Polonais ! tel est le cri de nos sympathies nationales, etc. »

Oui, la nation était pour eux, mais pas Louis-Philippe ni ses
ministres et leurs adhérents.

(2) L'étudiant en médecine devint, plus tard, le célèbre professeur
Schützenberger.

M. Traut joua un rôle moins distingué. Sous Bonaparte, il devint
un des fidèles de l'empire et accepta les fonctions d'adjoint au maire
lorsqu'en 1854, le Conseil municipal, violemment dissous, fut remplacé par une Commission municipale ; il en fut récompensé par la
place de conseiller de préfecture. En 1871, il fut un des rares fonctionnaires français qui passèrent aux Allemands.

vouloir du gouvernement prussien était visible. Il favorisait
ouvertement les Russes et contrecarrait les Polonais. Les Hongrois, les Etats du centre et du sud de l'Allemagne, firent des
manifestations en faveur de la Pologne ; l'Autriche pesa sur
leurs gouvernements pour les étouffer (1). Les nouvelles devenaient de jour en jour plus lugubres ; enfin, le **15** septembre,
nous reçûmes la triste nouvelle que Varsovie avait capitulé
le **7** septembre, après une résistance des plus opiniâtres. C'est
à la séance de la Chambre des députés du **16** septembre, que
le ministre, général Sébastiani, interpellé par divers députés,
répondit par ces paroles tristement célèbres : « *L'ordre règne à
Varsovie !...* »

L'effervescence à Paris doit avoir été très forte ; voici en
quels termes le *Courrier du Bas-Rhin*, du **20** septembre, en
parle :

« Des groupes se sont formés hier au soir, par suite des
nouvelles reçues de Pologne, et présentaient un caractère de
grave irritation et de douleur profonde. Leur marche se dirigeait autour du Palais-Royal (alors résidence de Louis-
Philippe), la fureur du peuple contre le ministère en général
et surtout contre M. Sébastiani est extrême. »

Dimanche, le **25** septembre **1831**, notre ville fut le théâtre d'une assez singulière équipée. Les provinces de l'Est
tiraient le bétail principalement des Etats du sud de l'Allemagne. Lors du remaniement du tarif des douanes en **1815**,

---

(1) La presse n'étant pas libre, des patriotes *allemands* firent imprimer à Strasbourg un dernier appel à leurs concitoyens en faveur
de la Pologne. Le *Courrier du Bas-Rhin*, du 25 août, le publia.
Hélas ! à ce moment, ce noble pays était déjà à peu près perdu.

dans un sens fortement protecteur (1), le droit d'entrée en France, des bœufs, fut porté de 50 centimes à 3 francs par tête.

L'augmentation était insignifiante ; mais, en 1822, à la suite de réclamations de quelques gros propriétaires de la Normandie et sous le courant prohibitionniste, qui régnait alors dans les hautes régions gouvernementales, et qui tendait à entourer la France d'un cercle douanier, pareil à un mur chinois, les Chambres portaient le droit de 3 francs à 50 francs, avec décime à *55 francs* par tête de bœuf !

Ce fut une grande faute économique et surtout politique. Depuis des années, la Prusse poursuivait le but de prendre, en Allemagne, le pas sur l'Autriche. Entre autres moyens, elle se servit du tarif douanier qu'elle avait créé. Loin d'être prohibitif, comme le tarif français, il ne faisait que protéger, dans une mesure raisonnable, les produits industriels et agricoles de la Prusse et frappait de forts droits les vins, les soieries et l'industrie parisienne. Il portait ainsi un coup direct aux principaux articles d'exportation de la France. Celle-ci aurait dû se trouver avertie ; mais au lieu de négocier avec la Prusse, en vue de concessions réciproques, elle continua à augmenter son tarif, poussée par les protectionnistes — qui, abrités par les douanes, s'enrichissaient aux dépens des consommateurs.

(1) La loi de douanes de 1815 porta un coup funeste à la prospérité commerciale de Strasbourg. Prohibant l'entrée par terre de toutes les denrées coloniales, telles que sucre, café, épiceries, indigo, coton, etc., frappant de droits exorbitants ou de prohibition absolue beaucoup d'objets fabriqués en Allemagne, nos relations commerciales avec ce pays furent, pour ainsi dire, coupées du jour au lendemain. Et comme, au lieu d'une détente, dans les années qui suivirent, le système prohibitif fut encore renforcé, il est facile de se rendre compte de l'état des esprits à ce point de vue.

En portant le droit sur les bœufs de 3 francs à 55 francs par tête, la France blessa gravement ses voisins dans leurs intérêts et même dans leurs sympathies.

A cette époque, la Prusse était loin d'avoir l'ascendant qu'elle a aujourd'hui dans les Etats du sud de l'Allemagne. Ceux-ci se voyant ainsi systématiquement repoussés par la France, se jetèrent naturellement peu à peu dans les filets que leur avait tendus la Prusse, par son organisation douanière — appelée le « *Zollverein.* » — La Bavière, le Wurtemberg, la ville libre de Francfort-sur-le-Mein, les deux Hesse y entrèrent successivement. Enfin, en décembre 1831, le pays de Bade fut également entraîné ; qui le sait? peut-être seulement après qu'il eût acquis la conviction que même la révolution de Juillet n'avait pu annuler l'influence des égoïstes qui tenaient dans leurs mains le système économique de la France. Le *Zollverein* — *l'Union douanière de l'Allemagne* — était fait ; première, mais importante étape pour son union politique.

Si à partir de 1830, M. Thiers, au lieu d'employer son grand talent à combattre les tendances libérales, et à plaider en faveur du système protecteur, l'avait utilisé à l'élargissement des barrières douanières, il aurait peut-être pu se dispenser de faire, trente-neuf ans plus tard, en 1870, son voyage auprès des différentes cours de l'Europe, pour implorer inutilement leur intervention en faveur de la France. Il est certain que celle-ci, par son système douanier, vexatoire surtout à l'égard des Etats du sud de l'Allemagne, avait provoqué une véritable exaspération contre les Français, et qu'elle a ainsi singulièrement facilité la tâche des professeurs prussiens qui apprenaient aux jeunes générations que la France était l'ennemie héréditaire — *Der Erbfeind* — de l'Allemagne.

Je ne pourrais en donner de meilleure preuve qu'en citant un extrait de la *Gazette de Mannheim,* du mois de no-

vembre 1831, article reproduit alors par deux journaux de Paris, le *Constitutionnel* et le *Journal du Commerce,* et inséré dans le *Courrier du Bas-Rhin* du 19 novembre 1831 :

La *Gazette de Mannheim,* après avoir demandé que l'Alsace soit annexée à l'Allemagne, ajoute :

« Lors des traités de paix de 1814 et 1815, les deux « grandes puissances de la Confédération allemande avaient le « désir, mais non le courage, d'enlever à *l'insolente France, à* « *cet ennemi acharné de notre nation,* l'Alsace, riche et fort « boulevard de notre sud-ouest, etc. »

Il me semble que c'est assez clair, pour faire voir quel mal immense la France, *dès 1831,* s'était faite avec cette misérable guerre de tarif et dans laquelle, il faut bien en convenir, les torts étaient presque toujours de son côté. Pour faire plaisir à quelques centaines d'industriels et de propriétaires ruraux, ou plutôt pour les enrichir, elle s'est aliénée toutes les sympathies, même celle des libéraux, de ses plus proches voisins.

A partir de 1822, les départements de l'Est, lésés dans leurs intérêts, par ce droit exorbitant sur les bestiaux, ne cessaient de réclamer. Chaque année on envoyait de l'Alsace ou de la Lorraine, soit par l'entremise des Conseils municipaux, soit par celle des Chambres de commerce, des pétitions, adressées aux Chambres et au gouvernement, pour demander le retour à un système douanier plus libéral, et surtout le dégrèvement des droits sur le bétail.

Lors des voyages de Charles X et de Louis-Philippe, nos députés et nos municipalités se firent auprès d'eux les interprètes de nos doléances. Rien n'y fit, et quand, quinze mois après les *glorieuses journées,* cette taxe odieuse de 55 francs, par bœuf, était restée en vigueur, l'impatience finit par gagner quelques têtes chaudes. Un samedi soir, il fut décidé, dans quelques brasseries sans doute, qu'on irait le lendemain, dimanche, en uniforme de garde national, au pont du Rhin, et que, sans payer les droits, on importerait de force les bœufs qui d'habitude y arrivaient ce jour-là, pour être conduits à Strasbourg le lundi, jour de marché.

Ce projet, quelque peu extravagant, qui ne s'explique que par l'état des esprits, surexcités à cette époque, par l'exaspération qu'entretenait, depuis neuf années, cet impôt détesté, eut un commencement d'exécution. Des gardes nationaux, au nombre de deux à trois cents, se portèrent au pont du Rhin, près du bâtiment de la douane ; mais, l'autorité avertie y avait envoyé, de son côté, un bataillon d'infanterie. Les gardes nationaux rentrèrent en ville et appelèrent leurs concitoyens aux armes. Cet appel ne trouva pas d'écho. L'immense majorité de la garde civique blâmait la démarche illégale, tentée par quelques citoyens bien intentionnés sans doute, mais égarés.

Sur la place du Broglie, où l'on s'était rendu, les autorités, animées du meilleur esprit de conciliation, décidèrent les citoyens à réclamer de nouveau une modification par la voie légale. M. Nau de Champlouis, notre excellent préfet, ayant pris sous sa responsabilité personnelle de diminuer de moitié le droit d'entrée sur les bestiaux, on s'en retourna, après avoir signé une pétition au roi, demandant l'abrogation de cette loi de 1822, ainsi que la diminution de l'impôt sur le sel et des droits d'entrée sur les grains venant de l'étranger. La pétition resta déposée pendant quelques jours à la mairie, qui l'expédia, revêtue de nombreuses signatures. Cette pétition, publiée *in extenso* dans le *Courrier du Bas-Rhin* du 27 septembre 1831, renfermait quelques phrases, assez significatives pour mériter d'être citées :

« SIRE,

« Les glorieuses journées de Juillet ont fait naître des espérances, qui ne sont pas satisfaites. Les habitants de Strasbourg voient avec douleur tarir successivement toutes les sources de leur antique prospérité, en même temps que des impôts, aussi élevés que mal répartis, pèsent sur les consommateurs. »

Après avoir parlé de l'impôt sur le sel, des droits sur les grains et des entraves, en général, apportées à notre commerce par le système douanier, la pétition dit :

« Mais lorsqu'un impôt odieux (celui sur le bétail), qui a pour principe une protection accordée en quelque sorte à un intérêt particulier, qui n'a été établi qu'à une époque (1815 et 1822) où l'on voulait punir l'Alsace de son patriotisme et de son dévouement à la France, (dévouement anti-légitimiste lors des invasions de 1814 et 1815) lorsque, disons-nous, un pareil impôt frappe presque exclusivement la subsistance du pauvre, il doit nous être permis de réclamer la suppression d'une perception aussi contraire à toutes les règles de la justice qu'au principe de l'égale répartition de l'impôt, et contre laquelle on a toujours protesté . . . . »

« Cet impôt provoqua de *justes représailles de la part des Etats voisins,* de sorte que nous eûmes à supporter, non seulement une augmentation dans le prix de la viande, mais encore de nouvelles restrictions dans le commerce avec l'étranger..... »

« Nous avons attendu depuis quinze mois le juste adoucissement qui nous était dû, et nos espérances ayant été déçues, nous venons, Sire, faire un appel à la bienveillance, à la justice de Votre Majesté, pour, etc...'»

Le lendemain, la corporation des bouchers fit publier l'avis que, par suite de la diminution provisoire de moitié des droits sur le bétail, les bouchers s'étaient mis d'accord pour réduire le prix de la livre de viande de 50 à 45 centimes !

Le déploiement de forces militaires, l'affichage des lois sur les attroupements et les articles pleins de sens, publiés par le *Courrier du Bas-Rhin,* calmèrent peu à peu l'effervescence publique ; mais, dès le 29 septembre, le gouvernement ordonna par dépêche, de rétablir immédiatement le droit entier sur le bétail. M. Nau de Champlouis, cet homme excellent, qui, pour éviter l'effusion du sang, s'était généreusement exposé à une grande perte pécuniaire, fut destitué peu de jours après, en récompense de son esprit conciliant. Les feuilles gouvernementales crièrent haro sur lui ; à leur point de vue, il eut mieux valu faire massacrer quelques centaines de citoyens, plutôt égarés que criminels. Mais les habitants de Strasbourg, dans une adresse publiée par les journaux et couverte de nombreuses et des plus honorables signatures, exprimèrent au préfet révoqué leur profonde gratitude pour son excellente administration.

Le 6 octobre arriva M. Choppin d'Arnouville, préfet du Doubs et promu à la préfecture du Bas-Rhin. A la réception de la garde nationale, M. Louis Steiner, chef d'escadron, détailla au nouveau préfet les véritables causes du mouvement du 25 septembre ; il lui dit que l'irritation qui avait égaré quelques citoyens, au point de les mettre en rébellion avec la loi, provenait de la détresse du peuple, sur lequel pèsent principalement les impôts onéreux, frappant les denrées de première nécessité. Le préfet répondit qu'il appuierait de tous ses efforts les réclamations faites légalement.

Du reste, une espèce de fatalité s'attachait à cette taxe inique ; la pétition du 25 septembre n'eut pas plus de résultat que les précédentes et que celles qui suivirent d'année en année. La révolution de 1848 ne l'emporta pas plus que sa devancière de 1830. Grâce aux excès révolutionnaires, la réaction reprit toujours le dessus ; elle se cramponna même avec une telle persistance à ces lois douanières qu'en 1849, lors d'un rapport sur une de nos pétitions contre le droit sur le bétail, le maréchal Bugeaud eut le triste courage de dire, à la tribune de la Chambre des députés, qu'il aimerait mieux voir cinquante mille cosaques au Rhin, que cinquante mille bœufs !...

Il fallait le pouvoir dictatorial de Napoléon III pour démolir cet échafaudage douanier. Il y donna un premier coup de pioche, en réduisant par simple décret, en 1854, lors d'une cherté des subsistances, le droit sur les bœufs, de 55 francs à *25 centimes!* par tête. Et la Normandie ne s'en porta pas plus mal !...

C'est vers la fin du mois de novembre de cette année qu'arrivèrent dans nos murs les premiers débris de l'armée polonaise (1). L'accueil qu'ils reçurent fut vraiment touchant. Dès leur arrivée, les détachements furent dirigés sur la place d'Armes, où les habitants se rendaient, pour en ramener, selon les moyens, qui deux, qui trois, dans leurs familles ; elles les reçurent avec une hospitalité des plus généreuses. On avait moins en vue l'individualité que la sainte cause qu'ils avaient défendue, celle de l'indépendance des peuples. Puisqu'elle avait été foulée aux pieds par l'autocrate du Nord, il appartenait aux Français de protester contre la violation et

(1) C'étaient pour la plupart des officiers proscrits par un ukase du magnanime czar Nicolas. Ces malheureux, en perdant leur patrie, perdaient également leur fortune. Les Chambres françaises ayant voté des subsides, ils furent plus tard dirigés sur l'intérieur. Beaucoup d'entre eux apprirent des métiers ou entrèrent dans diverses administrations, dans les chemins de fer notamment, dont l'ère allait commencer. J'ai moi-même connu plusieurs jeunes officiers polonais qui ont travaillé chez des armuriers dans le but d'apprendre à forger des armes pour la délivrance de leur patrie. Hélas, que de nobles efforts restés stériles ! Et cependant, il ne faut pas désespérer : la liberté, le progrès, rompront peu à peu toutes les digues que l'égoïsme individuel leur oppose.

la spoliation, en faisant l'accueil le plus sympathique aux martyrs de cette noble cause.

C'est à cette même idée qu'on peut attribuer la réception enthousiaste faite au général Romarino et à deux de ses collègues, les généraux Langermann et Sznayde. Ils firent leur entrée à Strasbourg, dimanche 4 décembre, vers le soir. Des milliers de personnes étaient allées à leur rencontre jusqu'au pont du Rhin; mais, au lieu de se borner à crier *Vivent les Polonais! Vive Romarino!* quelques exaltés dételèrent les chevaux de la calèche des trois généraux. On fixa une longue corde au timon, et plus de cent jeunes gens traînèrent ainsi la voiture jusque devant la porte de l'hôtel, où ils descendirent.

Quoique le général Romarino eût servi avec distinction dans l'armée polonaise, il ne s'était pas moins élevé, de temps à autre, des rumeurs sur son compte; parfois même on entendait le mot de trahison. Mais ce terme paraît si fréquemment dans les armées vaincues ou chez les peuples malheureux, qu'il serait hasardé de lui donner créance. Quoi qu'il en soit, en accordant à ces généraux un honneur, qui au plus devrait être l'apanage d'hommes ayant rendu, à leur patrie ou à l'humanité, les plus éclatants services, la population patriotique de Strasbourg n'a pas visé les individualités; elle a voulu de nouveau manifester solennellement ses sympathies pour l'indépendance des peuples et pour ses héroïques défenseurs. Et si l'esprit rétrograde de Louis-Philippe et de son gouvernement n'a pas permis aux patriotes français d'aller au secours de la Pologne, alors qu'elle luttait, ils ont du moins voulu prouver aux nobles débris de cette vaillante armée, que la France avait toujours eu pour elle la plus grande sympathie.

Le *Courrier du Bas-Rhin* dit à cette occasion :

« Donner une idée exacte de la réception, qui a été faite, ce soir, aux trois généraux, est une tâche presque impossible. Jamais la sympathie d'un peuple pour la cause sacrée de la liberté et pour ses héroïques défenseurs ne s'est manifestée d'une manière plus unanime et plus éclatante ; jamais aussi plus d'ordre et de dignité n'ont accompagné l'enthousiasme...

« Le cortège se mit en marche ; les deux musiques de la garde nationale l'ouvraient ; après elles venaient les étudiants avec leur drapeau ; puis les gardes nationaux, enfin la voiture précédée et suivie d'une foule innombrable. Pendant toute la route, les acclamations les plus vives saluèrent les généraux, et le cortège en masse chantait la *Marseillaise*, la *Varsovienne*..... »

Pendant leur voyage, à travers l'Allemagne, les Polonais y furent reçus, généralement, d'une façon hospitalière. L'esprit public en Allemagne, en ce qui concerne la liberté, était alors excellent ; mais les gouvernements des petits Etats, soit par goût, soit pour obéir aux ordres de la Russie et de l'Autriche, empêchèrent autant que possible toute manifestation en faveur des Polonais. Il fut surtout interdit à la presse d'en rendre compte.

En quittant Strasbourg, pour aller dans l'intérieur, (le gouvernement ombrageux de Louis-Philippe leur ayant interdit le séjour à Paris) les Polonais reçurent le même bon accueil. Dans le Haut-Rhin et dans les départements voisins, surtout à Nancy, à Vesoul, à Besançon, il y eut de grandes manifestations en leur honneur.

L'année 1831 se termina par des mesures, jugées nécessaires, contre un ennemi invisible, mais terrible, le choléra. Déjà, il avait dépassé Vienne et Munich, Berlin et Leipzig, et les journaux étaient remplis d'annonces de remèdes contre le fléau. Cependant l'Alsace fut épargnée ; ce n'est que dix-huit ans plus tard, en 1849, qu'il y fit irruption.

1832

Dans les derniers mois de 1831, un nouveau Conseil municipal avait été élu. Par ces élections, grâce au courant patriotique dominant alors, l'élément bourgeois libéral entra dans le conseil. A partir de cette époque, les affaires municipales furent suivies, par la population, avec un intérêt bien plus vif qu'elles ne l'avaient été pendant les longues années, où l'administration restait, pour ainsi dire, le patrimoine de quelques familles aristocratiques, privilégiées par la naissance ou par la fortune.

Le nouveau Conseil s'occupa surtout de travaux d'utilité publique : Les trottoirs, dont les rues de Strasbourg étaient entièrement dépourvues, furent établis. Le pavage, jusqu'alors en cailloux du Rhin, pointus, fut remplacé par des pavés étêtés, à mesure que l'état des rues l'exigeait. Enfin, le Conseil vota l'établissement du quai et du canal des faux remparts, pour remplacer les deux canaux parallèles, séparés au milieu par un quai ou faux rempart. Celui-ci, destiné dans le principe à servir de promenade, était peu à peu tombé en ruines. Le Conseil vota, pour ces travaux, un emprunt de 200,000 francs, remboursables dans le cours de trois années.

Dans sa séance du 9 janvier, la Chambre des députés, avait décidé que le château, dit royal, de Strasbourg, ne ferait plus partie de la dotation de la couronne et serait vendu au profit de l'Etat. M. Saglio, député du Bas-Rhin, soutint par contre que le château, étant en bon état, il fallait le maintenir à la couronne, la ville en ayant fait hommage à l'empereur (Napoléon Ier), à la condition qu'il devint château impérial. Si la condition de la donation cessait d'être exécutée, il était naturel que la propriété revint à son ancien possesseur, c'est à dire à la ville.

Bien que ce ne fut que quelques années plus tard que la question fût tranchée dans ce sens (1) et que le château rede-vint propriété communale, on discutait, dès ce moment, dans le public, la destination à donner à cet immeuble. On proposait, entre autres, d'en faire un palais de justice, attendu, dit une des lettres publiées dans le *Courrier du Bas-Rhin,* que, sans doute la cour royale (d'appel) de Colmar sera bientôt « trans-férée à Strasbourg. » Vœux bien prématurés, hélas ! qua-rante ans plus tard, le château fut affecté à l'université *allemande*, et la cour siège encore à Colmar !.....

---

(1) On peut supposer que le gouvernement, en rendant le château à la ville, s'était réservé le mobilier. Quoi qu'il en fût, il est positif que, d'après des ordres venus de Paris, le splendide mobilier fut expédié à Bruxelles, pour compléter, disait-on, l'ameublement de la reine des Belges, fille de Louis-Philippe.

Le Conseil municipal, continuant à s'occuper de travaux
d'utilité publique, proposa de couvrir le fossé des Tanneurs.
Celui-ci prenait naissance près de l'écluse du Bain aux Plantes
et traversait à ciel ouvert une des plus belles parties de la ville,
notamment la promenade du Broglie, où se trouve aujourd'hui
le large trottoir, devant les cafés et l'hôtel de la mairie.

En outre, le Conseil décida le remaniement du Contades,
dont les pelouses étaient entourées d'une masse de haies;
quelques changements à l'Orangerie (1) et le comblement de
l'ancien cours d'eau — appelé *Murgiesen* — à la Robertsau,
auprès du restaurant (*Beckehiesel*). Ce fossé, ayant été séparé
en deux par la route, avait fini par former deux cloaques,
vrais foyers d'infection.

Le Conseil ayant voté l'impression du budget, le public,
pour la première fois, fut mis au courant de l'administration
municipale, ce qui donna une impulsion nouvelle à la discussion publique des intérêts communaux.

Si la vie municipale gagnait ainsi en vigueur, la vie politique ne s'arrêtait pas; au contraire, elle augmentait d'intensité. Deux nouveaux journaux avaient été créés: *L'Alsacien,*
organe du parti avancé, et *L'Alsace constitutionnelle,* journal
de la préfecture et du Juste-Milieu ou de la réaction. Le *Courrier du Bas-Rhin* flottait entre les deux; mais, on peut lui
rendre cette justice qu'il était alors bien rédigé par son propriétaire M. Silbermann. Ses colonnes étaient largement ouvertes à toutes les réclamations fondées, à toutes les propositions sensées. J'y trouve surtout d'excellents articles, écrits par
M. Weyher, négociant, sur les moyens d'augmenter la prospérité commerciale de Strasbourg. Un anonyme parle d'un

(1) C'étaient des changements peu importants. L'Orangerie, ou
plutôt le jardin anglais ou parc qui s'étend devant elle, n'a été planté
que quelques années plus tard, sous l'impulsion de M. Schützenberger, quand il fut nommé maire.

impôt sur les chiens ; M. Müntz de Soulz, de la nécessité de dégrever le sel ; de plus la prime accordée à la sortie du sucre raffiné est beaucoup discutée.

Les sucres coloniaux (bruts) ayant été frappés d'un droit élevé, la raffinerie française ne pouvait exporter que si on lui restituait, à la sortie, les droits perçus à l'entrée. Comme on importait du sucre brut et qu'on l'exportait raffiné, la prime, à la sortie, aurait dû être combinée de manière à représenter exactement le droit d'entrée ; mais il paraît qu'elle le fut tout à l'avantage des raffineurs, car un M. Montet, conseiller à la Cour des comptes, publiait dans les journaux une critique de la prime, accordée par la loi de 1826. Il établit que les principaux banquiers raffineurs touchaient par an, de ce chef, des millions, et cependant on proposait une augmentation des droits d'entrée et partant aussi de la prime. Et le *Courrier du Bas-Rhin* d'ajouter : « que ce qu'il y avait de plus remarquable dans cette affaire, c'est que, parmi ceux qui profitaient de ces mesures, se trouvaient surtout M. Casimir Périer, président du ministère, et M. Humann, député, rapporteur du budget des recettes. »

Là-dessus, lettres très vives de M. Théodore Humann, fils (1), pour dire que son père lui avait cédé sa raffinerie, sans y conserver un intérêt, etc. ; et le *Courrier* de répondre : « Lorsque M. Humann, père, demande une augmentation d'impôts, que ce soit dans son intérêt ou dans celui des siens, peu nous importe ! nous avons le droit de le blâmer ; c'est même notre devoir, car l'intérêt général doit seul être notre guide. »

L'impôt, du reste, fut voté ; le ministère, par des manœuvres de toute espèce, s'étant acquis la majorité. La réaction gagna chaque jour du terrain dans la haute bourgeoisie. — A Strasbourg, aussi, elle se fit sentir par des procès de presse.

(1) Maire de Strasbourg, de 1864 à 1870.

A Lyon, à Grenoble, il y avait eu des émeutes sanglantes
qu'on aurait pu éviter ; mais on tenait à terroriser et à empêcher toute manifestation populaire. Le journal *L'Alsacien*
fut poursuivi et déféré à la Cour d'assises, pour avoir publié
un article sur l'émeute de Lyon ; il était inculpé d'avoir excité
à la haine et au mépris du gouvernement. Après un plaidoyer
éloquent de M. Lichtenberger et un résumé vraiment impartial
de M. de Golbéry, président, le jury prononça un verdict
d'acquittement.

Ce qui contribua puissamment à entretenir l'esprit politique ce fut certes l'institution de la garde nationale. Les
réunions régulières des compagnies et des bataillons, les
séances des Conseils de révision, de discipline, les musiques
même, par leurs répétitions hebdomadaires, devenaient des
foyers de discussion, soit avant, soit après les séances. C'est
dans ces réunions surtout que furent concertés les moyens de
venir en aide aux Polonais qui, expulsés de l'Allemagne par
la réaction, continuaient à arriver à Strasbourg.

Le réussite de la loterie en faveur des pauvres, organisée
pour la première fois vers la fin de 1831, donna l'idée d'une
loterie pareille pour les Polonais. Puis, on imagina des
concerts, des bals, des assauts d'armes ; tout fut mis en œuvre
afin de réunir des fonds, pour leur venir en aide. Diverses
compagnies de la garde nationale firent entre elles des coti-
sations régulières et lorsqu'un jour on apprit que le gouvernement avait projeté de réduire les subventions accordées
aux Polonais, il y eut des réclamations de toutes parts. J'en
citerai une comme spécimen de l'esprit qui dominait alors :

« Strasbourg, 5 avril 1832.

A M. le Rédacteur du *Courrier du Bas-Rhin.*

« C'est avec une indignation qui sera partagée par tous
les cœurs français que nous avons appris l'odieuse conduite

du gouvernement envers les Polonais, et l'état désespérant dans lequel se trouvent *en France* ces victimes de la barbarie et d'une lâche politique. Une souscription nouvelle a été ouverte, etc..... Chacun a senti que le moment était venu de faire de nouveaux sacrifices pour ces illustres victimes. Honte ! honte éternelle à ceux qui, après de belles promesses, après avoir vu la sympathie générale de la France, laissent mourir de faim ces débris d'une nation de héros, morts pour la France ! Les gouvernements de la Prusse et de l'Autriche ont dit aux Polonais : « Nous ne voulons pas de vous ; » celui de la France leur a ouvert les bras et les a livrés au désespoir... L'histoire jugera. C'est à la nation à laver, aux yeux du monde, l'affront que le ministère veut lui faire subir !..... »

Avaient signé : Lipp, capitaine-commandant ; Braunwald, capitaine en second ; Hartmann, lieutenant en premier ; Fuchs, lieutenant en second ; Fahlmer, sous-lieutenant.

L'esprit public, dans ce temps-là, était tenu en haleine par une succession d'événements fort importants.

Les affaires de la Belgique n'étaient pas encore réglées que des troubles, suscités par les Hollandais, plus ou moins appuyés par la Prusse, éclataient dans le Luxembourg.

La principauté de Neuchâtel ayant voulu se soustraire au joug prussien, ses meilleurs patriotes devinrent les victimes de leur dévouement à la sainte cause de l'indépendance. Ceux qui ne purent se sauver furent traînés dans les prisons ; même ceux qui avaient pu quitter le canton n'étaient pas à l'abri des poursuites de la réaction, car l'un d'eux, M. Constant Meuron, condamné à mort par contumace, fut arrêté à Berne et livré par la police bernoise à celle de Neuchâtel, d'où il fut immédiatement dirigé sur la Prusse.

« De telles atrocités, dit le *Journal de Genève*, doivent être hautement flétries, car tout ce qui porte un cœur

d'homme ne s'étonne pas, mais s'indigne de pareils récits.
L'indignation universelle est, en effet, ce que les autorités
bernoises retireront de leur épouvantable conduite (1) »

La réaction qui marchait si bien en Suisse, avait encore
plus beau jeu en Allemagne.

Dans le Brunswic, dans la Hesse électorale, à Francfort
et dans la Bavière rhénane les arrestations furent nombreuses.
Un homme de lettres, George Fein, de Brunswic, les docteurs
Wirth et Siebenpfeifer de la Bavière rhénane furent arrêtés,
puis relâchés. Strasbourg devint le refuge d'où ils essayèrent
de faire de la propagande patriotique. Leurs journaux
Deutsche Tribune, Westbote, Neue Zeitschwingen, ayant été
supprimés par décision de la Diète, ils firent paraître dans le
Courrier du Bas-Rhin une série de lettres sur l'Allemagne.
Leur but était de faire revivre, entre les deux nations, l'union
et la concorde que détruisaient systématiquement ceux qui
étaient intéressés à entretenir la haine entre les peuples et à
préserver l'Allemagne du souffle libéral qui venait encore du
côté de la France.

L'apparition du choléra mit, pour un moment, une sour-
dine à l'agitation politique. Fin février, il avait éclaté à
Londres et fin mars à Paris où, durant le mois d'avril, il sévit
avec une violence extraordinaire. Au début, vingt à trente
cas se produisirent dans les vingt-quatre heures, mais le
12 avril, on signala plus de mille cas par jour. A partir de là,
le fléau resta stationnaire pendant une semaine environ;
puis, il décrut assez rapidement. Néanmoins, s'il y eut diminution dans les hôpitaux, c'est-à-dire parmi les classes
pauvres, il n'en fut pas de même pour les classes riches, qui
furent particulièrement atteintes vers la seconde période de

(1) *Courrier du Bas-Rhin,* du 11 avril 1832.

l'épidémie. Les journaux du temps sont remplis des noms de familles en évidence : ministres, députés, pairs de France, généraux, savants, tous y passèrent. MM. Casimir Périer et d'Argout furent atteints ; le dernier paraît s'être remis assez promptement, mais le Président du Conseil, s'il n'est pas mort du choléra, ne survécut pas aux suites de la maladie. En effet, M. Périer mourut le 19 mai, quatre semaines après la première attaque du choléra. — Détesté des patriotes, peu aimé des hommes de son parti, en raison de son caractère trop entier, sa mort ne fit pas beaucoup d'impression. Le parti libéral y perdit plutôt qu'il n'y gagna ; la réaction, en effet, ne venait pas de C. Périer, mais de la Cour, et Louis-Philippe trouva autour de lui assez d'instruments serviles, pour l'aider dans son système. Aujourd'hui, à cinquante ans de distance, il n'est pas sans intérêt de voir quel était le rôle, joué alors par M. Thiers. Voici un article du *Sémaphore de Marseille* (1) :

« M. Thiers est arrivé hier soir à Aix ; c'est à l'hôtel du Cours qu'est descendu le grêle orateur des centres, l'Atlas lilliputien du ministère. Son arrivée mit le Juste-Milieu en émoi ; il fallait former une petite cour au distributeur privilégié des emplois. Mais le peuple aussi arriva et ce furent les cris de : *A bas le traître à son pays ! le traître à la Pologne ! le traître à l'Italie !* qui dominèrent, etc.... »

M. Thiers, au déclin de sa vie, a noblement racheté les écarts politiques de sa jeunesse ; mais pendant le règne de Louis-Philippe et sous la seconde République de 1849 à 1851, il a certainement été un des instruments les plus puissants de l'esprit réactionnaire. C'est à l'égard de l'Allemagne aussi que s'exerçait fatalement cet esprit. Les patriotes allemands avaient organisé une grande fête populaire, pour le 27 mai, au château en ruines de Hambach, dans le Palatinat. Malgré

(1) Reproduit-par le *Courrier du Bas-Rhin* du 2 mai 1832.

l'affluence considérable, tout se passa bien ; des milliers de voix chantèrent une chanson sur l'air de la *Marseillaise ;* les autorités bavaroises laissèrent faire et l'ordre ne fut pas troublé. Les patriotes strasbourgeois, bravant le mauvais vouloir de la police française à leur délivrer les permis exigés alors pour passer la frontière avaient également envoyé leur contingent (1). L'esprit le plus fraternel y régnait. Il n'y avait ni Allemands ni Français ; il n'y avait que des amis de la liberté, tous visant au même but : la fraternité des peuples.

Le même jour, 27 mai, les Allemands à Paris eurent un banquet patriotique, auquel avaient été invitées les notabilités libérales ; le général Lafayette, prié de présider, porta le premier toast : *A la sainte alliance des peuples !* Un autre toast fut porté par M. Charles de Lasteyrie : *A la liberté de la presse et à la réunion de Hambach !* « Nous nous y sommes associés par nos vives sympathies et par l'expression de nos vœux fraternels ! »

M. Wolfram, professeur allemand, but *à la France de juillet 1789 et de juillet 1830 ; à la brave et vertueuse population parisienne!* Puis, tous les peuples eurent leur part ; on but *à l'héroïque Pologne, à la nationalité italienne, aux mânes de Riégo, de Torrijos* et autres martyrs, espagnols et portugais, de la liberté ; *à la Suisse libérale ; à la Grande-Bretagne,* opposée aux tories alliés des puissances despotiques, *aux Belges, aux États-Unis de l'Amérique du Nord !* « Puissent ses principes s'étendre de plus en plus, pour le triomphe de la raison humaine ! »

Que nous sommes loin aujourd'hui, après cinquante ans, de cette fraternité des peuples !...

------

(1) Plusieurs Français, entre autres M. Coulmann, notre député, ne purent entrer en Bavière, faute d'avoir un passeport ou au moins un permis pour l'étranger. Il fallut faire un détour pour échapper au contrôle de la police des deux frontières.

Le 5 juin, on reçut la nouvelle de la mort du général Lamarque. Ce fut une perte sensible pour le parti libéral; l'enterrement du général donna lieu aux journées des 5 et 6 Juin. Les patriotes y tentèrent un mouvement désespéré en faveur de l'idée républicaine, mais ils succombèrent sous les balles de la troupe de ligne et de la garde nationale réactionnaire.

Strasbourg aussi en entendit un écho, car, pour éviter qu'il n'y eût une démonstration populaire, la ville fut parcourue en tous sens par de fortes patrouilles. Bien que l'ordre n'ait pas été troublé un instant, on ne s'en montra pas moins empressé à molester quelques bons patriotes. Les Sociétés populaires: *Aide-toi — le Ciel t'aidera, Les Amis du Peuple*, avaient à Strasbourg leurs affiliées et le 13 juin des perquisitions furent opérées, par la police, aux domiciles de MM. Th. Stœber, notaire, Richard, professeur, et d'autres citoyens, mais sans le moindre résultat. Les journaux portèrent immédiatement ces faits à la connaissance du public et, par une consultation, rédigée par MM. Martin (1), Lichtenberger et Schützenberger, avocats, on protesta par la voie de la presse (2) contre cette violation de domicile.

Malgré ces vexations, le parti libéral ne se tint pas pour battu. Les députés de l'opposition, au nombre de plus de cent cinquante, avaient publiquement protesté contre les mesures exceptionnelles telles que déclaration de l'état de siège à Paris, saisies arbitraires de journaux, etc., et de Paris cet esprit se répandit dans les départements. C'est ainsi que le 16 août, à l'occasion de la présence à Strasbourg de notre député, M. Odilon Barrot, il y eut un grand banquet auquel

(1) M. Edouard Martin, plus tard député de Strasbourg, un des plus nobles caractères de l'époque.

(2) *Courrier du Bas-Rhin* et *Alsacien*, juin 1832.

assistaient MM. Nicolas Kœchlin, député du Haut-Rhin, et Coulmann de Brumath, député de Strasbourg-banlieue. Il eut lieu à l'hôtel de l'Esprit et le soir, à neuf heures, le corps des bateliers de Strasbourg (1), toujours prêt à prendre part aux manifestations patriotiques, amena sur l'Ill, jusqu'en face de l'hôtel, deux grands bateaux du Rhin, illuminés et pavoisés. Ces deux bateaux étaient montés par les musiques de la garde nationale ; des masses de petites barques couvraient en outre toute la rivière et lorsque les trois députés paraissaient sur le balcon de l'hôtel, des milliers de voix criaient : *Vivent les députés patriotes !*

Le patriotisme alsacien se retrempait dans ces fêtes ; elles ne donnaient jamais lieu à des troubles quand la police avait le bon esprit de s'abstenir de toute intervention.

La réaction, du reste, prit ses revanches ! M. Coulmann, notre député, fut brutalement destitué de ses fonctions de maître des requêtes et M. Ch. Walter, directeur de l'octroi de Strasbourg, fut révoqué parce qu'il avait assisté à un banquet patriotique.

——————

(1) La tribu des *bateliers du Rhin* « *Ankerzunft* » était une corporation très ancienne, très florissante et qui, dans les annales de Strasbourg, a toujours joué un certain rôle. Population rude, familiarisée avec le danger, par ses luttes contre un fleuve impétueux, c'est elle qui, en grande partie, fournit en peu de semaines le bataillon de pontonniers, créé en 1792. Un peu plus tard, lors de deux passages du Rhin, ce furent encore les bateliers de Strasbourg qui, suppléant à l'insuffisance des arsenaux, formèrent les ponts avec leurs bateaux et leurs agrès, et cela sous le feu de l'ennemi. On comprend dès lors qu'il était resté un bon levain de patriotisme dans cette corporation dont le déclin devait commencer peu après par l'extension, jusqu'à Strasbourg, du service des bateaux à vapeur qui fonctionnait, depuis quelque temps déjà, entre Cologne et Mannheim. Les chemins de fer achevant de ruiner la *batellerie du Rhin*, elle se rejeta sur les canaux ; mais là encore elle n'est guère prospère. En hiver, les gelées ; en été, les basses eaux, font que cette industrie lutte difficilement avec la concurrence écrasante des chemins de fer.

Au milieu de ces agitations politiques, on reçut la nouvelle de la mort du duc de Reichstædt, fils de Napoléon Ier;
elle aurait presque passé inaperçue, si le théâtre ne s'était
avidement emparé de ce triste sujet, pour raviver la légende
napoléonienne et flétrir en même temps, la conduite tenue
par sir Hudson Lowe envers l'ancien captif de Sainte-Hélène.
Ces représentations eurent un assez grand succès.

Une autre mort, arrivée à la même époque, fut celle de
sir Walter Scott, le grand romancier, dont les ouvrages étaient
alors, parmi nous, aussi populaires et aussi répandus que le
furent plus tard ceux d'Alexandre Dumas ou de Victor Hugo.

Du reste, la politique ne fit oublier ni la littérature, ni
les sciences, ni les arts. Dans le courant de cette année, la
Société des sciences, arts et agriculture du Bas-Rhin publia
la première fois ses mémoires et la *Société des Amis des Arts*
fit sa première exposition publique, en septembre 1832.

Le 12 octobre, un nouveau ministère fut formé. M. Guizot
eut le portefeuille de l'instruction publique ; M. Thiers, celui
de l'intérieur et M. *Humann*, notre compatriote, celui des
finances. Les autres ministres étaient : MM. d'Argout, commerce ; Broglie, affaires étrangères ; Barthe, justice ; Rigny,
marine ; Soult, guerre.

La composition de ce ministère était de mauvais augure
pour le parti libéral ; afin de resserrer ses liens et pour mieux
résister à la réaction, on forma en Alsace une nouvelle association pour la liberté de la presse en vue de lui fournir
des secours. En tête de l'appel, figurent MM. Lichtenberger,
Martin, Schnéegans, avocats ; Marchand, juge, Louis Kob et
Schertz, négociants, Traut, fils, (1) étudiant en droit.

(1) Le même dont j'ai déjà parlé.

Le Juste-Milieu, de son côté, ne se reposait pas. Son journal, l'*Alsace-Constitutionnelle*, transformé en *Journal du Haut et du Bas-Rhin*, attaquait violemment les caractères les plus purs. A l'occasion de l'attentat, dit du Pont-Royal, contre Louis-Philippe — attentat que l'on s'accordait à attribuer à la police, en vue de servir la réaction — le maire, M. F. de Turckheim, proposa au Conseil municipal d'envoyer au roi une adresse de félicitations. Le Conseil rejeta la proposition par 21 voix contre 6. Le lendemain, le *Journal du Haut et du Bas-Rhin*, ayant publié un article des plus injurieux contre le Conseil, il y eut au sein de ce corps une violente interpellation à ce sujet.

___

L'année se termina par l'arrivée, en notre ville, du premier bateau sur le canal du Rhône au Rhin. Ce fut presque un événement, car, pendant plus de dix ans, on avait attendu l'ouverture de cette voie navigable ; elle devait apporter une grande facilité à nos relations avec la Suisse, en nous permettant, au moyen de l'embranchement sur Huningue, (1) de transporter les marchandises pour Bâle à de bien meilleures conditions que par la route de terre, puis à nos relations avec Lyon et le Midi qui, jusqu'alors, n'avaient eu lieu que par la voie du roulage.

Cette ère de prospérité s'ouvrit en réalité ; mais, elle ne dura que peu d'années. Les chemins de fer, en effet, vinrent bientôt après, déposséder la batellerie de ces transports.

___

La deuxième loterie, en faveur des pauvres, fut organisée dans le courant de décembre ; elle réussit encore complète-

___

(1) Il se détache, près de Mulhouse, du canal principal, pour se diriger vers Bâle ; il atteint le Rhin à Huningue.

ment et depuis lors cette excellente institution s'est maintenue, au grand soulagement de la classe indigente.

Le 24 décembre, un télégramme (1) nous apporta la nouvelle de la capitulation de la citadelle d'Anvers, vaillamment
défendue par le général Chassé. C'était une heureuse nouvelle ; elle laissa entrevoir la fin de cette guerre de Belgique,
entreprise par Louis-Philippe, contre les Hollandais, en appa-
rence dans un but patriotique ; mais elle ne rendit pas le roi
plus populaire, car on se doutait bien qu'il y avait sous cape
un intérêt dynastique.

---

(1). Il est sans doute inutile de faire remarquer qu'il est question
du télégraphe aérien, espèce de machine à longs bras, très mobiles,
dont les mouvements divers représentaint les lettres de l'alphabet.
Il y avait de ces stations télégraphiques, de distance en distance, de
Paris à Strasbourg et aux autres villes importantes. Ces télégrammes
étaient uniquement à l'usage du gouvernement. Ce n'est que vers 1850
que, par la magnifique application de l'électricité à la télégraphie,
l'ancien matériel fut mis au rebut.

1833

SOMMAIRE

Question des banques. — Déclin du commerce de Strasbourg. — Douanes-Octroi. — Loterie de charité. — Maîtres de poste et entrepreneurs de voitures. — Ecole normale des instituteurs primaires pour le département du Bas-Rhin. — Ecole industrielle. — Equipée de la duchesse de Berry. — Lutte entre Bâle-ville et Bâle-campagne. — Agitations dans les cantons primitifs. — Désordres sanglants à Neustadt (Palatinat). — Suppression des journaux libéraux à Carlsruhe. — Procès des docteurs Wirth et Siebenpfeiffer.

L'année s'ouvrit par des discussions de l'ordre économique. En première ligne, se trouva la question des banques. Dans le courant du mois de janvier, nos journaux la discutèrent assez vivement ; les uns voulaient des banques populaires, d'autres, une banque départementale, quelques-uns parlaient de la possibilité, pour notre ville, d'une succursale de la Banque de France. Malheureusement, soit que le crédit public et la confiance dans la stabilité de nos institutions politiques ne fussent pas encore assez solidement établis, soit que la question des banques ne fût pas encore mûre, le fait est qu'on n'aboutit alors à rien du tout. Et cependant la situation commerciale de Strasbourg aurait eu besoin d'une nouvelle et bienfaisante impulsion, car depuis les fatales lois douanières qui, à partir de 1815 et surtout à dater de 1822, coupaient nos relations avec l'Allemagne, le commerce de Strasbourg déclinait visiblement. On en verra la preuve dans

le tableau suivant, publié en janvier 1833, par le secrétaire
du syndicat des bateliers :

Marchandises embarquées à Strasbourg pour être
expédiées par le Rhin :

ANNÉES	Quintaux de 50 kilogr.
1821	45,227
1822	41,098
1823	43,836
1824	27,509
1825	26,661
1826	25,094
1827	26,912
1828	28,632
1829	28,127
1830	27,683

On voit par ce tableau que l'Allemagne tirait de la France,
par le seul port de Strasbourg, presque moitié moins de marchandises en 1830 qu'en 1821. Il ne pouvait en être autrement ; les lois de douane prohibitives et notamment celle de
1822, qui portait le droit d'entrée en France, par tête de bœuf,
de 3 francs à 55 francs, avaient provoqué des représailles en
Allemagne.

Les vins français, les cotonnades, les soieries furent frappés de droits considérables à leur entrée en Allemagne. Les
vins d'Alsace surtout, puis ceux du Midi, de Bordeaux et de
Bourgogne furent cruellement atteints. Pour avoir voulu favo-
riser quelques produits français en Normandie et en Bretagne, on avait fait un tort incalculable à nos départements
vinicoles, sans parler de la grande faute politique qui fut
commise par nos exagérations douanières en poussant les
Etats du Sud de l'Allemagne dans les bras du *Zollverein*,
c'est-à-dire de la Prusse. C'est le fatal système douanier

prohibitif, suivi sous la Restauration et sous la monarchie de juillet, qui a semé les germes de,cette Allemagne unie, par laquelle la France en 1870-1871 a été écrasée. Cependant les réclamations contre ces tarifs ne faisaient pas défaut, mais elles n'eurent pas plus de succès que celles relatives à une réduction de l'impôt sur le sel, ou à l'abolition graduelle de l'octroi. Cette dernière question préoccupait alors d'autant plus les esprits que, malgré des réclamations incessantes, le gouvernement prélevait 10 0/0 du produit net, et qu'on soutenait, avec raison, que ces 10 0/0 ne frappaient que les communes relativement pauvres ; que les communes riches, qui pouvaient, grâce à leurs revenus ordinaires, se passer de l'octroi ne payaient pas cet impôt.

L'octroi, qu'on songeait à abolir graduellement, produisait, à cette époque, 550,000 francs ; il a non seulement été maintenu, mais son produit est aujourd'hui évalué à plus de 1,500,000 francs.

Une comparaison non moins curieuse s'offre par le produit de la loterie des pauvres. Celui de fin décembre 1823 a été de 7,046 francs ; aujourd'hui cette institution charitable produit de 25 à 30,000 francs chaque année.

Citons encore, comme vestige des temps passés, un procès, qui occupa quelque peu les esprits d'alors :

Avant l'établissement des chemins de fer, le transport des voyageurs s'effectuait généralement au moyen de chevaux, fournis par les maîtres de poste. Ces derniers étaient alors, toute proportion gardée, ce que sont aujourd'hui nos *barons des chemins de fer*. La loi leur accordait une indemnité de 1 fr. 25 cent., par cheval et par relais (ces relais se suivaient à des distances de 10 à 15 kilomètres) que devaient leur payer toutes les voitures publiques suspendues (sur ressorts). Des entrepreneurs de voitures, MM. Schmaltz et Paulus ayant établi un service de diligences entre Strasbourg et Wissembourg, en se refusant au payement de cette indemnité très lourde, les maîtres de poste de Strasbourg et de la route, représentés par M. Ratisbonne (1), leur intentèrent un procès. Après de longs plaidoyers, les entrepreneurs de voiture eurent gain de cause, en première instance et en appel, contre les prétentions des maîtres de poste.

Cette décision fut accueillie avec plaisir, puisque les maîtres de poste, par leur privilège, empêchèrent autant que possible tout nouveau service de voitures publiques de s'organiser.

Parmi les établissements d'instruction qui, depuis 1830, avaient reçu une nouvelle impulsion, il convient de nommer l'école normale des instituteurs primaires pour le département du Bas-Rhin. Créée en 1811, elle fut, en 1833, l'objet d'une citation très élogieuse, dans un rapport fait au roi par M. Guizot, sur les progrès de l'instruction primaire, aux trois époques de l'Empire, de la Restauration et de la révolution de Juillet. L'Empire et la Restauration n'avaient légué au gouvernement de 1830 que treize écoles normales, parmi lesquelles celle de Strasbourg est citée en première ligne. Dans l'espace de deux ans, il avait été créé trente-quatre nouvelles écoles ; ce mouvement était dû à la révolution de 1830. Malheureusement, il n'a pas beaucoup duré.

Dans une de ses dernières séances de 1832, notre conseil municipal avait décidé la création d'une école industrielle ;

---

(1) M. Ratisbonne était banquier ; mais il ne dédaigna pas le métier de maître de poste. Sa maison de banque, une des premières de la ville, ne survécut pas à la tourmente de 1848. Après avoir liquidé, il resta encore une belle fortune à la famille, une des plus considérées dans la communauté israélite. Après 1871, elle disparut de Strasbourg. Du reste, deux de ses membres, fixés à Paris, avaient passé au catholicisme.

elle fut installée en mars 1833 dans un local de la rue des Sœurs. Cette école eut peut-être rendu de bons services si l'on s'était borné à en faire une institution pour des jeunes gens qui, sortis des écoles inférieures, y auraient reçu le complément d'instruction nécessaire à un jeune artisan. Mais, on avait décidé d'y admettre des enfants, à partir de onze ans ; dès lors elle sembla devoir faire concurrence aux autres écoles municipales. Elle fut naturellement attaquée par les maîtres de celles-ci ; les journaux du temps contiennent leurs protestations. L'école végéta pendant quelques années et fut, plus tard, supprimée par décision du Conseil municipal.

L'année 1833 fut, d'ailleurs, signalée par quelques événements dont l'un, bien qu'étranger à l'Alsace, y excita néanmoins à un haut degré la curiosité publique : ce fut l'aventure arrivée à la duchesse de Berry (1) :

Marchant sur les traces de leurs ancêtres de 1792, les Vendéens s'étaient soulevés pour la restauration de la branche aînée des Bourbons, mais, tout aussi malheureux que leurs devanciers, ils furent battus ; la duchesse de Berry, qui s'était mise à leur tête, fut faite prisonnière et enfermée dans la

(1) Fille du roi des Deux-Siciles, elle s'était mariée, en 1816, avec le second fils du roi Charles X, le duc de Berry, né en 1778, mort assassiné par Louvel, le 13 février 1820. A sa mort, le duc ne laissa qu'une fille, née le 21 février 1819; mais on disait la duchesse enceinte et, en effet, elle accoucha, le 29 septembre 1820, d'un prince qui devint le comte de Chambord, que les conspirateurs monarchiques de l'Assemblée nationale voulurent, en 1873, élever au trône, sous le nom d'Henri V, et qui mourut à Frohsdorf, le 24 août 1883. Ce dernier des Bourbons de la branche aînée doit avoir eu bon cœur, ayant préféré l'exil à un trône dont il n'eut pu s'emparer que par la violence ou en faisant une brèche à ses principes.

5

citadelle de Blaye, sous la garde dn général **Bugeaud** (plus tard maréchal de France).

Louis-Philippe tenait à garder sa prisonnière, au moins jusqu'à ce que l'insurrection vendéenne fut complètement étouffée ; il résista donc aux sollicitations qui lui furent adressées pour la mise en liberté de la duchesse. La noble prisonnière feignit alors une maladie — c'était la situation de la citadelle de Blaye, — l'air enfermé, — le manque de mouvement qu'elle ne supportait pas. — Mais, ni le roi, ni les ministres ne s'y laissèrent prendre et bientôt on apprit que la maladie n'était autre chose qu'une grossesse. En effet, le 10 mai 1833, la duchesse accoucha d'une fille. Elle désira qu'on la nommât Marie-Amélie, en reconnaissance, disait-elle, des bontés que sa tante, la reine des Français, avait eues pour elle, et elle indiqua comme père de l'enfant le comte de Lucchesi-Palli, avec lequel elle s'était mariée, prétendait-elle, secrètement en Italie.

Ce fut un coup de foudre pour le parti légitimiste ; il avait compté sur la rare énergie de cette femme pour relever au profit de son fils, le comte de Chambord, le trône renversé par la révolution de Juillet. Aussi le gouvernement de Louis-Philippe s'empressa-t-il de donner la plus grande publicité à cet événement, et, l'effet produit, la duchesse fut embarquée pour Palerme, où elle arriva dans le courant de juin.

———

Le contre-coup de cette équipée se fit sentir jusqu'à un certain point chez nous. Les légitimistes, peu nombreux, mais assez remuants en Alsace, n'avaient pas volontiers renoncé à l'influence qu'ils s'étaient arrogée sous le débonnaire Charles X. La levée de boucliers des Vendéens, avec la duchesse de Berry, leur avait rendu quelque espoir. On se figurera donc aisément l'action déprimante que l'aventure de la duchesse a dû exercer sur leur parti ; il rentra dans l'ombre et n'en sortit plus qu'à de rares·intervalles.

Des événements politiques plus graves se passèrent non loin de chez nous. De même que l'insurrection vendéenne, ils étaient inspirés par la haine et l'esprit de vengeance contre tout progrès, qui caractérisaient le parti aristocratique, allié aux cléricaux, catholiques ou protestants. Les uns aussi fanatiques que les autres.

On a déjà vu que l'ancien canton de Bâle, à la suite de luttes plus ou moins sanglantes, avait été divisé en deux, le canton de Bâle-ville et le canton de Bâle-campagne ; ce dernier avec Liestal pour chef-lieu. La séparation et surtout la liquidation de la part revenant à chaque canton, dans l'ancien patrimoine commun, devaient presque nécessairement conduire à des conflits et, l'esprit de parti s'en mêlant, ils dégénérèrent en lutte sanglante.

Il paraît qu'à la suite d'une querelle, deux paysans d'un village séparé avaient été amenés à Bâle, puis réclamés par le gouvernement de Liestal, *sous menaces de représailles*. C'en était trop pour l'aristocratie bâloise: le samedi 3 août, à quatre heures du matin, on battit la générale et mille trois cents hommes avec dix pièces de campagne se mirent en route vers Liestal.

Le village de Prattelen fut pris aisément ; mais, bientôt des nuées de paysans armés, conduits, à ce que l'on prétendit, par quelques officiers polonais, s'opposèrent à la marche des Bâlois. Ces derniers furent refoulés et leur commandant en second, le colonel Wieland, ayant été tué, le désordre se mit dans leurs rangs ; ils furent ramenés sous les murs de Bâle, après avoir éprouvé de grandes pertes. Beaucoup de riches familles bâloises furent plongées dans le deuil ; amère conséquence d'une guerre civile, qu'auraient pu éviter quelques concessions. Dès lors on devint plus conciliant; il avait fallu une défaite sanglante pour faire naître des idées plus saines et plus équitables.

A la même époque, une lutte fratricide eut lieu dans les cantons primitifs. Depuis juillet 1830, la domination avait été enlevée à quelques familles privilégiées qui exploitaient leur pays. Ne pouvant ressaisir le pouvoir par leurs intrigues, ils eurent recours à la force. Le 30 juillet, le colonel Abyberg, à la tête de six cents fanatiques, s'empara du bourg de Kussnacht, en fit arrêter les principaux patriotes et les fit transporter à Schwytz, où ils furent jetés dans les cachots. La Diète, siégeant alors à Zurich, ayant réclamé, le colonel répondit bravement qu'il ne la reconnaissait pas. Des troubles éclatèrent, en même temps à Sarnen et à Neuchâtel et, le rapprochement entre ces faits et ceux de Bâle justifièrent assez l'idée, alors très accréditée, d'une conspiration aristocratique ayant pour but de restaurer l'ancien état de choses (1).

Le triomphe des paysans de Bâle-campagne et les mesures énergiques de la Diète mirent un terme à ces agitations; mais, elles ne prouvent pas moins que même les moyens les plus violents paraissent bons à ce parti, qui s'intitule si complaisamment le parti de l'ordre et qu'il n'est pas inutile de le rappeler à nos contemporains.

Chez nos voisins d'outre-Rhin et de la Bavière rhénane, la réaction, imposée par la Diète de Francfort, continua également son œuvre; malheureusement, avec plus de succès qu'en

---

(1) Une partie de l'aristocratie bernoise avait aussi pris part à l'expédition Abyberg. Les journaux citent les noms suivants : Bernard de Wattewille, de Werdt, Stettler, Bonstetten, etc. Seulement, le parti libéral, toujours généreux, ne punit pas ces agressions violentes, tandis que la réaction, si elle avait triomphé, aurait fait payer cher aux patriotes leur dévouement à la cause du peuple.

Suisse. Des désordres sanglants eurent lieu à Neustadt (Palatinat), à la suite de l'anniversaire de Hambach, que les
patriotes avaient l'intention de fêter. Des soldats furent envoyés
de Landau pour les en empêcher et la troupe, excitée par des
libations, se rua sur les bourgeois sans armes et les poursuivit
jusque dans les rues de Neustadt.

En même temps, on supprima, à Carlsruhe, le dernier
journal libéral, le *Zeitgeist*, et M. Mathy, le rédacteur, fut
violemment arraché à sa famille et jeté en prison. Les docteurs Wirth et Siebenpfeiffer, avec beaucoup de leurs amis,
furent traduits devant la cour d'assises de Landau, pour leurs
opinions républicaines publiquement manifestées. A l'occasion de ce procès, Landau eut aussi quelques journées sanglantes, provoquées encore par des soldats de la vieille
Bavière, mis expressément en garnison dans la Bavière rhénane, pour empêcher toute fraternisation avec les habitants.
On espérait ainsi influencer les décisions du jury ; mais les
jurés de Landau montraient du caractère ; le verdict fut négatif
sur toutes les questions.

Le *Courrier du Bas-Rhin* du 19 août 1833 termine la
relation de ce procès par les paroles suivantes :

« Honneur aux hommes probes et indépendants (les accusés), que les menaces et les traitements les plus atroces n'ont
pu faire dévier de leurs principes ! Honneur aux jurés dont la
conscience a su se mettre au-dessus de tous les dangers ! »

1834

L'année débuta mal pour les amis de la liberté. Le maréchal Soult, ministre de la guerre et président du Conseil, avait eu la malencontreuse idée de nommer deux lieutenants de marine, lieutenants dans le corps d'artillerie-pontonniers à Strasbourg. Cette nomination étant en opposition flagrante avec le texte formel de la loi, souleva une réprobation générale dans le corps d'artillerie, qui bientôt se fit jour en une lettre collective, signée par les treize lieutenants du bataillon des pontonniers. Dans cette lettre, adressée aux deux lieutenants intrus, il leur fut déclaré que jamais ils ne seraient reconnus comme leurs collègues.

L'ordre arriva de Paris de faire arrêter les treize signataires et ils furent mis dans la prison des Ponts-Couverts. Cette mesure augmenta l'agitation ; les officiers des autres régiments d'artillerie joignirent leurs protestations et, le ministre s'entêtant dans son illégalité, l'affaire fut portée devant la Chambre des députés, dans la séance du 25 janvier, par M. Larabit et le général Demarçay, membres de l'opposition. M. Larabit ayant dit que l'obéissance passive devait s'arrêter quand la loi est violée, le général Bugeaud cria de sa place : « On doit obéir, c'est le premier devoir ! » Et le député de l'opposition, M. Dulong de répondre : « On n'obéit pas jusqu'à se faire geôlier » (1).

Ce propos qui, à ce qu'il semblerait, ne fut pas entendu par le général, lui fut rapporté avec addition de termes injurieux. M. Dulong déclara qu'il n'avait rien dit d'autre et le général parut satisfait de cette déclaration. Mais, cela ne faisait pas le compte de la réaction ; les journaux privilégiés des Tuileries, les *Débats* et le *Bulletin ministériel*, reprirent la question et l'envenimèrent à tel point qu'un duel eut lieu et que le brave et noble Dulong fut tué par le général Bugeaud...

Cette affaire des lieutenants d'artillerie se dénoua encore d'une autre façon : sur les treize arrêtés, neuf se refusèrent à toute rétractation. Il avait été question de les traduire devant un Conseil de guerre ; mais on eût pu les acquitter et l'acquittement eût été un blâme infligé au ministre ; il préféra les mesures violentes. Le 20 février 1834, il fit adresser à chaque officier en cause, une lettre lui annonçant que, par décision royale, l'emploi de lieutenant lui était retiré, qu'il avait à cesser immédiatement ses fonctions, à se rendre dans ses foyers, et qu'il lui serait payé la demi-solde. (2)

(1) Le général Bugeaud, on se le rappelle, avait accepté les fonctions de commandant de la citadelle de Blaye, où était détenue la duchesse de Berry.

(2) Les autres lieutenants d'artillerie de la garnison de Strasbourg s'associèrent pour compléter la solde de leurs frères d'armes, frappés par le ministre. (*Courrier du Bas-Rhin* du 28 février et 6 mars 1834.)

Le 5 mars, plusieurs de ces lieutenants quittèrent Strasbourg, accompagnés jusqu'à un quart de lieue de la ville par un grand nombre d'officiers de la garnison et de la gardé nationale, de députations des étudiants des cinq Facultés et de beaucoup de citoyens. Le cortège était précédé de la musique du bataillon d'artillerie de la garde nationale. On estime que plus de dix mille personnes étaient venues se joindre au cortège, qui partit de la place du Broglie pour se rendre à la Porte nationale.

———————

Le 3 mars 1834, fut une grande fête pour le dilettantisme alsacien. On donna, pour la première fois, *Robert-le-Diable* sur notre scène. Le magnifique opéra de Meyerbeer, ayant trouvé de bons interprètes eut un succès complet ; les amateurs de belle musique qui, de Mulhouse, de Colmar, etc., étaient venus à Strasbourg assister à cette première représentation y trouvèrent un ample dédommagement à un voyage qui, alors, était long, coûteux et fatigant.

Le monde musical fut par contre profondément attristé par la nouvelle de la mort de Boïeldieu, décédé à Paris le 9 octobre 1834, à l'âge de soixante ans. Pour honorer la mémoire de l'illustre auteur de la musique de la *Dame Blanche*, une cérémonie eut lieu dans la soirée du 16 octobre, au théâtre de notre ville. Dans un entr'acte, un des acteurs récita des vers en l'honneur du grand compositeur, puis tous les artistes, en grand costume de deuil, vinrent déposer des couronnes de laurier au bas d'un monument, surmonté d'un buste qui devait représenter Boïeldieu.

———————

L'affaire des officiers d'artillerie-pontonniers n'était pas terminée par le renvoi de neuf d'entre'eux. Le vent était alors complètement à la réaction ; le mot d'ordre de comprimer les aspirations libérales des peuples tendant à leur émancipation, était venu de la Russie ; l'empereur Nicolas s'était déclaré l'adversaire acharné de la liberté. On eût pu appeler ce prince *l'exterminateur de la Pologne,* car c'est sous son règne que la dénationalisation de ce malheureux pays fut poursuivie et presque consommée par les moyens les plus violents. Nicolas trouva, pour sa politique, des aides complaisants. Ce fut surtout le premier ministre d'Autriche, le prince de Metternich, qui par son influence obtint de la Diète germanique, siégeant à Francfort, les édits les plus rigoureux. C'est ainsi que la noble Diète décréta : « Tout écrit, surtout toute brochure politique, sortant des presses de M. Silbermann et de celles de M. Schuler (alors imprimeurs à Strasbourg) est interdit en Allemagne, sous peine d'une amende de 20 thalers (75 fr.) ! »

Le roi Louis-Philippe, dans l'idée de se faire pardonner, par les monarques, son origine révolutionnaire et d'être ensuite reçu dans la sainte famille des potentats, se faisait très volontiers, en France, l'exécuteur des hautes-œuvres de la Diète et il trouvait, dans ses ministres, des instruments assez serviles pour l'y aider. ·

Les journaux du gouvernement déversaient donc des torrents d'injures sur le bataillon d'artillerie-pontonniers, dont le corps d'officiers avait été l'objet d'ovations populaires ; ils firent si bien que les pontonniers reçurent l'ordre de quitter Strasbourg, où ils étaient en garnison depuis un temps immémorial et où ils avaient leur immense matériel de bateaux, de pontons, etc. C'était une mesure absurde ; mais, il fallut punir l'esprit révolutionnaire qui s'était manifesté, et pour le faire, on ne recula pas devant l'absurdité. Le corps fut dirigé sur Auxonne et son départ devint l'objet d'une manifestation encore plus éclatante : non seulement beaucoup d'officiers de l'armée et de la garde nationale les accompagnèrent, mais des flots de peuple se trouvèrent dans les rues pour acclamer, à leur passage, ces braves pontonniers qui s'étaient, pour ainsi dire, acquis le droit de bourgeoisie à Strasbourg et dont le départ laissait un grand vide auprès de nos concitoyens. L'envoi à Auxonne était donc, en même temps, une punition infligée au bataillon et à la ville. Cela ne suffisait pas encore à la réaction ; la garde nationale avait donné trop de preuves de ses aspirations libérales, ses musiques avaient donné trop souvent des sérénades (1) aux vaillants défenseurs de la liberté. Il fallait supprimer tout cela ; par ordonnance royale du 10 juillet 1834, rendue au château d'Eu (2) et *contresignée Thiers*, notre belle garde nationale, qui faisait l'admiration de tous ceux qui la virent, fut dissoute.

Dans cette année, le parti libéral passa par de douloureuses épreuves. Dans le courant d'avril des insurrections avaient éclaté à Lyon et à Paris. Comme elles avaient pour base des idées républicaines, elles furent réprimées avec une

(1) Ces aubades avaient tellement agacé les réactionnaires que le maire, M. de Turckheim, rendit, à la date du 21 mars 1834, un arrêté pour règlementer les sérénades. C'était une vraie facétie administrative de l'époque ; il y était dit que « les chefs d'orchestre, pour donner une sérénade, devaient en faire la demande au maire, en faire la déclaration à la police, avoir son autorisation, ainsi que celle du préfet et du commandant de place, attendu, ajoute l'arrêté, que dans une place de guerre aucune précaution ne doit être négligée pour empêcher des attroupements, » etc.

(2) Le château d'Eu était la résidence favorite de Louis-Philippe. Non loin de là, près du Tréport, il avait établi de grandes usines, scieries, fabriques de biscuits de mer, etc. Le roi en avait confié la direction à des ingénieurs anglais, mais il ne dédaigna pas les bénéfices que donnait cette exploitation industrielle, au sujet de laquelle il fut vivement attaqué par les journaux de l'opposition.

Sous le règne de Napoléon III, château et usines tombèrent presque en ruines. Les orléanistes devraient s'en souvenir, quand les bonapartistes leur proposent des coalitions contre la république de 1870.

sauvagerie indigne d'un gouvernement qui ne devait son origine qu'à la révolution (1).

Le 20 mai, mourut le général Lafayette, un des fondateurs de ce règne de Louis-Philippe, qui s'est montré si ingrat envers lui. La mort de Lafayette était un deuil non seulement pour la France mais aussi pour les Etats-Unis d'Amérique où le Président communiqua officiellement au Congrès la triste nouvelle du décès « de ce fils adoptif des Etats-Unis. »

A Strasbourg aussi, les patriotes célébrèrent par une cérémonie funèbre la mémoire de ce grand citoyen. Le 27 mai on se réunit en foule, à deux heures, sur le quai Saint-Thomas. De là, on se rendit, en cortège, par la principale artère de la ville à la halle aux blés (2), qui avait été décorée pour la circonstance, et où M. Lichtenberger, avocat, prononça un discours des plus patriotiques.

Mais, bientôt l'Alsace dut elle-même perdre un de ses plus nobles enfants : Jacques Kœchlin, l'ami de Lafayette, mourut à Mulhouse, sa ville natale, le 16 novembre 1834. Jusqu'en 1814, fabricant industrieux et philanthropique, il

---

(1) Un vrai massacre eut lieu dans la rue Transnonain, à Paris, à la suite d'un coup de fusil tiré par un insurgé et qui tua un capitaine de voltigeurs du 35e régiment de ligne. Une cinquantaine de personnes, vieillards, femmes et enfants, habitant les maisons avoisinantes, furent fusillées.

(2) Il est question de la grande halle aux blés construite par la ville vers 1825 et qui, en 1855, fut, comme attenante à la gare, convertie en halle commerciale et affermée à la douane. La halle aux blés qui, par suite de l'extension donnée au commerce des grains, depuis l'organisation de la navigation à vapeur et l'établissement des voies ferrées, avait perdu de son importance, fut transférée, en 1856, dans le local attenant à la maison de Correction, anciennement maison de Refuge, et qui était plus que suffisant, les paysans amenant leur blé de plus en plus rarement au marché de Strasbourg, par suite des causes précitées.

s'était mêlé, à partir de cette époque, à la politique, en concourant à la défense de la patrie lors des invasions de 1814 et 1815. Dès le commencement de la lutte parlementaire, sous la Restauration, Jacques Kœchlin fut élu député et alla s'asseoir, à la Chambre, entre Lafayette et Dupont de l'Eure. Invariable dans ses principes politiques, il fut nécessairement exposé à toute la haine de la réaction et enveloppé dans le procès de l'infortuné Caron. Il fut condamné à la prison et le long séjour qu'il y fit mina sa santé; néanmoins, il put saluer avec joie la révolution de Juillet. Mais la réaction lui prépara de nouveau de cruelles déceptions et empoisonna les derniers jours de ce lutteur infatigable, dont Lafayette disait, en 1827 : « *Un Kœchlin par département, et la France serait sauvée.* »

A côté de la question politique, des questions économiques agitèrent le pays. Une lutte acharnée était engagée en vue de l'abolition du système prohibitif. Le gouvernement consulta les Chambres de commerce ; celle de Strasbourg fut naturellement pour les libertés douanières. Les membres de la Chambre de commerce de Mulhouse, à l'exception de M. Nicolas Kœchlin, votèrent pour la prohibition. M. Jean Dollfus même, qui, en 1851 se fit le champion des abaissements de tarif et en 1860 celui du libre-échange, pensa, en 1834, que l'industrie cotonnière serait ruinée sans le système prohibitif. Du reste, quand Napoléon III fit mine, vers 1860, de lever les barrières douanières, toute l'industrie française se concerta en vue de former la fameuse ligue « *pour la défense du travail national.* » Devant ce titre, Napoléon III, parut céder ; mais on avait découvert que la Constitution lui donnait le droit de faire des traités de commerce. Au moyen de cette clause, il modifia profondément, trop brusquement peut-être, l'ancien système douanier. Les manufacturiers, même ceux du

Haut-Rhin, à l'exception de M. J. Dollfus, crièrent à la ruine ; mais l'empereur passa outre et malgré cette perturbation, l'industrie française, y compris celle de Mulhouse, prospéra magnifiquement jusqu'au moment de la fatale guerre de 1870 et du traité de Francfort qui en a été la désastreuse conséquence.

En 1834, la majorité de la Chambre non seulement rejeta invariablement tous les projets d'abaissement de droits, mollement défendus, du reste, par le gouvernement, mais encore elle aggrava certains droits et réglements existants. Et cette marche fut malheureusement suivie pendant tout le règne de Louis-Philippe. La prospérité commerciale de Strasbourg en souffrit d'autant plus que nos anciennes relations avec l'Allemagne diminuaient visiblement sous les étreintes douanières.

Au mois d'août de cette année, le grand-duché de Bade accéda définitivement au *Zollverein*. La domination de la Prusse était un fait accompli et l'égoïsme de nos industriels y avait certainement contribué.

Dans ce même mois d'août, la *Société de navigation à vapeur à Cologne*, poussa son service jusqu'à Strasbourg (1). L'arrivée du premier bateau au pont du Rhin fut fêtée par un banquet à l'Orangerie, offert aux administrateurs de la Société par le commerce de Strasbourg, qui salua avec joie ce nouveau moyen de transport.

Le 26 septembre de cette année, Strasbourg assista à une autre fête, celle de l'inauguration du nouveau temple des

(1) Les bateaux durent se rendre au pont du Rhin, l'Ill n'offrant pas assez de profondeur pour leur permettre de la remonter, et le canal près de l'Orangerie n'était alors pas même encore à l'état de projet.

israélites, situé au coin de la rue Sainte-Hélène. Jusqu'alors leur culte avait été célébré dans d'étroites salles, converties en sanctuaires et ce fut pour eux un sujet de joie d'autant plus grande que ce nouveau temple fut fondé par les seules ressources de la communauté israélite.

Les autorités civiles et militaires, ainsi qu'un grand nombre de citoyens de tous les cultes, assistèrent à la cérémonie. Elle commença par une musique religieuse, dirigée par M. Waldteufel. Le nouveau grand rabbin, M. Arnaud Aron (1) prononça un beau discours, dans lequel il exhorta ses coreligionnaires à la paix et à la concorde. Il leur promit de vouer tous ses efforts à l'émancipation morale et intellectuelle de la classe inférieure des israélites. Il exprima la conviction que ces derniers se rendraient dignes de l'éclatant témoignage de sympathie donné par la présence de tous ces invités,

(1) M. Arnaud Aron fonctionne encore. Dans sa longue carrière, il a dû se plier à divers systèmes politiques. Orléaniste sous la monarchie de Juillet, il acclama, naturellement libéral, la république de 1848. Cela ne l'empêcha pas d'être bienveillant pour l'Empire, qui lui donna même la décoration de la Légion d'honneur. Depuis 1872, il prie pour l'empereur Guillaume.

Par contre, un bel exemple de patriotisme a été donné par un jeune collègue de M. Aron, M. Isaac Lévy, grand rabbin du Haut-Rhin, qui, pour rester fidèle à la France, quitta en 1872 la belle position qu'il occupait à Colmar pour prendre modestement la place de rabbin à Vesoul.

Dans le magnifique discours (*) qu'il adressa à ses ouailles, le *6 juillet 1872*, je retiens les passages suivants ; ils font autant d'honneur au pays auquel ils s'adressent qu'à celui qui les a prononcés :

. . . .

« Ainsi, mes frères, tout se réunissait ici pour me rendre heu-
« reux — et pourtant je pars..... C'est que des évènements se sont

(*) Publié par Sandoz et Fischbacher, rue de Seine. Paris.

laquelle prouvait que les préjugés, nourris autrefois par les masses contre les israélites, avaient fait place à ces sentiments de fraternité qui permettent aux hommes de tous les cultes de travailler ensemble à la grande œuvre de l'amélioration et du perfectionnement de l'humanité.

Au mois de septembre 1834, la *Société géologique de France* tint ses séances en notre ville, sous la présidence de M. Voltz, ingénieur en chef des mines, dont Strasbourg, sa ville natale, pouvait être fière à juste titre. Après plusieurs séances, à l'académie, la Société partit, le 9 septembre, pour faire une excursion dans les Vosges et, à son retour, un banquet lui fut offert par un certain nombre de citoyens de la ville. *Ce banquet eut lieu sur la plate-forme de la cathédrale ;*

« produits qui m'imposent la dure nécessité à laquelle je cède ; c'est « qu'une loi impérieuse pour ma conscience me dicte la détermination « que j'ai prise.

« Depuis ma jeunesse, j'ai aimé la France, notre patrie, d'un « amour vif et ardent !... Je l'aimais, non parce qu'elle était puissante « parmi les nations,... je l'aimais surtout parce qu'elle était grande « par le cœur, parce qu'elle était bonne et généreuse, parce qu'elle « prenait en mains la cause des faibles et des opprimés, parce que « sur son sol germaient les nobles idées de tolérance et de fraternité, « parce que, dans les plis de son glorieux drapeau, elle a apporté les « bienfaits de la liberté et de l'égalité aux peuples mêmes qui depuis « se sont rués sur elle et l'ont abattue sanglante à leurs pieds..... »

Puis, après avoir parlé de la violence faite à l'Alsace-Lorraine, M. Isaac Lévy dit : « Je sais bien que ma protestation contre le ré- « gime qui s'est établi ici par la force ne pèsera d'aucun poids dans « la balance de vos destinées ; mais ma conscience sera soulagée. « D'ailleurs, ma protestation vient s'ajouter à d'autres, et elle prou- « vera que, dans tous les rangs, dans tous les cultes, persiste l'amour « de la patrie ; que dans tous les cœurs vit l'espérance de voir le droit « reprendre son empire. . . . .

les convives étaient à peu près au nombre de cent ; une musique militaire exécuta, dans la tour, des morceaux choisis et la plus franche cordialité régnait pendant cette fête, à laquelle *assistaient, comme invités, plusieurs professeurs allemands.*

L'esprit de confraternité était alors tel que l'on se donna rendez-vous, pour l'année suivante, à Stuttgart, à la grande réunion des naturalistes, qui devait s'y tenir en 1835. On était loin de cet esprit haineux qui, depuis l'annexion de l'Alsace-Lorraine à l'Allemagne, divise les deux nations, dont l'entente et l'union seraient les garanties les plus certaines de la paix et de la prospérité de la grande famille européenne.

Le Conseil municipal avait, à plusieurs reprises, demandé la création d'une caisse d'épargne. Avant la révolution de 1830, il n'y en avait que douze en France : Paris, Bordeaux, Metz, Rouen, Marseille, Nantes, Troyes, Brest, le Havre, Lyon, Reims et Rennes. En 1832, furent créées celles d'Avignon, de Mulhouse, d'Orléans et de Toulon ; soixante autres villes suivirent en 1833. Enfin l'ordonnance royale, exigée pour ces institutions utiles, fut rendue le 18 mai 1834 ; elle autorisa l'établissement de la *Caisse d'épargne et de prévoyance,* à Strasbourg, et approuva les statuts de ladite caisse tels qu'ils avaient été arrêtés par le Conseil municipal. L'ouverture de la caisse, établie provisoirement à Saint-Marc, eut lieu le 13 juillet 1834 ; les dépôts de cette première journée s'élevèrent à 1,332 francs.

D'année en année, ces utiles établissements se répandirent davantage et certaines petites villes d'Alsace, qui étaient encore un peu en retard, cédèrent à l'impulsion de 1848.

Les révolutions ont, à côté du mal, l'excellent *effet* de réveiller l'esprit public, de secouer l'apathie des indifférents et de faire avancer même ceux qui, par égoïsme,

préféreraient reculer. Il serait curieux de savoir combien, à
cette même époque, il y avait de ces caisses chez les Allemands qui appellent si volontiers les Français une nation
légère.....

L'été de 1834 compte, sans contredit, parmi les plus
chauds du siècle. Dès les premiers jours de mai, le temps se
mit au beau, et, sauf quelques rares jours de pluie, continua
ainsi jusqu'en octobre. La chaleur fut même excessive en
d'autres contrées, surtout dans le sud de la Russie qui, au
lieu d'exporter du blé en manqua. En France, les vendanges
furent magnifiques tant en quantité qu'en qualité. Cette dernière surtout fut supérieure à celle des années précédentes ;
il fallut remonter à 1811, pour rencontrer son équivalent.
L'abondance était telle, dans certaines contrées, que les vignerons manquaient de tonneaux.

Les journaux de l'opposition profitèrent de la circonstance pour faire une nouvelle campagne contre l'impôt sur
les boissons et les octrois exagérés et surtout contre le système des douanes qui, par ses prohibitions, excitait les autres
nations à surélever le droit d'entrée sur les vins français ; ce
droit réduisait notre exportation et empêchait les capitaux de
se porter vers le vignoble. Ainsi le vigneron, toujours gêné, ne
pouvait donner à son exploitation le développement nécessaire et quand une année était exceptionnellement bonne, il
ne trouvait ni à loger, ni même à vendre son trop plein.

Mais ces réclamations n'eurent aucun écho à la Chambre ;
la majorité était acquise au gouvernement, nullement disposé
à les écouter. Dans les élections du mois de juin 1834, les
candidats du ministère, ou du Juste-Milieu, comme on les
appelait, l'emportèrent sur toute la ligne ; le département du
Bas-Rhin surtout brilla par l'absence de députés libéraux. Les

efforts de leur parti se brisèrent contre le suffrage restreint, qui fit sortir de l'urne, *à Strasbourg*, MM. OEsinger, (1) Rauter (2) et Schauenbourg ; *dans les arrondissements,* MM. Saglio, Humann et Lejoindre, contre MM. Odilon Barrot, Voyer d'Argenson, Coulmann, trois noms chers aux patriotes, et contre MM. Arth, Firbach et Matter (3).

Le Haut-Rhin s'était mieux montré : MM. Nicolas Kœchlin, Golbéry et Struch, candidats de l'opposition, y furent nommés.

(1) M. OEsinger était un riche négociant, honorablement connu, mais qui n'avait d'autre titre à la distinction de député que celui de serviteur du gouvernement dont il était le plus grand admirateur, le plus fervent partisan.

(2) M. Rauter était un professeur de droit, très distingué ; jusqu'en 1832, il avait marché avec le parti libéral. A partir de là, il se rapprocha du Juste-Milieu et rompit avec ses anciens amis politiques.

Peut-être y a-t-il lieu de dire que MM. OEsinger et Rauter n'avaient pas sollicité cet honneur ; mais, en tout cas, c'était un peu osé de leur part de vouloir éliminer des hommes comme Voyer d'Argenson et Odilon Barrot, dont le premier surtout était un vieux champion de nos libertés. Ils durent leur élection à 224 suffrages d'électeurs, payant 200 francs de contributions directes.

(3) M. Matter, fils d'un paysan d'Alteckendorf, avait fait des études brillantes à Strasbourg et arriva, tout jeune encore, à se faire nommer directeur du Gymnase. Après avoir été nommé professeur et chanoine à Saint-Thomas, la révolution de Juillet vint lui ouvrir de nouveaux horizons. Il se rendit à Paris et y fut nommé inspecteur général de l'Université. Probablement il aspira au ministère. Pour y arriver, il essaya de se porter candidat à la députation, mais il échoua. S'apercevant que ses visées ne pouvaient se réaliser, il revint, après 1848, de Paris à Strasbourg, reprendre sa place de chanoine. C'était un homme d'une intelligence supérieure, mais qui n'est pas arrivé à faire beaucoup de bien. Son ambition lui fit oublier son origine, et au lieu d'être fier de sa modeste naissance qui ne l'avait pas empêché de parvenir à une belle position, malgré les difficultés inhérentes à de pareils débuts, il sembla plutôt vouloir s'en cacher.

1835

L'année 1835 n'offre rien de particulier à noter pour la ville de Strasbourg ou pour le reste de l'Alsace. Le parti libéral s'était peu à peu transformé en parti républicain ; il avait reconnu que la monarchie de Juillet ne valait guère mieux que ce qui avait précédé, sauf en matière religieuse où le roi Louis-Philippe avait des principes très larges. Le parti clérical néanmoins relevait de temps à autre la tête. Les jésuites qui, à partir de juillet 1830, avaient disparu, revenaient comme de dessous terre ; les congrégations recommençaient à fleurir et à s'emparer de l'éducation de la jeunesse. Comme un signe du temps, on peut citer les foudres épiscopales, lancées par l'évêque d'Arras contre les salles d'asile et contre les fondateurs et soutiens de ces établissements.

C'est qu'à la tête de ceux-ci se trouvait Mme de Champlouis, la femme de notre regretté préfet du Bas-Rhin. Mme de Champlouis était protestante et cela seul aurait suffi pour faire maudire par les ultramontains ces utiles institutions.

Le gouvernement qui souvent fermait les yeux sur les menées du clergé, n'en fut que plus disposé à poursuivre tout ce qui avait une teinte républicaine. Le préfet du Bas-Rhin, Choppin d'Arnouville, se distingua entre tous, par ses tracasseries. Par son ordre, un cercle patriotique, fondé en 1830, à l'ancien café Faudel, quai Saint-Thomas, fut fermé et ses principaux membres traduits en police correctionnelle, sous la prévention d'association illicite. Ce furent MM. Martin, avocat; Lichtenberger, avocat; Schneegans, avoué; Champy, propriétaire; Richard, professeur; Lipp, brasseur; Kob, Klotz, Schertz, négociants et Eissen, médecin. Six d'entre eux faisaient partie du Conseil municipal; hâtons-nous d'ajouter, en l'honneur de la justice, qu'ils furent acquittés, à Strasbourg et à Colmar; le ministère public, — par M. Gérard, alors procureur du roi — étant allé en appel.

Malheureusement, un attentat, qui fit de nombreuses victimes vint prêter un grand appui à la réaction : Ainsi que les années précédentes, le gouvernement avait voulu faire fêter les journées de Juillet 1830; ce n'était au fond qu'une comédie, car non seulement on avait étouffé toutes les aspirations libérales que la révolution avait fait naître, mais ses auteurs mêmes se trouvaient en prison ou en exil. Le 28 juillet, une revue eut lieu, à Paris, sur toute l'étendue des boulevards. Louis-Philippe, suivi d'une foule d'officiers supérieurs et ayant à ses côtés ses trois fils aînés avait déjà parcouru presque tout le front de la garde nationale, lorsque, d'une maison du boulevard du Temple, une effroyable détonation se fit entendre. Une grêle de balles vint tomber autour du roi, frappant bon nombre de personnes, de l'état-major, de la garde nationale, et de la foule des curieux : Parmi les morts, on citait le maréchal Mortier, le capitaine Villote son

aide de camp, le général de Vérigny, M. de Rieussec, lieutenant-colonel de la 8ᵐᵉ légion de la garde nationale ; aucun des
princes ne fut atteint.

L'attentat avait pour auteurs cinq individus : les nommés Fieschi, un corse, ancien domestique ; Morey, sellier ;
Pépin, épicier ; Boiveau ouvrier-lampiste et Bescher, ouvrier-
relieur ; les quatre premiers furent condamnés à mort et
exécutés.

Le soir même de l'attentat, plusieurs des notabilités
républicaines, entre autres le généreux et vaillant Armand
Carrel, furent arrêtées ; mais on dut les relâcher, car les investigations les plus minutieuses ne purent faire découvrir la
moindre trace d'un complot.

Des *Te Deum* furent chantés dans toutes les églises.
Strasbourg en eut, pour sa part, trois : un à la cathédrale, un
au Temple-Neuf et un à la synagogue.

Sous l'impression de ce tragique évènement, le gouvernement se hâta de proposer de nouvelles lois restrictives de la
presse et du jury et, il faut bien le dire, ce furent MM. Guizot
et Thiers qui s'en firent les principaux promoteurs et soutiens.
M. Thiers surtout y mit une opiniàtreté peu digne d'un homme
qui, cinq ans auparavant, alors qu'il n'était que journaliste,
protestait contre la plus légère atteinte à la liberté. La discussion fut très vive des deux côtés, mais sans aucun espoir de
succès pour la gauche, qui ne disposait que de cent cinquante
voix contre au moins deux cents acquises d'avance au gouvernement. Au cours de la discussion, M. Odilon Barrot fit entendre ces paroles prophétiques : « Le mal que vous faites ne
« pourra être détruit que par une révolution !!! » — 1848
devait montrer qu'il avait bien prédit l'avenir.

La lutte entre les partis politiques ne fut pas moins vive
dans les départements et quand, dans le courant de cette
année, il y eut des élections municipales à Strasbourg, pour

le renouvellement de la moitié des conseillers, les libéraux l'emportèrent, malgré le suffrage restreint, dans presque tous les collèges, sur les candidats du Juste-Milieu.

Ces élections montrèrent qu'on n'approuvait pas la marche réactionnaire, car la majorité, obtenue par le gouvernement aux élections pour la députation, ne signifiait absolument rien, les préfets exerçant une influence énorme sur les 200,000 électeurs qui, alors, étaient censés représenter les 30 millions de Français!...

———————

C'est dans le cours de 1835 que la Commission pour l'érection du monument de Kléber — sur la proposition du général Brayer, commandant la division militaire de Strasbourg — arrêta qu'il serait élevé sur la place d'Armes et que l'exécution en serait confiée à notre compatriote, M. Philippe Grass, qui avait obtenu le premier prix au concours ouvert à cette occasion.

Une autre Commission s'était formée pour ériger un monument à Gutenberg et pour fêter le centenaire de son admirable invention. Cette fête fut fixée à l'année 1840 et des souscriptions publiques furent ouvertes pour en couvrir les frais.

On sait que Strasbourg et Mayence se disputaient la gloire de cette invention. Gutenberg était né à Mayence; il s'appelait Johann Gensfleisch et sa famille, qui comptait parmi les patriciens, habitait un immeuble, nommé *Zum Gutenberg*. Mayence, comme Strasbourg, eut alors ses évêques qui plus souvent s'occupaient de politique que de religion. Gutenberg, dut s'expatrier, vers l'an 1430. Il vint à Strasbourg, s'allia avec plusieurs bourgeois de cette ville, entre autres avec un sieur Dritzehn, qui, plus tard, entre 1436 et 1439, eut un procès avec lui, au sujet de l'exploitation de l'imprimerie inventée par Gutenberg, et pour laquelle Dritzehn avait fourni des fonds. Gutenberg retourna, vers 1448, à Mayence et s'y associa avec Pierre Schœffer et Jean Fust. Ce dernier qui était le bailleur de fonds, l'exploita encore. C'est à Mayence que l'invention se développa, mais les premiers essais eurent lieu à Strasbourg. C'est là un fait incontestable et ce qui le prouverait au surplus, c'est que déjà en 1640, puis en 1740 de grandes fêtes furent célébrées à Strasbourg pour le centenaire de l'invention de l'imprimerie.

La Commission qui eut pour président M. Cottard, recteur de notre Académie, fit un appel chaleureux aux amis du progrès de tous les pays. Cet appel ayant trouvé de l'écho des sommes considérables furent réunies. Elles permirent de donner aux fêtes de 1840 un caractère de grandeur extraordinaire, ainsi qu'on le verra dans la suite de ce récit.

Malgré de grands travaux d'utilité publique, parmi lesquels il y a notamment à citer la couverture du fossé des Tanneurs, le budget de Strasbourg, dont l'ensemble des recettes ordinaires et extraordinaires s'élevait pour 1836, à 969,000 francs chiffre rond, et en dépenses à 966,000 francs, offrit encore un boni de 3,000 francs.

Sans la désastreuse loi de 1813, qui força les communes à vendre leurs biens pour en convertir le produit en rentes sur l'Etat, notre situation financière eût été bien autrement prospère. L'Etat retira de cette vente 4,154,800 francs, pour lesquels la ville ne reçut que 101,363 francs de rente 5 0/0, indemnité calculée, non d'après le prix de vente, mais d'après le prix auquel les immeubles avaient été loués et affermés. C'étaient de vraies spoliations, dont les Bonaparte surtout étaient capables.

C'est dans le courant de cette année que le Conseil municipal décida l'établissement d'un paratonnerre sur la flèche de la cathédrale. De plus, il agita pour la première fois la question de la conversion d'une portion du Wacken en promenade publique, à relier avec celle de l'Orangerie. Cependant, ce n'est que sous l'administration de M. Schützenberger qu'il y fut donné suite.

———————

Vers la fin de l'année, la *Société des concerts alsaciens* se remit à l'œuvre pour l'organisation des fêtes musicales qui devaient être célébrées en 1836. Le premier festival avait eu lieu à Pâques 1830 ; d'après les statuts, le second aurait dû être donné, en 1833, dans une ville du Haut-Rhin, mais on ne disposait pas d'un local assez vaste, dès lors on y renonça pour reporter à 1836 cette fête grandiose dans laquelle s'unissaient les dilettanti de toute l'Alsace.

C'est encore vers la fin de cette année que fut ouvert l'hospice départemental d'aliénés de Stephansfeld. M. le docteur Ristelhuber qui, depuis seize années, avait dirigé le service des aliénés de l'hôpital civil de Strasbourg, fut nommé médecin en chef. Quant aux autres emplois, c'est la faveur du préfet qui en disposa et une assez vive polémique s'établit entre nos journaux locaux dont quelques-uns, non sans raison, demandèrent que ces places, qui exigeaient la connaissance de deux langues, fussent données au concours. Vœux stériles, car l'omnipotence préfectorale se faisait sentir partout ; on était déjà loin de juillet 1830 !...

Du reste en fait de réaction, il y en eut de toutes les façons. C'est ainsi que le canton de Bâle-campagne, quoique confinant à la France, ne voulut pas permettre l'établissement, dans une de ses communes, de deux négociants de Mulhouse, MM. Wahl, qui avaient fait, en avril 1835, l'acquisition d'un bien d'une valeur de 100,000 francs environ, situé dans le bourg de Reinach, près de Bâle. Toutes les représentations de l'ambassadeur français en Suisse ayant été infructueuses, notre gouvernement dut prendre, le 12 septembre 1835, un arrêté suspendant toute relation entre Bâle-campagne et la France. Mais ces braves paysans ne se tinrent pas pour battus ; le grand Conseil du petit canton, dans sa séance du 9 décembre 1835, s'occupa de la question et voici dans quels termes la *Feuille du peuple de Bâle-campagne* en rend compte :

« Le Conseil s'est occupé de la demande faite par un juif français, nommé Souris (Maus), afin d'être autorisé à s'établir dans le canton.

« M. Roth dit : « Tant que Louis-Philippe nous montre si peu d'égards, notre canton restera fermé pour les juifs. »

« M. Frei : « Si nous cédions, nous verrions les juifs arriver en foule et nous dominer ; que Rothschild commande en France, mais qu'on nous laisse maîtres chez nous. »

« M. Eglin dit qu'on n'eût pas dû laisser ratifier l'achat des juifs Wahl.

« De toutes parts : « Non, ne cédons pas ! »

Et cela se passait à la fin de 1835 ! deux ans à peine après que ce petit canton, avec le concours de l'élément libéral, avait pu se délivrer du joug de fer que l'aristocratie de Bâle-ville avait fait peser sur lui. Pauvre humanité, comme elle a l'esprit étroit !...

———————

Le 31 décembre eurent lieu les obsèques de M. Ehrenfried Stœber (1), notre poète Alsacien. Ce fut ce même jour

(1) Stœber naquit à Strasbourg en mars 1779. Tout jeune encore, il s'occupa de littérature et de poésie ; mais devant succéder à son père dans le notariat, il ne put se vouer entièrement à ses goûts littéraires qu'à partir de 1821, où il donna sa démission de notaire. Bon patriote, il fut surtout un poète politique ; ses créations lui procurèrent une très grande popularité parmi ses contemporains.

qu'on ferma tous les bureaux de loterie, la loi de 1832 qui avait supprimé cette institution ayant disposé qu'à partir du 1er janvier 1836, elle cesserait complètement.

L'invention de la loterie est revendiquée par plusieurs époques. Les Romains de l'empire en eurent l'idée pour les fêtes des Saturnales ; elle disparut avec leur décadence, mais elle fut reprise par les Vénitiens au xvme siècle, leur république y cherchant des ressources financières. De là, elle passa en Allemagne, en France, en Angleterre même, malgré une puissante opposition dans le Parlement. Mais, il fallut de l'argent aux Anglais et on passa outre.

En France, ce n'est qu'en 1656 que des lettres patentes acceptèrent la proposition de l'Italien Tonti — à qui est due l'origine des tontines — pour l'établissement d'une loterie dont le produit devait être affecté à la construction d'un pont en pierres sur la Seine. Elle ne fut cependant pas tirée et ce n'est qu'en 1676 que Louis XIV fit établir la loterie royale. Pour la justifier, on disait que l'Allemagne et l'Italie, où la loterie avait jeté de profondes racines, exploitaient la France par de nombreux agents, au grand détriment de l'Etat. Ce trafic fut donc interdit et la loterie royale instituée. Comme elle rapportait un produit convenable, elle fut maintenue jusqu'en 1793. Un décret du 25 brumaire l'abolit et la Convention jugea la question tellement immorale qu'elle rendit le décret sans discussion. Malheureusement, ce ne fut que pour six ans, car, avec la réaction et le besoin d'argent, on songea de nouveau à la loterie qui fut dès lors maintenue jusqu'à ce que la loi de 1832 en décidât la suppression.

Le rendement brut était, en moyenne, dans les trente dernières années de 60 millions, mais une somme nette de 10 millions seulement entrait dans les caisses du Trésor. Les autres 50 millions étaient absorbés par les frais occasionnés par l'immense nombre de petits bureaux de loterie que l'Etat avait laissés s'établir sur toute la surface de la France.

C'est, sans doute, pour permettre aux personnes qui vivaient de ce trafic peu honorable de trouver un autre gagne-pain, que la loi de 1832 n'avait fixé la suppression qu'au 1er janvier 1836.

La France s'est ainsi débarrassée de ce chancre bien avant l'Allemagne qui, en ce moment, a encore des loteries à Hambourg. Cela n'empêche pas les Allemands de publier des livres d'après lesquels eux seuls marchent à la tête de la civilisation. Les Français sont des hommes « peu sérieux, pleins de défauts, parfois même des barbares. » (Voir le livre de M. Busch, *Bismarck et ses gens*); ou ils sont des ramollis. (Voir la *Strassburger Zeitung* de fin novembre et du 1er décembre 1878, où les étudiants français sont appelés *versimpelte gesellen*, ce qui est à peu près synonyme « d'idiots. »

1836

Les premiers mois de cette année furent marqués par
les grandioses préparatifs des solennités musicales, qui devaient
avoir lieu en notre ville, pendant les fêtes de Pâques. On avait
d'abord eu l'intention de fêter en même temps, l'anniversaire
séculaire de l'invention de l'imprimerie. La ville de Mayence
ayant également fixé l'année 1836 pour l'inauguration du monument qu'elle fit ériger à Jean Gutenberg, le comité de
Strasbourg invita celui de Mayence à venir assister à nos fêtes.

La réponse du comité de Mayence (1), prouve combien

(1) Voici la phrase de la lettre de Mayence qui s'y rapporte :

« ..... Soyez persuadés, Messieurs, que notre Commission ap-
précie dûment l'invitation dont vous nous honorez, et que du premier
moment nous y avons vu, *avec la plus vive satisfaction, une démarche noble et fraternelle à laquelle nous donnons toute la publicité*

les idées de conciliation et de confraternité avaient fait du chemin, grâce aux efforts des républicains des deux rives du Rhin, efforts, hélas, qui durent de nouveau échouer devant les machinations tortueuses du dernier Bonaparte et la politique de M. de Bismarck.

La vraie fête de l'imprimerie fut remise à l'année 1840 et les solennités musicales seules eurent lieu, dans notre vaste salle de spectacle, avec une pompe et un entrain qui dépassaient de beaucoup l'éclat du festival de 1830.

————

Pendant qu'on s'occupait des fêtes, les affaires municipales ne chômaient pas. Un concours fut ouvert pour le meilleur mode d'éclairage au gaz en remplacement des 581 lanternes à l'huile (réverbères) servant à l'éclairage de Strasbourg.

Un autre concours avec une prime de 1,000 francs et un accessit de 500 francs fut ouvert pour un projet de promenades publiques, notamment pour l'Orangerie.

Le Conseil municipal s'occupa, à plusieurs reprises du procès, pendant entre Strasbourg et la ville de Barr et autres communes, pour la revendication de la forêt du Hautwald. On était alors loin de supputer toute l'importance que ces forêts, inaccessibles en partie faute de routes, prendraient par l'établissement de bons moyens de communication.

Un autre projet préoccupait le public: celui de l'échange du Château et de l'Académie contre l'enclos de la fonderie et de la préfecture. La propriété de ce dernier immeuble étant

dont elle est si digne. Nous voyons dans cette attention publique et solennelle de votre part une nouvelle preuve qu'aujourd'hui non seulement des individualités appartenant à des États divers se rencontrent dans leurs tendances à de nobles buts, mais que de grandes et illustres cités se tendent une main prévenante et généreuse. »

contestée à la ville par le département, le projet d'échange fut admis en principe, mais n'arriva pas à être réalisé.

En fait de constructions, on décida celle de la halle couverte, pour l'établissement d'un marché, et celle de nouveaux étaux de bouchers, en remplacement des petites boucheries, qui étaient vraiment d'un aspect hideux.

Enfin, le 19 décembre, on reçut la nouvelle que Strasbourg venait de gagner son procès du Hautwald contre Barr et autres communes. L'arrêt rendu par la Cour de Colmar, ordonnant la levée immédiate du séquestre, 150,000 francs déposés à la Caisse des consignations, devinrent immédiatement disponibles pour la ville qui, en outre, comme propriétaire, pouvait compter à l'avenir sur le revenu annuel de cette forêt, de près de 900 hectares, si longtemps disputée.

Les questions historiques, soulevées par cette lutte judiciaire, sont assez intéressantes :

Après le démembrement de la monarchie romaine, les rois francs qui avaient fondé leur monarchie sur les débris des Gaules, s'attribuèrent en Alsace des domaines considérables. Ils y établirent des fermes qui furent, sans doute, l'origine de la plupart de nos communes rurales, entre autres de celles de Barr, Heiligenstein, Gertwiller, Goxwiller et Burgheim. En 843, lors du partage de la monarchie franque, ces domaines passèrent aux empereurs d'Allemagne et ceux-ci les engagèrent souvent dans des moments de pénurie, pour relever leur trésor en détresse.

L'empereur Charles V voulant récompenser son chancelier, Nicolas Ziegler, originaire de Zurich, lui inféoda les domaines ci-dessus, et, plus tard il les rendit allodiaux, en ne réservant que les droits de haute juridiction. La famille Ziegler posséda si bien cette seigneurie, et les vastes forêts qui en dépendaient, qu'à la mort du chancelier, ses cinq enfants se la partagèrent par égales portions. Plus tard, deux des frères

7

devenaient les seuls propriétaires, ayant acheté les parts de leurs cohéritiers. Il paraît que, dans la suite, ces derniers aussi se trouvèrent obérés, car ils vendirent (1) à la ville de Strasbourg, pour 96,800 florins — somme correspondant à près de 10 millions de francs d'aujourd'hui — le château et le bourg de Barr, les villages de Heiligenstein, Gertwiller, Goxwiller et Burgheim, avec leurs banlieues et forêts qui en dépendaient, et leurs droits seigneuriaux, juridictions, établissements de péages et autres.

Ces villages avaient obtenu, dans l'intervalle, des droits d'usage, tel que bois d'affouage, etc., et ces prestations leur étaient délivrées par les préposés seigneuriaux, institués et nommés par Strasbourg.

---

(1) Schœpflin (*Alsace illustrée*, trad. Ravenez, t. IV, p. 471) dit : « Les deux fils de Nicolas Ziegler, *Maximilien et Frédéric*, succédèrent à leur père à titre égal; mais, obérés par les dettes, ils vendirent la seigneurie à la ville de Strasbourg. Maximilien céda sa part en 1566, et Frédéric suivit deux ans plus tard l'exemple de son frère qui était mort dans l'intervalle. Sa femme était une Kranz de Geispolsheim, et les parents de celle-ci donnèrent leur consentement à cette vente. Chacun des deux frères reçut pour sa part 42,000 florins, mais dans ce prix figuraient leurs biens allodiaux qu'ils cédèrent en même temps que la seigneurie.

Friese, dans son *Histoire de Strasbourg* (*Vaterlændische Geschichte*, t. II, p. 300), dit : « En novembre 1568, la ville de Strasbourg acheta du baron *Frédéric de Ziegler* la seconde moitié de la seigneurie de Barr, avec tous ses droits, forêts, etc., avec la condition que lui et son épouse pourraient, leur vie durant, habiter le château de Barr, et que la ville réserverait à son fils la faculté du réméré. La première moitié fut déjà acquise par la ville, deux ans auparavant, de *Marx* Ziegler, le frère de Frédéric. — Le total du prix d'achat fut de 96,000 florins. »

Strobel, dans son *Histoire de Strasbourg et de l'Alsace* (t. IV, p. 152), dit : « En 1566, la ville de Strasbourg augmenta ses domaines et son influence par l'acquisition de la seigneurie de Barr dont elle acheta la moitié de *Maximilien* Ziegler de Zieglerberg. — En 1568, elle acheta l'autre moitié de son frère *Frédéric*.

Cela dura jusqu'en 1745, époque à laquelle ces communes, étant devenues importantes, pensèrent pouvoir profiter de la rivalité politique, existant alors entre Strasbourg et le Conseil souverain d'Alsace ; elles portèrent devant lui une contestation qui, en 1755, fut vidée par un arrêt déclarant les forêts en litige, propriété commune entre elles et Strasbourg. En 1765, les cinq communes obtinrent un cantonnement ; le reste fut déclaré propriété libre de Strasbourg.

La décision nous était défavorable, mais on s'y soumit et elle demeura loi des parties.

Survient 1789. Les communes espéraient obtenir de l'effervescence des passions ce qu'elles n'avaient pu obtenir par les tribunaux. Elles sollicitèrent de la ville l'envoi de députés à Barr pour prendre connaissance des titres, prétextant que cette condescendance mettrait leur responsabilité à couvert et les protégerait contre les effets de l'exaspération, qui régnait alors au sein des populations des communes.

Strasbourg y envoya, en effet, le 10 août 1789, trois délégués ; mais, à leur arrivée à Barr, ils furent arrêtés et menacés de mort s'ils ne signaient une renonciation aux droits de la ville.

Le magistrat, pour sauver ceux qu'il avait ainsi exposés, signa l'acte réclamé ; mais, en même temps, il déposa un acte de protestation contre cette violence en l'étude de Me Lacombe, notaire.

En 1791 déjà, la ville fut réintégrée dans sa possession ; mais en 1823, les communes, prétextant que Strasbourg n'avait aucun titre régulier et qu'elles avaient été spoliées par l'abus de la puissance féodale, intentèrent une nouvelle demande en réintégration. Accueilli par le tribunal de première instance de Sélestat, ce jugement fut cassé par l'arrêt de la Cour d'appel de Colmar qui, fortement motivé, maintint définitivement Strasbourg propriétaire de la forêt du Hautwald.

L'évènement le plus important qui eut lieu à Strasbourg, dans le courant de cette année, est l'échauffourée de Louis-Napoléon Bonaparte.

Si, d'un côté, le secret avait été bien gardé par les conspirateurs, il faut convenir que rien n'avait été fait pour préparer l'opinion publique. Samedi soir, le 29 octobre, veille de l'exécution du complot, l'existence même de ce Bonaparte était encore ignorée par l'immense majorité de nos concitoyens. Dimanche, 30 octobre, à cinq heures du matin, il se rendit au quartier d'Austerlitz, où était caserné le 4ᵐᵉ régiment d'artillerie dont le colonel, M. Vaudrey, s'était laissé gagner par Louis-Napoléon. A la voix de son chef, le régiment (1) prit les armes ; harangué par lui, au nom de Louis-Napoléon, et au cri de *Vive l'empereur*, il se laissa facilement entraîner.

Le régiment sortit de la caserne, les conspirateurs et le colonel en tête. Un détachement se rendit à la préfecture, arrêta le préfet, Choppin d'Arnouville, et le conduisit au quartier d'Austerlitz. Le général Voirol, commandant la division, fut mis en état d'arrestation, dans son hôtel, mais il parvint à en sortir et se réfugia à l'Hôtel-de-Ville. Le gros de la troupe se rendit au quartier de la Finckmatt ; mais, le jour étant venu, l'officier du poste, loin de se laisser entraîner, fit fermer la grille. Les artilleurs restèrent en dehors et Louis-Napoléon, avec sa suite, fut pris comme dans une souricière.

Voici la liste des personnes arrêtées :

Louis-Napoléon-BONAPARTE.......... âgé de 28 ans.
Le colonel VAUDREY ....   — 51 —

---

(1) Inutile d'ajouter que par régiment on entend ici les simples soldats ; aucun officier du 4ᵐᵉ n'y prit part. A l'entrée de l'hiver, à cinq heures du matin, en pleine paix, il est assez naturel qu'il ne s'en trouvât pas à la caserne.

Le commandant PARQUIN............ âgé de 49 ans.
Le comte de GRÉCOURT.............. — 28 —
De QUERELLES .... — 25 —
LAITY, lieutenant de pontonniers..... — 24 —

Plus tard, on arrêta encore Mme Brown, se disant veuve Gordon, âgée de vingt-huit ans. Elle demeurait rue de la Fontaine, n° 17 ; on trouva chez elle plusieurs caisses remplies de brochures et de biographies de Louis-Napoléon Bonaparte. Celui-ci avait logé rue des Orphelins, à côté de la brasserie des *Quatre-Vents* et, à son domicile, on trouva des uniformes, des épaulettes de général, de la poudre et des balles.

Louis-Philippe, par une générosité exagérée, qui coûta cher aux Alsaciens, trente-quatre ans plus tard, grâcia Louis-Napoléon. Ses compagnons seuls furent traduits en Cour d'assises. (Voir 1837.)

————————

Avant d'aller plus loin, jetons encore un coup d'œil sur quelques autres événements qui se sont passés en 1836 :

Dès les premiers jours de janvier, notre compatriote, M. Humann, donna sa démission de ministre des finances, parce qu'il s'obstinait à vouloir réduire le taux de la rente 5 pour 100 à 4 1/2 et que le roi était tout à fait opposé à cette mesure. M. Humann fut dans le vrai. La rente était aux environs de 110 ; on se trouvait en pleine paix — Louis-Philippe, du reste, évitait à tout prix la guerre — l'époque n'était donc pas mal choisie. Il faut savoir gré à M. Humann de l'esprit d'indépendance qu'il montra dans cette circonstance ; il avait d'ailleurs, en 1824 déjà, proposé cette mesure et, devenu ministre des finances, en 1832, la réduction de la rente figurait dans son programme.

C'est le duc de Broglie, l'illustre père — comme l'appelait M. Thiers — du Broglie de 1873 qui, au nom du roi, combattit la réduction ; elle fut repoussée par la Chambre, soumise aux influences du gouvernement. Celui-ci annonça, en même temps, par ses journaux, qu'il demanderait une dot d'un million pour la reine des Belges, fille de Louis-Philippe. Cette idée rencontra une vive résistance de la part de M. Humann ; elle fut un des motifs de sa retraite.

La suppression des maisons de jeu fut votée dans le cours de la session ; c'est alors que M. Bénazet, qui en était le fermier principal, tourna ses regards vers Bade, et, par des démarches habilement combinées, parvint à en déloger M. Chabert (1), de Strasbourg, qui en avait été l'entrepreneur.

M. Chabert, avec ses associés, prit alors à ferme les jeux de Wiesbaden et d'Ems ; mais comme les chefs de ces nobles entreprises réalisaient des bénéfices très considérables, quelques individus haut placés du duché de Nassau et de Francfort, les contraignirent à convertir leur association en Société par actions. Un plus grand nombre put ainsi prendre part au gâteau.

Ce n'est qu'en 1872, donc presque quarante ans plus tard, que ces jeux furent entièrement supprimés dans toute l'Allemagne.

Le 28 juin 1836, eurent lieu, à Choisy-le-Roi, les obsèques de *Rouget de Lisle,* l'illustre auteur de la *Marseillaise* (2).

(1) M. Chabert avait été cafetier au Broglie ; c'est de là qu'il est parti pour faire sa fortune, par l'entreprise des jeux de Bade.

(2) Il est presque inutile de rappeler que Strasbourg est le berceau de la *Marseillaise ;* c'est sous l'inspiration du feu patriotique que la Révolution avait allumé dans tous les nobles cœurs que Rouget de Lisle, en garnison en notre ville, composa, en avril 1792, les paroles et la musique de l'hymne immortel.

Louis-Philippe, qui avait été mis sur le trône au chant de la
Marseillaise, fut informé du décès de Rouget de Lisle, par le
général Blein, son ami, en deux lettres successives. Mais,
l'ingratitude des Bourbons se révéla encore en cette circonstance ; personne ne répondit à ces lettres. Le convoi n'en fut
pas moins imposant. Au moment où on allait se séparer, la
garde nationale et les ouvriers, avec beaucoup de personnes,
venues de Paris, entonnèrent l'hymne de la *Marseillaise*.

La mort de Rouget de Lisle avait inspiré à Mme Amable
Tastu des vers se terminant par ces mots :

> « Où sont-elles ces voix ?... Ces amis où sont-ils ?
> — Ils laissent, oublieux, tes dépouilles mortelles
> Cheminer au tombeau dans cet humble appareil ;
> Des acteurs de Juillet deux seuls te sont fidèles :
> Le peuple et le soleil » (1).

Une mort qui laissa un vide immense, dans le parti libéral,
fut celle d'*Armand Carrel*, décédé à la suite d'un duel avec
M. de Girardin, le 24 juillet. — M. Emile de Girardin était
alors loin de la popularité qu'il a su conquérir, vers le déclin
de sa vie, par sa lutte hardie pour la République, surtout en
1877, pendant la période du 16 Mai. Le fait d'avoir tué
l'homme sur lequel la France libérale fondait son plus grand
espoir acheva à cette époque de le discréditer.

Armand Carrel n'avait que trente-six ans ; il naquit à
Rouen, le 8 mai 1800, d'un père négociant, dévoué à la Restauration et qui ne se doutait pas que son fils en serait un
jour l'ennemi le plus acharné. En 1821, sous-lieutenant en
garnison à *Neufbrisach,* il fut presque englobé dans la conspi-

(1) On se rappelle que pendant les trois journées, 27, 28 et
29 juillet 1830, un soleil radieux inondait Paris. C'est de là que vint
le terme : « *Soleil de juillet.* »

ration de *Belfort ;* en 1823, il passa dans un régiment formé
en Catalogne pour la défense de la liberté, que l'armée française alla contribuer à enterrer dans la malheureuse Espagne.
Après une lutte longue et héroïque, ce régiment était forcé
de capituler ; bien que les Français qui s'y trouvaient fussent
formellement compris dans la capitulation, Carrel dut passer
devant deux Conseils de guerre dont le premier le condamna à
mort. Cet arrêt fut cassé pour vice de forme et un second
conseil l'acquitta. Cependant sa carrière militaire fut brisée ;
après avoir écrit durant plusieurs années dans les journaux
de l'opposition, il fonda, en 1829, le *National,* avec le concours
de MM. Thiers et Mignet. Carrel resta fidèle à ses principes ; il
n'en fut pas de même de M. Thiers....

Une mort qui laissa moins de regrets fut celle de
Charles X, dont la nouvelle nous arriva dans le courant du
mois de novembre. Victime de l'ultramontanisme, le dernier
roi de la branche aînée des Bourbons était condamné à passer
dans l'exil les dernières années de sa vie.

Le 5 décembre, la Cour d'appel de Colmar rendit son
arrêt de mise en accusation des individus compromis dans
l'échauffourée du 30 octobre. Elle renvoya devant la Cour
d'assises du Bas-Rhin les nommés :

> Claude-Nicolas VAUDREY,
> François-Armand LAITY,
> Denis-Charles PARQUIN,
> Henri de QUERELLES,
> Charles de GRICOURT,
> Madame GORDON,
> Frédéric de BRUC.

Ces sept, détenus à la maison d'arrêt de Strasbourg.

Louis Dupenhouat,
Charles-Philippe Pétry,
Michel Gros,
André de Schaller,
De Persigny,
J.-B. Lombard.

Ces six derniers fugitifs.

Presque à la même époque, les journaux publiaient des lettres que le jeune Louis-Napoléon Bonaparte aurait écrites à sa mère la duchesse de Saint-Leu, au roi Louis-Philippe, au duc d'Orléans, et dans lesquelles il manifestait le plus vif repentir. Il devait être sincère le repentir de ce personnage qui, quatre ans plus tard, à Boulogne, recommença sa criminelle tentative, avec cette circonstance très aggravante qu'alors elle se tournait contre son bienfaiteur, contre ce roi dont la clémence, comme Bonaparte disait dans ses lettres, l'avait soustrait à la punition qu'il méritait.

Et dire que les hommes oublient si vite, et que, huit ans plus tard, cinq millions et demi de voix, obtenues par le concours de tous les partis hostiles à la République, en firent le président !

———

Pour terminer l'année, je citerai encore un article du *National* qui, en novembre 1836, à l'occasion du complot bonapartiste, faisait la peinture suivante du caractère des Strasbourgeois en particulier, et des Alsaciens en général :

« La population de Strasbourg a une physionomie particulière, un type propre, un caractère, des mœurs, des habitudes, qui n'appartiennent qu'à elle et que l'on chercherait vainement dans une autre ville de France. On ne peut la juger par comparaison, par analogie, sans commettre de graves erreurs et, pour l'apprécier avec vérité, il faut avoir vécu au milieu d'elle, il faut s'être mêlé à ses rangs, il faut avoir étudié son esprit et ses allures.

« Ce caractère distinctif, elle le doit à ses traditions, à sa position géographïque, à la religion protestante que professe une grande partie de ses habitants.

« La capitulation de 1681 avait opéré la réunion de Strasbourg à la France, mais c'est depuis 1789 seulement qu'une fusion réelle a eu lieu et que Strasbourg a uni ses intérêts à ceux de la France. Jusqu'à la Révolution, Strasbourg avait conservé ses antiques institutions, sa charte démocratique, qui remontait à plusieurs siècles et était une conquête des plébéiens sur les patriciens. C'était une véritable démocratie, fondée sur des institutions solides, sur des traditions respectées, garanties par la capitulation même qui avait prononcé la réunion de Strasbourg à la France ; c'était comme une république dans la monarchie française. Aussi, en 1789, Strasbourg s'associa avec joie au mouvement qui travaillait la France entière ; c'est avec joie qu'il se dépouilla de ses privilèges, pour confondre son avenir avec celui de la nation française ; pour se soumettre aux mêmes destinées qu'elle et combattre avec elle pour l'indépendance de la commune patrie et le triomphe de la liberté et de l'égalité qui remplaceraient les libertés et les franchises locales.

« Aussi, dans cette émulation d'enthousiasme et de dévouement à la cause de la Révolution, qui signala la fin du dernier siècle, Strasbourg a le droit d'être mentionné comme une des villes qui ont donné le plus de preuves d'énergie et de constance. Que de secours en hommes, en argent, en munitions, en habillements, n'a-t-elle pas fournis aux armées du Rhin ! Quelle énergie sa population n'a-t-elle pas déployée dans les revers ! Quelle bravoure, pour défendre contre l'ennemi les murs de la nouvelle cité française, boulevard de la France du côté de l'Allemagne ! Les Alsaciens combattirent, sous le commandement des généraux républicains, sur tous les champs de bataille de l'Europe et il n'est peut-être pas aujourd'hui un seul habitant âgé, qui, pendant les guerres de la Révolution, n'ait porté les armes contre les ennemis de la France.

« L'Alsace est glorieuse d'appartenir à la France ; elle n'est pas, comme disent encore les archiducs d'Autriche, une ancienne province allemande, *avulsa imperio,* elle est partie intégrante et dévouée de la nationalité française et, comme telle, fière d'être placée au premier rang de ses défenseurs.

« L'Alsace ne s'enthousiasme pour aucun nom propre, pour aucune dynastie ; elle n'a pas dépouillé sa liberté aux pieds de la famille de Napoléon ; l'Empire, pour elle, est enterré à Sainte-Hélène. Quand, dans la matinée du 30 octobre dernier, les cris de : *Vive l'empereur !* ont été proférés par quelques têtes folles, ils n'ont pas trouvé le moindre écho. Là masse de la population restera toujours impassible devant les tentatives et les querelles des prétendants. Ses traditions d'antique indépendance viennent aujourd'hui se confondre dans un commun amour de liberté, lien puissant et indissoluble, qui unit à jamais les membres jadis épars de la nationalité française.... »

1837

—————•—————

Au début de cette année, l'esprit public fut vivement excité par le procès des accusés de l'attentat du 30 octobre 1836, qui devaient comparaître, en janvier, devant la Cour d'assises du Bas-Rhin.

On se rappelle que le principal coupable, le prince Louis-Napoléon, plus tard Napoléon III, avait été mis en liberté par le roi Louis-Philippe; dès lors, l'opinion générale se prononça pour l'acquittement des accusés. Ce furent le colonel Vaudrey, le lieutenant Laity, le commandant Parquin, MM. de Querelles, de Grigourt, le chef d'escadron de Bruc et Mme Gordon. Ils eurent pour défenseurs MM. Parquin, Thieriet, Ferdinand Barrot, Chauvin Belliard, Martin et Lichtenberger. Les débats, commencés le 6 janvier, se terminèrent le 17 par l'acquittement des accusés.

Après le verdict du jury, un banquet suivi d'une sérénade fut offert aux défenseurs, à l'hôtel de la Ville de Paris.

La réaction répandit le bruit que cette ovation était adressée aux accusés. C'était une calomnie. On l'avait faite aux défenseurs distingués, dont le talent avait consacré, dans une circonstance solennelle, le principe de l'égalité de tous devant la loi. Le jury n'avait pu déclarer les accusés non coupables d'un crime avoué par eux. Ils furent acquittés, parce que les formes de la justice, le principe sacré de l'égalité, n'avaient pas été respectés à leur égard.

Ce verdict du jury de Strasbourg eut un assez grand retentissement. On s'en empara pour pousser à une aggravation des lois pénales. Tout d'abord, le gouvernement proposa un projet de loi qui soumettait à des juridictions différentes les militaires et les personnes de l'ordre civil, impliquées dans un même complot. On l'appela la loi de disjonction. Elle fut réjetée, après de longs débats, par 211 voix contre 209.

MM. Molé et Guizot en avaient été les principaux instigateurs.

Dans la même session, le gouvernement demanda aux Chambres le vote d'un million pour la reine des Belges. La princesse Louise d'Orléans, la fille aînée de Louis-Philippe, avait épousé, en 1832, le roi Léopold de Belgique, et par contrat du 28 juillet 1832, Louis-Philippe avait assuré à sa fille une dot d'un million. Les circonstances n'ayant pas été jugées favorables, on attendit cinq ans pour en faire la demande aux Chambres. Les députés de 1837 parurent, en effet, assez dociles et le ministère en obtint le vote sans grande difficulté. M. Frédéric de Turckheim, le député de Strasbourg, trouva même qu'un million n'était pas suffisant; il avait, du reste, aussi voté pour la loi de disjonction, en même temps que M. Saglio et le général Schramm, nos deux autres députés.

Un conflit d'une nature toute spéciale, qui s'était élevé entre la municipalité et le préfet Choppin d'Arnouville, reçut sa solution dans le courant du mois de mars 1837. Il s'agissait du droit de nomination du receveur de l'œuvre Notre-Dame. Dès le XIIIe siècle, ce droit appartenait à la ville. Durant cette longue période le magistrat de Strasbourg l'avait exercé sans interruption. Il a fallu l'opposition d'un préfet hargneux, jaloux du Conseil municipal très libéral, pour susciter des difficultés, et pour dépouiller la ville d'un privilège sanctionné par des siècles.

L'œuvre Notre-Dame de la cathédrale de Strasbourg est une fondation, dont la gestion est soumise de temps immémorial (1) au contrôle de l'administration municipale, et dont les revenus sont spécialement affectés à la conservation du monument.

Jusqu'à la Révolution de 1789, les receveurs de l'œuvre avaient été nommés par le magistrat ; depuis lors ils le furent par le Conseil municipal. Après la mort du receveur, M. Schaumas, en 1834, le Conseil n'hésita pas un instant à faire usage de son droit, en nommant receveur M. Lacombe, ancien notaire. Cet acte déplut à M. Choppin ; se fondant sur la loi du *21 mars 1831* sur l'organisation communale, qui soumet toutes les délibérations des municipalités à l'approbation préfectorale, le préfet annula la décision du Conseil municipal, en l'invitant à présenter trois candidats, parmi lesquels il ferait son choix.

---

(1) Kœnigshoven écrivit, en 1386, que l'administration de l'Œuvre fut conférée au magistrat par le traité, conclu en 1263 entre la ville et le grand chapitre de la cathédrale et l'évêque Walther de Geroldseck.

D'après Specklin, qui écrivit deux siècles après Kœnigshoven, ce ne serait qu'en 1290, que les chanoines de la cathédrale auraient prié le magistrat de se charger de cette gestion.

Le Conseil municipal, défenseur fidèle des droits de la cité, maintient sa première délibération. M. Choppin persiste. Il fait citer la ville devant le Conseil d'Etat qui, dans l'arsenal des lois, découvre un décret impérial, portant que la fondation serait régie selon les règles de l'administration communale. Or, celles-ci étant modifiées *par la loi de 1831*, le Conseil d'Etat décida que le choix du receveur appartenait au pouvoir central. M. Lacombe fut néanmoins nommé, mais la ville se trouva dépouillée d'un droit que, depuis des siècles, elle avait constamment exercé.

A cette époque fut conclu le projet de mariage entre la princesse Hélène de Mecklembourg-Schwerin et le duc d'Orléans, fils aîné du roi. On pensait que la princesse ferait son entrée en France par Strasbourg et l'on parlait de fêtes que la ville aurait à donner; elles lui furent épargnées. C'est par Forbach et Metz que la princesse arriva en France. Comme elle était protestante, les ultramontains firent une opposition assez vive, surtout quand ils apprirent que, loin de demander à la princesse d'abjurer sa religion, on construirait à Paris une nouvelle église protestante, celle de la rue des Billettes étant trop exiguë. Mais au point de vue religieux, Louis-Philippe était très large; il tint bon et les meneurs en furent pour leurs frais.

Le 8 avril 1837, M. Frédéric Schützenberger, avocat (1),

(1) C'était l'aîné des trois fils de M. Schützenberger, brasseur *à la Patrie*. Le second fils, brasseur d'abord *à la Patrie*, puis à Schiltigheim, est, pour ainsi dire, le fondateur à Strasbourg (entre 1850-1860) de cette belle industrie, la fabrication de la bière pour l'exportation. Le troisième fils est devenu professeur et une des illustrations de la Faculté de médecine de Strasbourg. Il mourut à Strasbourg en 1881. C'était non seulement un médecin distingué, mais un des plus fermes soutiens du protestantisme libéral et de l'esprit français en Alsace.

fut nommé maire de Strasbourg, en remplacement de M. Lacombe, nommé receveur de l'œuvre Notre-Dame. Comme il
passait pour bon administrateur, ce choix fut très bien accueilli.
Dès son début, il put mettre à exécution une heureuse idée :
Le Conseil municipal, invité à fêter le mariage du duc d'Orléans, ne trouva pas cet évènement assez important pour
des réjouissances bruyantes. Il décida par contre que soixante
livrets de caisse d'épargne, de 100 francs chacun, seraient
donnés aux soixante meilleurs élèves des écoles primaires des
différents cultes. Le Conseil fit ainsi un usage plus noble de la
fortune communale que s'il avait consacré quelques milliers
de francs à des feux d'artifice, à des illuminations, etc.

Un incident assez bizarre se produisit à propos du mariage en question. Le prince Charles de Mecklembourg-Stré-
litz, un des défenseurs les plus zélés du principe de la légi-
timité et du droit divin, fit circuler dans les hautes régions
berlinoises une protestation contre le mariage de sa cousine
avec le fils d'un roi *qui devait son trône à la révolution*. Il
paraît cependant que le roi de Prusse, favorable à ce mariage,
n'approuva point l'acte du prince Charles, bien que celui-ci
occupât de très hautes fonctions dans l'armée prussienne (1).

A cette époque la question de la création de chemins de
fer commença à s'emparer des esprits. Les spéculateurs, capi-
talistes, exploiteurs du bien public, s'agitaient pour obtenir
de longues concessions avec le plus de faveurs possibles. L'Alsace possédait alors un homme aux vues larges, dont la pers-
picacité prévoyait les immenses abus que ces concessions
feraient naître. C'était M. Schattenmann, directeur des mines
de Bouxwiller. Sous la date du 20 mai 1837, dans une pétition

(1) *Courrier du Bas-Rhin*, mai 1837.

adressée à la Chambre des députés et à la Chambre des pairs, il protesta contre l'idée de concéder pendant trente ans (1) ces voies de communication. Il demanda : 1° de fixer à cinq ans la révision périodique des tarifs ; 2° de limiter au maximum de 10 pour 100 les bénéfices des actionnaires ; 3° de réserver au gouvernement le droit de rembourser en tout temps les actions de capital.

Malheureusement, les efforts de M. Schattenmann ne purent triompher de l'influence des agioteurs et tripoteurs qui conçurent l'idée d'exploiter le pays à leur seul profit. Au lieu de concessions de trente ans, ils obtinrent même plus tard quatre-vingt-dix-neuf ans ! Il y avait bien dans les Chambres, une opposition très vive contre les abus, mais la majorité était toujours prête à les voter et à les couvrir de son approbation (2).

Une affaire, passablement scandaleuse, occupa à cette époque l'attention publique en Alsace : celle des domaines Mazarin. Voici comment s'exprime à ce sujet, le *Courrier du Bas-Rhin* du 12 août 1837 (d'après le journal *Le National*) :

« De beaux domaines, situés en Alsace, vers le Sundgau, ayant excité la cupidité du cardinal Mazarin, Louis XIV, tout

---

(1) On ne parla dans le principe que de trente ans !

(2) C'est ainsi que M. Guizot, comme ministre de l'instruction, avait souscrit 200,000 francs à une entreprise littéraire de M. Emile de Girardin, alors député et gérant de la *Presse*. A la Chambre, MM. Isambert et Odilon Barrot critiquèrent vivement cette libéralité qu'ils qualifiaient de complaisance politique plutôt que d'encouragement littéraire. M. de Girardin répondit par de violentes provocations dans son journal, et il fallut l'intervention du président de la Chambre, M. Dupin, pour le rappeler aux convenances parlementaires.

jeune encore, pour plaire à son ministre, lui en fit donation, en 1659.

« Mais la loi du 1ᵉʳ décembre 1790 annula toutes ces donations scandaleuses, arrachées par la captation à la faiblesse des princes ; une loi du 14 juillet 1791 révoqua spécialement la donation de 1659.

« Cette loi restitua au Domaine vingt mille arpents de belles forêts, dont l'Etat jouit jusqu'en 1825. A cette époque, et par l'effet d'une inconcevable décision du ministère des finances, la duchesse de Mazarin fut autorisée à devenir propriétaire incommutable de ces forêts, moyennant le paiement du quart.

« Une instance judiciaire s'engagea ; la Cour de Colmar, qui siège dans le pays où les bois sont situés, et qui connaît cette affaire mieux que personne, rendit un arrêt, parfaitement motivé, qui prononça la restitution complète à l'Etat.

« Les motifs de cet arrêt judicieux et courageux (car il faut du courage aujourd'hui pour lutter contre les courtisans) sont :

« Que la loi du 14 ventôse, an VII, n'est pas applicable
« aux biens compris dans la donation de 1659 ; que l'Etat est
« rentré légitimement dans la propriété entière de tous les
« biens qui en auraient fait partie ; que le bénéfice des articles
« 13 et 14 de la loi de ventôse et l'article 116 de celle du
« 28 avril 1816 et de la loi du 15 mai 1818 ne sont pas appli-
« cables aux détenteurs de ces mêmes biens ; enfin, que la dé-
« cision ministérielle du 27 septembre 1825 est sans force
« ni valeur contre ces lois ».

« L'administration des domaines, dont c'était le devoir d'exécuter cet arrêt, se pourvut en cassation et fit si bien qu'elle parvint à faire annuler l'arrêt. Renvoi à la Cour de Besançon, qui juge comme la Cour de Colmar. La Cour de cassation s'obstine, casse l'arrêt de la Cour de Besançon, renvoie à la Cour d'Orléans et ordonne le référé au Corps législatif. Comment se fait-il que le Domaine ne veuille accepter que le quart, lorsque les Cours royales lui attribuent le tout ? Est-ce ainsi que le ministre des finances prend en main la défense des intérêts de l'Etat ? Quelle explication tant soit peu raisonnable donner à une pareille conduite ? Mais cette affaire soulève une autre question :

« Si la troisième Cour royale, la Cour d'Orléans, prononce comme les Cours de Colmar et de Besançon, son arrêt sera-t-il souverain et irrévocable ? La nouvelle loi sur l'autorité des arrêts de la Cour de cassation réagira-t-elle sur cette affaire ? Nous ne le pensons pas ; elle doit être régie par l'ancienne législation et nous espérons bien que la Cour d'Orléans aura autant de courage que ses devancières.

« Si le référé législatif donnait lieu à une discussion dans les Chambres, nous espérons aussi que les députés du Haut-Rhin dévoileraient avec le même courage les nombreuses intrigues et les secrètes influences qui tendaient à ravir à l'Etat vingt mille arpents de bois qu'une loi spéciale de l'Assemblée constituante lui a justement restitués et que le ministre ne sait ou ne veut pas défendre. »

———

Du 13 au 15 août, on célébra à Mayence les fêtes séculaires, en l'honneur de Gutenberg. Le 14 août eut lieu l'inauguration de la statue, œuvre de Thorwaldsen, et le 15, un grand banquet réunit plus de trois cents personnes, organisateurs de la fête et invités. Après les toasts officiels, plusieurs autres furent portés : l'un en Allemand : « A la liberté de la presse, cette pauvre exilée que l'Allemagne ne connaît plus que de nom ! » l'autre en langue française et au nom de la France : « A l'émancipation des peuples ! » Il fut accueilli avec la plus vive sympathie, car le nom de la France jouissait alors encore d'un grand prestige sur les bords du Rhin.

Malheureusement, cette influence déplaisait aux absolutistes et Napoléon III aidant, on travailla si bien l'opinion publique, de part et d'autre, que la haine vint, trente ans plus tard, remplacer les sentiments de fraternité.

L'année 1837 vit poser les premiers jalons du chemin de fer de Mulhouse à Thann et de celui de Strasbourg à Bâle. C'est M. Nicolas Kœchlin de Mulhouse qui en fut le principal créateur. Un arrêt préfectoral, signé Choppin d'Arnouville, autorisa les ingénieurs Chaperon et Bazaine à procéder à l'étude du chemin.

La question des chemins de fer était alors si peu approfondie que le gouvernement présenta, dans la dernière session, quelques projets de voies ferrées, parmi lesquels celui de la ligne de Paris à Strasbourg ne figura même pas ; on pensait sans doute que cette ligne était peu utile, ou trop dispendieuse, ou inexécutable.

Pour réparer cet oubli, la *Revue d'Alsace* publia un vigoureux article dans le but de mettre en lumière la grande utilité de ce chemin de fer et de démontrer que le passage des Vosges n'était pas inexécutable...

Qu'eussent dit nos devanciers si on leur avait parlé du percement du Mont-Cenis ou du Saint-Gothard ! Ou d'un chemin de fer sur le Rigi ou sur le Vésuve !

Au mois d'avril, Strasbourg et le département du Bas-Rhin furent enfin délivrés du préfet, M. Choppin d'Arnouville qui, pendant cinq ans, avait régné chez nous en vrai pacha. Il fut remplacé par M. Sers, homme bienveillant, qui resta notre préfet jusqu'au 24 février 1848.

1838

Pendant les années 1838 et 1839, notre histoire locale n'offre que peu de faits dignes d'être enregistrés.

Le 6 février 1838, la Chambre des députés vota le projet de loi concédant à la maison Nicolas Kœchlin et frères, à Mulhouse, la construction et l'exploitation, sous le contrôle gouvernemental, du chemin de fer de Strasbourg à Bâle.

A la même époque, le ministère soumit aux Chambres le projet de construction du canal de la Marne au Rhin.

La nouvelle de la création de ces deux grandes voies de communication fut reçue avec joie par l'Alsace entière. Strasbourg put, un instant, espérer de reprendre une partie du moins de son ancienne splendeur commerciale, en attirant vers elle le transit des marchandises, expédiées de la Hollande en Suisse, et le passage des nombreux voyageurs se rendant dans ce dernier pays. Cet espoir ne se réalisa que faiblement ; nos voisins les Badois demandèrent naturellement des voies ferrées pour concourir avec celles de l'Alsace, et bientôt la construction d'une ligne parallèle à la nôtre fut décidée et entreprise.

Ainsi que nous l'avons déjà vu, le procès que Strasbourg soutenait depuis de longues années contre Barr et autres communes, pour la propriété de la forêt du Hautwald, avait enfin été terminé par un arrêt de la Cour de Colmar. Cependant les cinq communes pour épuiser toutes les juridictions, étaient allées en cassation ; mais, par son arrêt du 18 juin, la Cour souveraine rejeta le pourvoi et Strasbourg se trouva définitivement propriétaire de cette importante forêt.

———————

Au mois d'août, Strasbourg fêta le troisième anniversaire séculaire de la création du Gymnase, cette école supérieure, fondée en 1538 par le magistrat de la ville, et qui, pendant trois siècles, a contribué puissamment à répandre l'instruction en Alsace.

La cérémonie eut lieu le 13 août ; elle commença par un service au Temple-Neuf, pendant lequel on exécuta une cantate. Les paroles étaient de M. Auguste Lamey (1) et la musique de notre compositeur strasbourgeois, Philippe Hœrter (2).

Dans l'après-midi, un banquet, donné dans la cour du Gymnase *(Grasboden)* réunissait plus de quatre cents anciens élèves du Gymnase et la fête se termina par une collecte faite en faveur des pauvres de tous les cultes.

———————

(1) Auguste Lamey, juge au tribunal civil de Strasbourg, a publié des poésies très estimées par ses contemporains.

(2) Philippe Hœrter est bien le fils de ses œuvres. Né de parents pauvres, et au milieu des tourmentes de la Révolution, son instruction fut complètement négligée. Obligé de partir avec l'armée, il revint, en 1814, à Strasbourg, et s'y établit d'abord comme bouquiniste ; mais né avec un sens profondément musical, il se mit à étudier le contrepoint et bientôt il put s'adonner à la composition. Il fut nommé professeur de chant au Gymnase, directeur de l'Académie de chant et de la Société chorale de Strasbourg, et de 1836 environ jusqu'en 1860, il

Le 13 décembre eut lieu la cérémonie de la translation du corps du général Kléber. De la cathédrale, où il était déposé, il fut transporté dans le caveau, construit sous la place où se trouve le monument du général.

Le clergé, qui profite de toutes les occasions pour donner une teinte religieuse même à des cérémonies où la religion n'a que faire, avait déployé, pour la circonstance, un appareil imposant. Le corps fut porté processionnellement au grand chœur; la grand'messe fut rehaussée par l'exécution du *Requiem* de Mozart et M. l'évêque donna l'absoute.

On avait espéré qu'une fois le corps sorti de la cathédrale la coopération du clergé cesserait; mais celui-ci ne renonce pas facilement à ce qu'il juge être sa mission.

Le cortège officiel, composé des autorités civiles et militaires, d'un nombre considérable d'anciens soldats, dont plusieurs frères d'armes de Kléber, des membres de sa famille, d'un concours immense de citoyens de Strasbourg et des environs, se dirigea, par la rue Mercière et la rue des Grandes-Arcades, vers la place d'Armes. Les troupes faisaient la haie et sur la place elle-même étaient massés les divers régiments de la garnison. Avant la descente du corps dans le caveau, celui-ci fut béni par l'archiprêtre! Puis, des feux de bataillon furent exécutés par les troupes, les tambours battirent aux champs et la musique joua la marche de Kléber, composée pour la circonstance.

————◆>※<◆————

produisit une grande quantité de compositions, cantates, oratorios, quatuors de chant, duos pour violons, etc. Malheureusement, par l'incendie du Gymnase (1860), la plupart de ces partitions, presque toutes inédites, devinrent la proie des flammes.

Les compositions de Hœrter contiennent de véritables beautés musicales; mais il était trop modeste et ne tenait pas à répandre ses œuvres au delà du sol natal. Hœrter était attaché à l'orchestre du théâtre, comme contrebasse, pendant quarante années à peu près.

1839

L'année 1839 s'ouvrit par des élections législatives. L'un des deux députés de Strasbourg, M. Edouard Martin (1), avocat, était particulièrement mal vu par l'administration et par le parti du Juste-Milieu, assez nombreux dans le corps électoral d'alors. (Il fallait payer, par an, 200 francs de contributions directes, pour être électeur.)

Homme intègre, loyal, républicain prononcé et dans toute la belle signification du mot, M. Martin était devenu le point de mire de la réaction, qui voulait à tout prix se débarrasser d'un député incorruptible et d'une si forte trempe. La diffi-

(1) M. Martin avait épousé Mlle Haffner, l'enfant unique du doyen de la Faculté de théologie protestante de Strasbourg ; il était ainsi devenu le cousin par alliance du docteur Ehrmann. M. Martin, était né à Mulhouse, mais il avait fait ses études à Strasbourg et y avait été reçu avocat. Dans le monde parlementaire, pour le distinguer de M. Martin du Nord, un royaliste tout à la dévotion de Louis-Philippe, il n'était connu que sous le nom de M. Martin de Strasbourg.

culté était de lui trouver un concurrent, de taille à risquer la lutte ; cet homme se trouva en la personne de M. le docteur Ehrmann. C'était un rôle d'autant plus fâcheux pour lui, que par ses relations, sa parenté même, le docteur Ehrmann avait des attaches avec la famille et les amis de M. Martin. Aussi, le *Courrier du Bas-Rhin* de l'époque ne lui ménagea-t-il pas les reproches et les sarcasmes. Le scrutin donna raison au journal. M. Martin fut nommé député par 64 voix de majorité sur 400 votants. Les autres députés étaient presque tous ministériels.

Dans le Haut-Rhin, la lutte ne fut pas moins vive. L'administration combattit surtout MM. Nicolas Kœchlin et Pflieger, députés de Mulhouse et d'Altkirch ; les deux furent réélus à de belles majorités. A M. Nicolas Kœchlin, on avait opposé son parent, M. Isaac Kœchlin. M. Pflieger avait pour concurrent M. Conte, directeur général des postes.

C'était sous le ministère Molé et de Montalivet que se firent ces élections ; l'homme qui le seconda le plus dans sa marche réactionnaire, fut M. Emile de Girardin, alors directeur en chef de la *Presse*.

———

Le 14 avril, la *Société des concerts alsaciens* donna dans notre salle de spectacle un grand concert au bénéfice des victimes du tremblement de terre de la Martinique, dont on venait d'être informé. Le produit net du concert s'éleva à 3,500 francs.

———

Dans le courant de mai, plusieurs citoyens de Strasbourg se réunirent en commission pour aviser au moyen de fêter dignement le quatrième anniversaire séculaire de l'invention de l'imprimerie, reporté à l'année 1840 par le comité primitif de 1836.

Parmi les membres, je remarque M. l'abbé Ræss, supérieur du grand Séminaire, qui, alors qu'il aspirait à être nommé coadjuteur de M. l'évêque, ne dédaignait pas de se joindre à toutes les manifestations libérales.

Le 24 juin, on fêta le quatrième anniversaire séculaire de l'achèvement de la cathédrale de Strasbourg. L'œuvre Notre-Dame fit illuminer la flèche de l'édifice et, pendant toute la soirée, une Société d'amateurs exécuta des morceaux de musique sur la plate-forme.

C'est le 24 juin 1439 que la statue de la vierge avait été érigée sur la croix qui couronne l'édifice. Ainsi avait été mené à bonne fin ce qu'au moyen-âge on considérait comme une œuvre de foi et de dévouement.

Quatre cent vingt-quatre années auparavant, en 1015, l'évêque Werinhaire Ier avait commencé la reconstruction de l'église métropolitaine de Strasbourg, que le feu du ciel avait réduite en cendres, le même jour de saint Jean-Baptiste, l'an 1007.

En 1277, l'évêque Conrad de Lichtenberg avait posé la première pierre de la façade admirable dont Erwin de Steinbach (1) avait dressé le plan. Enfin, cent soixante-deux ans

---

(1) Rien, absolument rien, ne prouve qu'Ervin soit né au village badois de *Steinbach*, où le statuaire alsacien *Friedrich* lui a fait poser un monument en 1845. Je ne voudrais priver ces braves campagnards de leur satisfaction à la pensée que leur village fut le lieu de naissance de l'illustre architecte — peu importe du reste où il naquit; sa gloire n'en reste pas moins bien établie — mais Friedrich, par son monument, a donné une sorte de consécration à ce qui n'était qu'une faible légende.

Friedrich naquit à Ribeauvillé (Haut-Rhin), en 1798; mais, dès 1826, il se fixa à Strasbourg. En 1827, le gouvernement français le chargea de l'exécution du monument que la France fit ériger dans le

plus tard, Jean Hültz de Cologne avait achevé la tour qui couronne l'édifice.

La statue de la vierge, depuis longtemps, a dû descendre de son piédestal et se réfugier dans l'intérieur du temple. Le monument nous reste, et c'est avec respect que la pensée se porte vers ces âges reculés où une foi aveugle pouvait faire naître ces œuvres gigantesques. Mais cette foi n'existe plus et, au fond, elle ne doit pas être regrettée ; il est incontestable que ces sommes énormes, ces nombreux actes de dévouement, ces siècles de travail eussent pu être employés à des travaux autrement utiles à l'humanité.

En cette même année de 1839, la petite commune de Heiligenstein, près de Barr, célébra l'anniversaire séculaire d'un homme de bien, auquel elle doit toute sa prospérité. Cette petite fête aurait passé inaperçue si le *Courrier du Bas-Rhin* n'en avait donné l'historique :

village badois de *Sasbach*, à 25 kilomètres de Strasbourg, à la mémoire de *Turenne*, sur la place même où il fut tué le 27 juillet 1675.

Il est à supposer que vers la seconde moitié de sa vie, Friedrich a été blessé dans son amour-propre d'artiste par des compatriotes ; car à partir de 1840 à peu près, ce sont nos voisins les Badois qui ont été gratifiés de ses œuvres. *Bretten, Offenbourg, Oberachern, Baden, Steinbach, Achern,* possèdent des monuments qu'ils doivent à la libéralité de Friedrich. Aussi les feuilles allemandes prodiguaient leurs louanges au « *Meister Friedrich.* » Le grand duc de Bade l'invita un jour à sa table et lui conféra la croix du lion de Zæhringen. Friedrich mourut à Strasbourg en 1877. Quelques mois avant sa mort il fit don à la bibliothèque de l'*Université allemande,* en notre ville, de tous les diplômes, objets d'art, etc., qu'il avait reçus pendant sa longue carrière artistique. Décidément il en voulait à Strasbourg où il avait son domicile pendant plus de cinquante ans.

« Cet homme s'appelait Ehret (1). Il était, en 1739, maire
(Schultz) de Heiligenstein. C'était alors un pauvre petit village
dont les habitants vivaient misérablement de l'élève des bestiaux. Ils ne connaissaient presque pas la culture de la vigne,
et les côteaux riants, situés si pittoresquement au pied de la
montagne de Sainte-Odile, qui aujourd'hui produisent des
vins estimés (2), n'étaient alors qu'un communal *(allmend)*,
servant de pâturage au troupeau de Heiligenstein.

« Ehret conçut le projet de convertir ce terrain en vigno-
bles. Il obtint du magistrat de Strasbourg, qui, jusqu'en 1789,
était seigneur de Barr et de quelques communes environnantes, parmi lesquelles Heiligenstein, la permission de mettre
ce communal en culture. En 1739, on y fit les premières
plantations de vignes, chaque habitant ayant reçu un lot dans
le partage du terrain, et c'est grâce au maire Ehret que le
vin de Heiligenstein fut bientôt, pour les vignerons, d'un
magnifique rapport. »

_____

Le Conseil municipal de Strasbourg avait été saisi de
l'examen d'un mémoire, que lui avaient adressé les comités

_____

(1) Son vrai nom était Erhard Wanz, mais ainsi qu'il arrive
souvent, surtout à la campagne, on l'appelait Erhard tout court, et
ce nom peu à peu se transforma en Ehret.

(2) Notre poète national, Ehrenfried Stoeber, dans sa petite
comédie, en dialecte strasbourgeois « *Vetter Daniel*, » chante le
« *Heiligensteiner.* »

Du reste, le *Klewener* de Heiligenstein s'est bientôt acquis une
réputation dans toute l'Alsace et il compte encore aujourd'hui parmi
les meilleurs crus du pays.

Les vignes ont été importées d'Italie et surtout de Chiavenna
(Klœwen); il est probable que c'est de là qu'est venu le mot de
Klewener. D'autres, cependant, pensent que ce terme vient de ce que
le raisin de ces vignes est visqueux (*Kleberig*).

locaux des écoles catholiques. On y demandait que l'instruction dans ces écoles fût confiée aux frères de la congrégation dite de la doctrine chrétienne.

La discussion eut lieu dans la séance du Conseil du 5 août (1); elle prouva une fois de plus que les efforts de l'ultramontanisme tendent à toutes les époques de s'emparer de l'instruction de la jeunesse, comme du moyen le plus sûr pour arriver à la domination et à l'exploitation des masses.

Le mémoire demandait le renvoi des instituteurs établis et leur remplacement par les frères, dont on ferait venir douze qui prendraient la direction des six écoles et qui, plus tard, pourraient encore ouvrir une école supérieure.

Après la lecture du mémoire, un membre demanda l'ordre du jour pur et simple; il fut voté à l'unanimité. Quelques membres ayant, après coup, parlé du renvoi à une commission, il fut répondu *que les membres du Conseil ne sont*

(1) Voici les noms des membres présents à la séance, tels que je les ai trouvés dans la minute du procès-verbal que M. Brucker, l'archiviste infatigable de la mairie, a mis à ma disposition :

MM.	MM.
Louis REUSS,	KOLB,
BALTZINGER,	BŒRSCH (Charles),
COTTARD,	REDSLOB,
LAUTH (J.-J.),	BRAUNWALD,
SCHMIDT,	SCHNEEGANS (Valentin).
LAUTH (Charles).	STRIEDBECK,
BUSCH,	LAUTH (Guillaume),
OTT (Chrétien),	DÉTROYES,
EHRMANN (L.-F.),	FRIRION,
HUGUELIN,	LIPP,
NEBEL,	LICHTENBERGER,
HUCK (François),	FRIEDOLSHEIM.

Louis Reuss était l'ancien marchand d'indiennes, rue des Hallebardes; *Baltzinger,* ancien boulanger, plus tard, garde-magasin de

pas les représentants de tel ou tel culte, mais les représentants de leurs concitoyens, *sans distinction de culte,* et que c'est l'intérêt de tous qu'ils doivent avoir en vue. Cet intérêt consiste à empêcher que l'instruction de la jeunesse soit confiée à une congrégation ou à une secte religieuse, qu'elle soit *catholique ou protestante* ; que la question n'est pas neuve, que depuis longtemps elle a été examinée et jugée et que ce n'est pas au moment où l'on tend partout vers la liberté de l'enseignement qu'il faut créer à Strasbourg un monopole au profit des frères de la doctrine chrétienne.

Le maire, M. Schützenberger, sans doute pour ne pas être taxé de partialité, proposa ensuite la contre-épreuve, mais, personne ne soutenant le renvoi à une commission, l'ordre du jour pur et simple fut maintenu à l'unanimité.

Le 6 août, la première locomotive fut lancée sur le chemin de fer de Mulhouse à Thann. On en fit l'essai à quatre heures du matin, pour éviter la foule des curieux. La machine sortait des ateliers de MM. André Kœchlin et Cⁱᵉ. C'était la première

Saint-Marc ; *Cottard,* recteur de l'Académie ; *J.-J. Lauth,* ancien brasseur ; *Schmidt,* brasseur à la *Tête-Noire ; Lauth,* Charles, juge ; *Busch,* ancien batelier ; *Ott,* Chrétien, tanneur ; *Ehrmann,* L.-F., négociant (cour d'Andlau) ; *Huguelin,* fabricant de poêles de faïence ; *Nebel,* banquier ; *Huck,* François, préposé à la batellerie ; *Kolb,* ancien maître maçon ; *Boersch,* Charles, docteur en médecine, plus tard rédacteur du *Courrier du Bas-Rhin; Redslob,* ancien négociant ; *Braunwald,* ancien teinturier ; *Schneegans,* Valentin, avoué ; *Striedbeck,* brasseur à l'*Homme-Sauvage ; Lauth,* Guillaume, négociant, le père de M. *Ernest Lauth,* maire de Strasbourg de 1871 à 1874 ; *Détroyes,* receveur de l'Œuvre Notre-Dame ; *Fririon,* général en retraite ; *Lipp,* brasseur, faubourg de Pierre ; *Lichtenberger,* avocat, député à l'Assemblée Nationale, en 1848 ; *Friedolsheim,* jardinier.

9

locomotive construite par eux. Elle s'appelait le *Napoléon* ;
la légende napoléonienne brillait alors encore d'un vif éclat.
Certes, si MM. Kœchlin avaient pu prévoir l'influence funeste
qu'elle aurait, trente ans plus tard, sur les destinées de notre
Alsace, ils se seraient bien gardés de donner à leur première
locomotive ce nom fatal.

La ligne de Mulhouse à Thann fut solennellement inaugurée le dimanche, 1ᵉʳ septembre ; toute l'Alsace y était
représentée. Les héros de la fête furent naturellement
MM. Nicolas Kœchlin frères, les fondateurs et constructeurs
du chemin. Strasbourg était représenté par des membres du
Conseil municipal, entre autres par M. Charles Bœrsch. Au
banquet clôturant la fête, il porta un toast : « A Mulhouse, à
« la ville qui a toujours compris que le progrès industriel et
« le progrès politique doivent marcher de front... Si l'Alsace
« est un des joyaux de la France, Mulhouse est le joyau de
« l'Alsace ! »

La petite ligne de Mulhouse à Thann n'était pas encore
terminée que MM. Nicolas Kœchlin frères s'occupèrent déjà
de la construction de la grande ligne de Strasbourg à Bâle dont
ils avaient obtenu la concession.

Dans le Haut-Rhin, l'acquisition des terrains s'était faite
à d'assez bonnes conditions, mais dans l'arrondissement de
Sélestat, les concessionnaires rencontrèrent des difficultés auxquelles certainement ils ne devaient pas s'attendre. Faute de
pouvoir traiter à l'amiable, on avait eu recours au jury
d'expropriation pour cause d'utilité publique. La première
épreuve présenta des circonstances si odieuses et un résultat
tellement en dehors des prévisions de tout homme impartial,
que le *Courrier du Bas-Rhin* jugea qu'il était du devoir de la
presse de signaler ces faits à l'opinion publique.

Parmi les membres du jury, je trouve, en fait de noms
marquants, ceux de MM. de Gail, propriétaire à Obernai, de

Reinach, propriétaire à Niedernai et de Zorn de Bulach, maire d'Osthausen et ceux de quelques autres maires des villages environnants.

En composant ce jury, le tribunal était mal inspiré. Bien que l'honorabilité des membres fut parfaite, il était imprudent de les faire juge et partie dans une cause où chacun d'eux avait des intérêts considérables.

Le jury avait à prononcer sur quatre cent cinquante parcelles, appartenant à deux cent quarante propriétaires. Ils avaient été convoqués, le 30 septembre, à la salle d'audience du tribunal de Sélestat. M. Aubry, juge, avait été désigné pour présider à l'opération, mais la séance ne put être ouverte tant l'assemblée était tumultueuse; elle dut être remise à l'après-midi.

Pour faire respecter la loi, le président avait requis quelques hommes de la garnison; de là nouveau prétexte à tumulte. Sans doute, on espérait ainsi produire un certain effet sur l'esprit de quelques propriétaires, qui eussent pu se montrer plus traitables.

La séance fut encore remise au lendemain, et ce n'est que le 1er octobre que le jury put commencer ses travaux. Après avoir visité toutes les banlieues, il entra en délibération le 5 octobre, au matin, continuant son opération, sans désemparer, jusqu'à huit heures du soir, où fut reprise l'audience publique pour le prononcé de ses quatre cent cinquante décisions.

Voici comment, dans son numéro du 10 octobre 1839, s'exprime le *Courrier du Bas-Rhin* en en rendant compte :

« C'est ici qu'on a de la peine à conserver son sang-froid pour rendre compte du résultat des délibérations du jury, de la responsabilité morale assumée par douze citoyens qui venaient de prêter, devant Dieu et devant les hommes, le serment de juger avec impartialité. Ainsi, dans une commune, où un seul propriétaire n'avait pas traité à 50 francs l'are, lorsque ce propriétaire *demandait*, par acte notifié et par demande renouvelée à l'audience 100 francs par are, le jury lui *alloua* 250 francs l'are.

« Dans d'autres communes, où on avait traité à l'amiable avec un grand nombre de propriétaires, sur le pied de 150, 130, 100, 80, 70, 50 francs l'are, quand ces propriétaires en demandaient 300, 200, 150 et 100 francs l'are, le jury leur a adjugé de gaîté de cœur 450, 400, 350 et 200 francs. Il n'y a eu qu'un nombre minime de parcelles qui aient été taxées à 100 et 80 francs par are.

« Sans doute le jury, inspiré par le président de son choix, aura voulu être *plus soigneux des intérêts des deux cent quarante propriétaires qu'ils ne l'auraient été eux-mêmes*, en portant en ligne de compte les dommages que doit causer, selon l'opinion accréditée, parmi une partie de notre population, la fumée qui s'échappe des cheminées des locomotives. M. le baron de Reinach a soutenu, au moins très sérieusement, qu'à 100 mètres de largeur, tout le long d'un chemin de fer, la végétation souffre tellement de cette fumée que les blés, le tabac, et même le trèfle dépérissent comme étouffés par une espèce de poison.

« Et quand on examine maintenant la liste de ce jury d'égalité et qu'on y rencontre plusieurs propriétaires de parcelles de terrain qui sont également désignées pour entrer dans la ligne du même chemin de fer, pour lesquelles un autre jury, où entreront peut-être quelques-uns des propriétaires aujourd'hui si largement traités, sera appelé plus tard à fixer le prix de ces dépossessions ; quand on voit ces jurés ne pas se récuser eux-mêmes et accepter le rôle de juge et de partie dans leur propre cause, n'est-il pas permis de mettre au grand jour un pareil scandale ? Eh bien ! tout le monde peut s'assurer à la préfecture du Bas-Rhin, que, entre autres, M. le baron Zorn de Bulach, maire d'Osthausen, est propriétaire de plus de vingt parcelles de champs, occupées par la ligne du chemin de fer, pour lesquelles il a rejeté jusqu'ici les offres amiables des concessionnaires ; que M. le baron de Gail, maire d'Obernai, que M. le baron de Reinach de Niedernai, que M. Jos. Hellmann d'Erstein sont tous, et peut-être d'autres encore, dans la même position. »

Dans son numéro du 11 octobre, le journal revient sur cette question dans les termes suivants :

« Nous avons rendu compte hier de l'incroyable décision du jury de Sélestat, appelé le premier à fixer les indemnités de dépossession à payer aux propriétaires qui n'ont pas traité à l'amiable avec les concessionnaires du chemin de fer de Strasbourg à Bâle. Les faits que nous avons révélés et qui n'étaient encore connus que d'une manière imparfaite à Strasbourg, ont excité l'indignation générale. Et Strasbourg n'a pas seul éprouvé un pareil sentiment, à la vue de cette œuvre d'iniquité, comme on l'appelle à bon droit. Elle a soulevé dans l'opinion une réprobation générale et ceux-là même qui devraient en profiter sont étonnés, on pourrait dire effrayés, d'un succès auquel ils n'osaient s'attendre.

« Plusieurs propriétaires auxquels le jury a alloué le double de leurs demandes déjà exagérées (1), ont fait de leur

(1) A Huttenheim, le jury a alloué 400 francs ; à Sermersheim, 350 francs ; à Kogenheim, 450 francs ; à Orschwiller, 250 francs *par are*, là où la valeur réelle était de 80, 60 francs l'are au plus. A Sélestat, on avait acheté sous les yeux du jury, dans sa visite sur le terrain, un champ de quinze ares, à 350 francs le *champ entier ;* le jury alloua 250 francs *par are !* A Orschwiller, tous avaient traité à l'amiable, à l'exception d'un seul, à 50 et à 70 francs par are. A l'audience, ce propriétaire consentit à traiter à 100 francs l'are ; le jury lui alloua 250 francs par are ! (Voir le *Courrier du Bas-Rhin* du 15 octobre 1839).

Du reste, la Compagnie ne fut pas plus heureuse avec un autre

propre mouvement des ouvertures pour traiter sur le pied des offres amiables, tellement le simple bon sens se révolte à l'idée qu'un propriétaire exproprié puisse obtenir du jury plus qu'il n'avait demandé lui même.

« Nous savons, au reste, que les concessionnaires sont décidés à se pourvoir en cassation. »

Le *Courrier du Bas-Rhin* avait raison de porter ces faits au grand jour. Dans les conditions établies par le jury de Sélestat, la création de chemins de fer eût été rendue impossible.

En cette année, l'affermage, aux jardiniers, des boues de la ville de Strasbourg, produisit 6,700 francs.

Avant 1830, les boues étaient données gratuitement aux jardiniers, à la seule condition d'être enlevées.

Le nouveau Conseil municipal, élu après la révolution de Juillet, parla d'un fermage à obtenir pour les boues ; mais, les anciens entrepreneurs, loin de vouloir payer, demandaient au contraire une indemnité pour l'enlèvement. C'est alors qu'un honorable négociant de notre ville, M. Louis Schertz,

---

jury ; elle s'était pourvue en cassation et la Cour, par arrêt du 20 juin 1840, cassa la décision des premiers juges. L'affaire fut renvoyée à un autre jury du même arrondissement ; mais la stupéfaction fut générale, même chez les indemnitaires, quand M. de Bancalis, président choisi par le jury, est venu donner, en audience publique, lecture des décisions dont la plupart dépassaient les chiffres d'indemnité, déjà si libéralement adjugés par le jury d'octobre 1839. Le nouveau jury, consacrant encore plus en grand le principe inique d'accorder plus que ne demandaient les propriétaires eux-mêmes, a poussé ses allocations jusqu'à 600 francs par are — 60,000 francs l'hectare !...

(*Courrier du Bas-Rhin* du 10 novembre 1840.)

membre du Conseil municipal (1), offrit de se charger de l'entreprise, en payant 3,600 francs de fermage par an.

C'est grâce à cette concurrence que les anciens fermiers se remirent sur les rangs et que, dans l'espace de neuf années, de 1831 à 1839, la ville avait encaissé 32,400 francs pour ces boues, qui jadis ne lui rapportaient pas un centime.

(1) M. L. Schertz était une espèce d'idéologue. On ne peut dire que ses vues aient toujours été justes au point de vue pratique, mais, pour la plupart, elles étaient dirigées vers un but d'intérêt général. C'est ainsi qu'il fit longtemps des efforts et qu'il s'imposa de lourds sacrifices pour introduire en Alsace, l'élève des vers à soie ; il y échoua, comme d'autres, devant l'inclémence de notre climat.

Dans la même année, 1839, il intenta un procès au directeur de l'Opéra, M. Duponchel, parce qu'il trouva les deux places, qu'il avait arrêtées et payées quelques jours auparavant, occupées par la claque qu'on avait laissée entrer plus nombreuse que d'habitude. M. Schertz réclama ; on lui offrit le remboursement de ce qu'il avait payé, ou des places pour la prochaine représentation, mais il insista pour avoir ses places et, comme on ne lui fit pas droit, il chercha le commissaire de police, fit dresser procès-verbal et assigna M Duponchel en 300 francs de dommages-intérêts. L'affaire fut plaidée ; le directeur condamné et M. Schertz donna les 300 francs à des établissements de bienfaisance.

Tous les journaux du temps parlèrent de ce procès, en raison de son originalité. Il est certain, qu'à partir de là, la direction de l'Opéra ne laissa plus envahir par la claque, des places qu'elle avait louées à l'avance.

1840

SOMMAIRE

Au commencement de l'année, l'opinion publique fut
excitée par la demande d'une dotation pour le duc de
Nemours. Louis-Philippe, bien que n'étant pas toujours bon
roi, était toujours excellent père de famille ; quoique immen-
sément riche, il n'eut pas honte de demander aux Chambres
une dotation annuelle de 500,000 francs pour son second fils,
le duc de Nemours, à l'occasion de son mariage avec une princesse de Saxe-Cobourg-Cohary. Cette malencontreuse exi-
gence souleva de vives protestations et fit un tort considérable
à la royauté de Juillet.

A cette occasion, les journaux évaluèrent la fortune de Louis-Philippe à 278 millions, sans compter ce qu'il avait pu thésauriser sur les 183 millions que la famille royale avait touchés de 1830 à 1840 (1).

A l'occasion de cette demande de dotation, Strasbourg fit également une réclamation :

L'administration municipale avait pétitionné auprès des Chambres contre le prélèvement, par l'Etat, du dixième du

(1) Voici le détail tel que le publia le journal *Le Capitole* :

« En consultant le *Mémorial des forêts du royaume*, on trouve qu'en 1821, l'étendue des forêts du duc d'Orléans était de 73,355 hectares, disséminés dans neuf départements. En évaluant à 2,000 francs l'hectare, on trouve que l'importance de ces biens était de .... 147,310,000 fr.

« Mme la duchesse d'Orléans, mère, possédait, à la même époque, 47,560 hectares, disséminés dans douze départements, et évalués à .... 95,120,000 —

« Les palais et châteaux de la famille d'Orléans, avec leurs meubles, valaient.............. 20,000,000 —

« On sait que la Restauration accorda 1 milliard d'indemnité aux émigrés. Sur ce milliard, d'après des documents officiels, Louis-Philippe et sa sœur, Mme Adélaïde, ont reçu, pour indemnité de biens vendus dans dix-huit départements...... 16,169,734 —

« Ce qui fait un total de.................. 278,599,734 fr.

« Ainsi, de 1814 à 1830, la famille d'Orléans avait reçu, soit en argent, soit en immeubles, une somme de plus de *deux cent soixante dix-huit millions*.

« Depuis 1830, la fortune particulière de la maison d'Orléans s'est accrue encore de la succession du dernier des Condé, qui a été évaluée à 90 millions. Ces 90 millions, il est vrai, ont été légués au duc d'Aumale ; mais les revenus de cette succession ont été touchés,

produit de l'octroi. La Chambre, dans sa séance du 11 février, sur la demande du gouvernement, repoussa la réclamation, en se fondant sur la pénurie du Trésor public, qui était dans une triste situation :

« La Chambre, dit à cette occasion, le *Courrier du Bas-Rhin*, ne veut pas dégrever les communes d'un impôt inique parce qu'elle craint de porter atteinte au Trésor ! Et cependant elle donnera peut-être 500,000 francs de dotation et depuis la mort du prince de Condé, c'est-à-dire depuis 1830, par Louis-Philippe, et sont à joindre ainsi à la fortune de la famille d'Orléans.

« Voilà, d'après des documents officiels, le domaine privé de la famille d'Orléans, tel qu'il était en 1830. Et certes, il n'y a aucune exagération dans cette évaluation, car nous n'y comprenons aucune acquisition nouvelle qui a pu être faite pour l'accroissement de ses propriétés par l'intelligente administration de Louis-Philippe. Nous admettons, ce qui n'est certainement pas, que les revenus de ces propriétés ont été dépensés chaque année, jusqu'en 1830, et même depuis. Il n'en résultera pas moins que le domaine privé donne un revenu de 13 à 14 millions, et que sur ce revenu Louis-Philippe peut, sans s'appauvrir, prélever chaque année 500,000 francs, c'est-à-dire la vingt-huitième partie, pour doter le duc de Nemours.

« Si la famille d'Orléans a reçu 278 millions en argent ou en immeubles, de 1814 à 1830, elle n'a pas moins été bien traitée de 1830 à 1840.

« Voici, en effet, ce qu'elle a touché depuis 1830 sur le budget de l'État :

« Dix années de la liste civile, à 12 millions.	120,000,000 fr.
« Dix années des revenus de la liste civile, à raison de 5 millions par an	50,000,000 —
« Dotation accordée au duc d'Orléans, en 1832, à raison de 1 million par an. Pour huit ans.......	8,000,000 —
« Frais de mariage, en 1837..............	1,000,000 —
« Supplément de dotation, depuis 1837......	3,000,000 —
« Dot de la reine des Belges..............	1,000,000 —
« Total..........	183,000,000 fr. »

500;000 francs de cadeaux de noces au duc de Nemours. C'est la misère des communes pauvres qui servira à alimenter la splendeur des princes. »

La dotation fut rejetée, dans la séance du 20 février, par 226 voix contre 200. Ce fut le premier échec sensible, que subit le roi, et il fit d'autant plus d'impression que la Chambre comptait une majorité servile, d'habitude entièrement soumise aux exigences du gouvernement. L'opinion publique et la presse avaient le plus puissamment contribué à ce rejet.

A aucune autre époque peut-être, ce qu'on pourrait appeler la vie municipale n'a été plus intense qu'entre 1830 et 1840.

Les journaux publiaient régulièrement le compte-rendu des séances du Conseil et le public était ainsi mis à même de discuter les questions qui l'intéressaient plus particulièrement ; parmi elles l'extinction du paupérisme occupait à un haut degré l'opinion.

Le Conseil municipal avait eu souvent à s'en entretenir et le maire, M. Schützenberger, s'était chargé d'un rapport sur *les causes du paupérisme et les moyens les plus convenables d'en prévenir et d'en corriger les effets.*

M. le maire avait conçu le projet de la création de la *colonie d'Ostwald ;* ses conclusions devaient nécessairement tendre à l'exécution de son plan.

En 1830, après les journées de Juillet, de nobles efforts avaient été faits, dans toute la France, pour le soulagement des classes pauvres. L'Alsace, cela va sans dire, ne resta pas étrangère à ce mouvement. A Strasbourg, on créa entre autres la Maison de Refuge (1), destinée, dans la pensée des fondateurs,

(1) Elle fut établie dans le bâtiment annexé à la Maison de Correction, et qui aujourd'hui sert de halle et de marché aux blés.

à extirper la mendicité. Les résultats n'ayant pas répondu à leurs espérances, divers systèmes furent proposés ; finalement on s'arrêta à la création de la colonie d'Ostwald.

Le fouriérisme hantait quelque peu les esprits à cette époque, et plus d'un homme supérieur et généreux, navré à la vue de tant de misères, que la charité arrivait à peine à soulager, avait eu l'idée du phalanstère. Belle en théorie, cette idée s'est toujours montrée, dans la pratique, impuissante à réaliser les espérances que ses partisans fondaient sur elle, et, étant donnée l'imperfection de la race humaine, il en sera probablement toujours ainsi.

Voici quelques fragments du rapport de M. le maire, lu au Conseil municipal et publié dans le *Courrier du Bas-Rhin* des 4, 5 et 6 février 1840.

Après avoir passé en revue les diverses causes du paupérisme et les palliatifs pour y remédier, M. le maire concluait en ces termes :

« Un premier moyen consisterait à donner un développement plus complet au travail industriel de la Maison de Refuge, telle qu'elle existe en ce moment. Il faudrait la mettre sur le pied d'un établissement industriel ; la doter des machines nécessaires au filage et au tissage, tout en laissant à la partie la plus valide de sa population les travaux relatifs à l'entretien de la propreté de nos rues. Cette organisation, calquée sur celle de différentes maisons de détention centrales, exigerait non seulement des frais de premier établissement assez considérables, mais encore un personnel intelligent et actif. Il est à présumer que la Maison de Refuge, mise sur ce pied, ferait ses frais, et les intérêts financiers de la ville seraient couverts. Cependant différentes considérations, que vous apprécierez, ne me permettent point de proposer l'exécution de ce projet. Si la ville fondait un établissement industriel, elle ferait concurrence aux industries qui se livrent à la fabrication des mêmes produits, et cette concurrence ne serait ni juste ni morale.

« Il en résulterait un autre inconvénient encore. Le travail industriel est d'une nature toute spéciale, et lorsque ceux que vous aurez admis dans cet établissement en ont contracté l'habitude, ils ne retrouvent plus le même travail en le quittant, et retombent ainsi dans le vice auquel il fallait les arracher pour toujours. Le principal résultat ne serait pas atteint ; car le vice de la paresse, et les habitudes d'une vie désordonnée sont la source la plus fréquente de la mendicité.

« Du reste, les travaux purement mécaniques de l'industrie n'ont pas la puissance de retremper le moral de l'homme ; ils ne sont ni assez attrayants ni assez variés pour qu'un homme habitué au désordre apprenne à les aimer au point d'en contracter une habitude suffisante pour former contrepoids à ces mauvais penchants.

« La Maison de Refuge, organisée sur ce pied, pourra bien fournir du travail et du pain à ceux qui entrent, mais ils ne la quitteront que pour se trouver et plus misérables et peut-être plus abrutis encore qu'ils ne l'étaient en y entrant.

« La pensée à laquelle je me suis arrêté est fondée sur un ordre d'idées différentes ; elle n'est, à vrai dire, que l'application des conséquences auxquelles je suis arrivé en recherchant les causes générales du paupérisme.

« A la place d'un établissement d'industrie, je vous propose la fondation *d'une colonie agricole* . . . .

. . . .

« Les frais de construction nécessaires à l'établissement d'une colonie agricole de quatre cents individus ne dépasseront point le chiffre de 150,000 francs, y compris les bâtiments nécessaires à la culture de cent quarante hectares. Le capital nécessaire pour l'exploitation de la ferme, pour le bétail nécessaire et les instruments aratoires ne dépassera pas le chiffre de 50,000 francs.

« Vous n'aurez pas besoin de demander ce capital à l'emprunt ; les moyens d'exécution que j'ai l'honneur de vous
présenter vous le fourniront sans aucune diminution sensible
de nos revenus.

« Une transaction, dont les bases sont définitivement
arrêtées par les soins d'une commission nommée dans votre
sein, reconnaît à la ville la propriété longtemps contestée de
la moitié de la forêt d'Ostwald. Le domaine qui nous revient
forme un seul corps de biens d'une contenance de cent quarante hectares environ ; il est coupé dans quelques parties par
le chemin de fer de Bâle à Strasbourg ; c'est un inconvénient,
mais il n'est pas de grande importance. Cette forêt ne se lie
en aucune façon à l'ensemble de nos propriétés forestières que
nous avons conservées autour de Strasbourg, et qui s'étendent
entre l'Ill et le Rhin, depuis la Robertsau jusqu'au Neuhoff, à
la Gantzau, à Illkirch et à Graffenstaden ; elle est située sur la
rive gauche de l'Ill, et séparée de l'ensemble de nos propriétés
par celles d'autres communes et par des propriétés particulières.

« Le rapport moyen de cette forêt ne s'est élevé dans les sept
dernières années qu'à une moyenne annuelle de 2,600 francs (1).
La possibilité de la forêt ne permet guère d'y faire des coupes
extraordinaires ; il faudrait plutôt en opérer le repeuplement
et extirper les épines qui dominent dans certains cantons.

« Le sol de cette forêt est fertile ; il consiste en terres
d'alluvion de l'Ill, propres à la culture là où le sol est élevé, et
à la création de prairies d'une bonne qualité, là où le fond est
plus bas. Les meilleures terres de la banlieue longent le cours
de cette rivière ; leur supériorité sur le littoral du Rhin est
incontestable.

« Si le gouvernement accorde l'autorisation de défricher

(1) Dont moitié seulement pour la ville.

la forêt d'Ostwald, le sol nécessaire à la colonie agricole est
trouvé . . . .

. . . .

. . . . . « Les avantages matériels ne sont pas les seuls que
j'invoque en faveur du projet que j'ai l'honneur de soumettre
à votre appréciation. L'avantage moral qui doit résulter de la
nature des travaux auxquels se livreront ceux qui seront re-
cueillis dans cet établissement, me frappe beaucoup plus
encore. Les travaux de l'agriculture et de l'éducation des bestiaux conviennent par leur variété à chacun des deux sexes,
à tous les âges, à toutes les forces, et ils offrent une variété
que n'ont pas les travaux de l'industrie. Ils s'exécutent en
plein air, ils influent favorablement sur le physique comme
sur le moral, ils sont attachants par eux-mêmes, ils rapprochent l'homme de la nature et retrempent insensiblement son
moral . . . .

. . . .

. . . . . « La population de la colonie, durant la saison morte,
pourrait être utilement employée aux travaux d'entretien des
chemins vicinaux et aux travaux relatifs à l'entretien de la
propreté de nos rues. Peut-être le département y trouverait-il
un jour une ressource avantageuse pour y placer à des prix
plus modérés les enfants trouvés et abandonnés. Cet essai
pourrait même servir à faire faire un progrès notable au système pénitentiaire, qui depuis si longtemps flotte entre les
exagérations d'une philanthropie sentimentale et les rigueurs
du système de l'isolement, que nous avons emprunté aux Etats-
Unis, sans tenir compte de la différence du caractère national
et de la situation du pays . . . .

. . . .

. . . . . « L'établissement que je vous propose servirait
tout à la fois de maison de refuge et de ferme-modèle . . .

. . . .

. . . . . « Ce n'est pas le moment d'entrer dans des questions de détail et d'exécution ; j'en ai fait l'objet d'une étude spéciale et j'ai réuni les matériaux et documents les plus propres à m'éclairer . . . .

. . . .

« J'aurai l'honneur de soumettre les résultats auxquels je suis arrivé, à la commission que je vous prie de vouloir bien m'adjoindre. Les discussions qui s'élèveront sur toutes ces questions si importantes, devront compléter mes propositions ; et le projet ainsi mûri et élaboré, offrira des chances certaines d'une bonne exécution et d'une heureuse réussite.

« En conséquence j'ai l'honneur de vous faire les propositions suivantes, dans lesquelles se résument les conclusions de mon rapport :

« 1° De décider en principe que la commune fondera une colonie agricole en remplacement de la Maison de Refuge ;

« 2° D'autoriser dès à présent le maire de demander le défrichement de la forêt d'Ostwald, dont le terrain sera affecté à la colonie projetée ;

« 3° De voter que les fonds provenant de la vente des bois de la forêt d'Ostwald seront spécialement affectés jusqu'à due concurrence à l'exécution du projet dont vous aurez adopté le principe ;

« 4° D'adjoindre à l'administration une commission spéciale, nommée dans votre sein, pour arrêter définitivement l'organisation de l'établissement, en vous réservant de voter sur les moyens d'exécution que l'administration soumettra à votre décision, après les avoir préalablement débattus avec votre commission. »

Dans le courant de l'hiver, on s'était beaucoup occupé de l'organisation des fêtes qui devaient être données pour l'inauguration du monument de Gutenberg et qui avaient été fixées

10

aux 24, 25 et 26 juin. Dans l'esprit des fondateurs, cette cérémonie, tout en gardant un cachet strasbourgeois, devait servir
à *une fête de confraternité des peuples*, à laquelle seraient
invités non seulement les Alsaciens ou les Français de l'intérieur, mais encore un grand nombre de corps savants étrangers, notamment de l'Allemagne. Ces derniers, surtout en vue
de répondre aux insinuations malveillantes de certains organes
allemands stipendiés, qui saisissaient le moindre prétexte
pour dire que les Alsaciens regrettaient de ne plus faire partie
de la grande famille allemande. C'étaient tantôt la *Gazette
universelle d'Augsbourg*, tantôt la *Frankfurter Oberpost-
amtszeitung* qui lançaient ces articles haineux. En réponse,
le *Courrier du Bas-Rhin* publiait, à cette époque, plusieurs
feuilletons signés Edouard Mars (1), tantôt en langue allemande, tantôt en français, pour démontrer à nos voisins
d'outre-Rhin que les Alsaciens, tout en parlant et en écrivant
l'allemand étaient de bons Français ; qu'après avoir partagé,
depuis 1789, avec la France sa bonne et sa mauvaise fortune,
après avoir pris une part enthousiaste à la glorieuse révolution
de Juillet 1830 et jouissant, malgré le vent de réaction qui
commençait à souffler, de libertés bien autrement grandes
que l'Allemagne, les Alsaciens ne se sentaient pas la moindre
disposition de redevenir Allemands.

Dans un feuilleton du 2 janvier 1840, Edouard Mars
prend à partie les établissements d'instruction de Strasbourg.
Un poète strasbourgeois de l'époque, C.-F. Hartmann (2),

(1) L'auteur était le docteur *Edouard Eissen*, médecin ; il écrivit
sous le pseudonyme *Mars*, et faisait alors partie de la phalange républicaine qui travaillait sans cesse à la propagande de ses idées, en
attendant que le jour vînt où elle put arborer ouvertement son drapeau.

(2) C.-F. Hartmann, quoique très instruit, n'était, malheureusement pour lui, que simple employé de commerce et chargé d'une
nombreuse famille, ce qui l'empêcha de donner beaucoup de temps à
la littérature et à la poésie.

venait de publier ses poésies, sous le titre de « *Alsatische Saitenklœnge.* » Hartmann qui avait dédié son recueil à Béranger, le poète national par excellence, était certainement un patriote français dans toute la noble acception du mot, mais il écrivait de préférence en allemand, conséquence naturelle de son éducation première.

Edouard Mars, commentant la publication de Hartmann, dit qu'un seul sentiment attristant s'élève en lui à la lecture de ces poésies, c'est qu'elles sont écrites en allemand et que leur esprit étant français, elles ne peuvent franchir les frontières de l'Alsace, tandis que Hartmann, au lieu de rester ainsi un poète local, aurait pu devenir un poète national, si dès 1789, les hommes préposés à la direction des études de la jeunesse avaient compris leur mission. Et, devenant tout à fait — mais à bon droit, comme 1870 l'a prouvé — agressif, Edouard Mars s'adresse à eux dans les termes suivants :

« Au lieu de choisir le vrai système d'instruction, vous faites du sentiment ; vous discutez, vous discourez, vous raisonnez, vous parlez de mœurs, de croyances religieuses, d'habitudes, de traditions, etc., et avec tout ce verbiage qui, au fond, ne cache que votre paresse intéressée et votre routine, vous oubliez que nul n'est autorisé à disposer de l'avenir de son prochain ou des droits de la patrie, etc. . . . . . .

« Hartmann chante pour la France, mais à six lieues de Strasbourg, votre système d'éducation a mis une barrière à son livre, etc. » . . . .

Quelques mois plus tard, Edouard Mars s'en prend à l'*Oberpostamts zeitung* :

« Voici venir, écrit-il, sous la date du 11 mars (1), le

(1) J'indique la date pour montrer que ces manifestations haineuses des journaux allemands, contre l'attachement des Alsaciens à la France, sont antérieures à la fièvre gallophobe qui s'empara de l'Allemagne vers la fin de l'année 1840, après le traité de quadruple

journal de la direction supérieure des postes ; son correspondant allemand à Strasbourg reproche aux cercles littéraires de notre ville d'avoir renoncé peu à peu aux journaux allemands, voire même de les avoir pour ainsi dire, frappés d'interdit. Il excepte toutefois la *Gazette des Postes* et la *Gazette d'Augsbourg.* L'assertion est complètement fausse, parce qu'on trouve chez nous toutes les publications périodiques de l'Allemagne, ayant quelque valeur. Elle serait fondée que nous n'y verrions pas grand mal.

« Le correspondant fait savoir au maître de poste de Francfort que les Strasbourgeois sont dupes d'eux-mêmes, qu'ils sont honteux de parler allemand, si l'exécrable patois en usage chez eux peut encore être appelé l'allemand.

« Grand merci, Monsieur le D^r (docteur), puisque vous vous servez de ces initiales.

« On entend ici l'unité française un peu mieux que vous. Voilà bientôt deux siècles que les Strasbourgeois ne se rappellent plus avoir été autre chose que Français. Ils ont prouvé au monde entier, avec leurs frères de l'intérieur, à coups de canon, de fusil et de sabre, comment ils entendaient être les dupes de leur nationalité. Ils ont subi, comme tous leurs frères, les malheurs d'une double Restauration, les angoisses d'un peuple livré à d'implacables ennemis et de toutes ces épreuves leur sentiment national est sorti plus pur, plus vivace que jamais, etc... »

———

Les fêtes de Gutenberg furent précédées de la cérémonie de l'inauguration du monument de Kléber ; elle eut lieu le dimanche, 14 juin, quarante ans après la mort du héros, assassiné au Caire le 14 juin 1800.

alliance, conclu par la Russie entre elle, l'Angleterre, la Prusse et l'Autriche, et dirigé contre la France à l'occasion de la question égyptienne.

La pensée d'ériger un monument à Kléber remonte au jour où le poignard de l'assassin priva l'armée d'Egypte de son grand capitaine, mais ni le Consulat, ni l'Empire ne se soucièrent de payer la dette de la République au général qui l'avait si bien servie.

Ses restes, déposés au Château-d'If, au retour de l'armée d'Egypte, furent laissés en oubli jusqu'en 1818, où le vœu de ses concitoyens les fit rendre à sa ville natale. Mais, pendant la Restauration, la pensée d'ériger un monument à Kléber éprouva également des obstacles et il fallut les journées de Juillet 1830 pour que le projet pût être repris. Cependant de nouveaux retards se produisirent, dus probablement à l'esprit de réaction, qui suivit les premières années du règne de Louis-Philippe. On ne pouvait voir de bon œil la glorification d'un général de la République.

Il fallut une espèce de sommation du parti libéral pour qu'enfin l'inauguration du monument fût décidée ; c'est ainsi que je trouve dans le *Courrier du Bas-Rhin* du 11 avril 1840 une lettre de réclame :

« Tout le monde, dit l'auteur, applaudit au zèle qui préside à l'élévation du monument de Gutenberg ; il n'en est pas de même de celui destiné au général Kléber. Une fatalité inexplicable semble entraver son achèvement. . . . . .

« Non, il est impossible que le noble front de Kléber reste caché dans l'ombre, le jour où Gutenberg montrera avec orgueil aux nombreux étrangers, qui viendront nous visiter, son immortelle devise : *Fiat lux !* »

La fête eût été belle, l'enthousiasme populaire considérable, si l'administration supérieure n'avait cherché à l'amoindrir.

A onze heures, les autorités civiles et militaires, les rares frères d'armes de Kléber, des délégués des souscripteurs du monument, des députations des élèves des établissements d'instruction et les autres invités se rendirent en cortège de l'Hôtel-de-Ville à la place d'Armes. A midi sonnant, le voile qui couvrait la statue tomba et chacun put admirer l'œuvre remarquable de notre compatriote Grass.

Des salves d'artillerie et le son des cloches annoncèrent à la population que les traits du héros avaient été dévoilés. M. Schützenberger, maire de Strasbourg, dans un beau discours, apprécia fort bien *l'homme et l'époque* ; l'homme, en le rangeant parmi « ces citoyens inspirés par la sainteté de leur cause, se dévouant à leurs devoirs avec la simplicité que donnent les convictions profondes, et justifiant par leurs talents, leur courage et leurs vertus les nobles principes pour lesquels ils savaient combattre et mourir. »

Il a rendu justice à l'époque quand il l'a montrée « déblayant le sol, fondant la liberté, l'égalité, qui ne sont que la justice sous un autre nom, donnant l'exemple du plus pur, du plus ardent patriotisme, et conquérant au sein de la vieille Europe une place que ses idées grandes et vraies ne perdront jamais. »

La cérémonie se termina par le défilé des troupes devant la statue. Le soir, les édifices publics et beaucoup de maisons particulières furent illuminés et l'on alluma des feux de Bengale sur la cathédrale.

La cérémonie de Kléber servit pour ainsi dire de prélude aux fêtes en l'honneur de Gutenberg ; elles devaient être grandioses et elles le furent, grâce aux efforts de la population entière, combinés avec ceux de l'administration municipale.

Depuis quelques années déjà, cette dernière avait poussé aux embellissements de la ville ; parmi eux il en est un qui mérite une mention particulière : c'est celui de nos promenades publiques, notamment de l'Orangerie. Là, où aujourd'hui on trouve un beau jardin anglais il y avait, il y a cinquante ans, une plaine nue et inculte. Le bâtiment de

l'Orangerie était entouré d'une espèce de rempart, au pied
duquel se trouvait un petit jardin.

Tous ces travaux d'embellissement ont été dirigés par
M. Frédéric Schützenberger, maire de Strasbourg. Il s'est
occupé des plans d'ensemble et de l'exécution des détails, et
l'on peut dire que les promenades qui, du Contades, conduisent à la Robertsau, et le jardin anglais devant l'Orangerie sont
son œuvre. A l'approche des fêtes de Gutenberg, on redoubla
d'activité pour l'achèvement de ces promenades qui devaient
montrer aux étrangers que, sous ce rapport également, Strasbourg ne restait pas en arrière.

Voici d'une manière succincte le programme de ces fêtes :

PREMIÈRE JOURNÉE. — *Mercredi 24 juin.*

A onze heures du matin : Réunion, à l'Hôtel-de-Ville, du
maire, des adjoints, et des membres du Comité Gutenberg
pour recevoir les députations étrangères.

Marche en cortège vers la place Gutenberg.

———

A la tête flottait la grande bannière de la ville ainsi que
le drapeau national tricolore français.

A côté de la statue on avait élevé une tribune pour les
orateurs et, à l'une des extrémités de la place, une grande
tribune pour la musique et les chanteurs qui exécutaient des
hymnes en l'honneur de Gutenberg. La cérémonie fut terminée par un chant général entonné par tous les assistants.
Les paroles de ce chant avaient été imprimées par les ouvriers
stationnés au pied de la tribune, et distribuées à l'immense
assemblée.

———

A huit heures du soir : Grand concert à la salle de spectacle, offert par la Réunion musicale alsacienne aux étrangers
de distinction venus pour ces fêtes.

Musique militaire au pied du monument éclairé par des feux de Bengale ; illumination générale, illumination de la flèche de la cathédrale.

Deuxième Journée. — *Jeudi 25 juin.*

A dix heures du matin : Grand cortège industriel. Réunion sur la place du Théâtre, dans les cours de la fonderie et tout le long des nouveaux quais, depuis le pont Saint-Guillaume jusqu'au faubourg National.

A six heures du soir : Grand banquet à la halle aux blés (aujourd'hui convertie en douane). Collecte faite à la fin du banquet, au profit de la caisse des veuves des ouvriers imprimeurs.

A sept heures : Spectacle gratis, offert par le Comité aux industriels, aux artisans et ouvriers et à leurs familles qui avaient concouru au cortège industriel.

A dix heures : Illumination, avec des lances à feu de couleurs variées, de la flèche de la cathédrale. Musique et feu de Bengale devant la statue de Gutenberg. Illumination générale de la ville.

Troisième Journée. — *Vendredi 26 juin.*

A dix heures du matin : Réunion dans la salle des actes de l'Académie, des imprimeurs et libraires français et étrangers (1) pour établir des relations de confraternité.

A midi : Parade et évolutions militaires sur la place Kléber.

(1) Paris, Lyon, Nancy, etc., étaient représentés ; Rio-Janeiro même avait envoyé des délégués.

Dans les cortèges, chaque délégation marchait précédée de sa bannière.

A deux heures : Ouverture de l'exposition des produits de l'industrie alsacienne.

A quatre heures : Tirage de la loterie typographique, organisée par les ouvriers imprimeurs de Strasbourg.

A neuf heures du soir : Grand bal au théâtre.

On peut dire que ce programme a tenu et au delà tout ce qu'il a promis. L'administration municipale, le Comité Gutenberg, avec le concours de nombreux auxiliaires, et la bourgeoisie tout entière rivalisèrent de zèle ; mais la palme appartient certainement à cette dernière.

Les journaux de Paris publièrent sur les fêtes de Strasbourg des lettres enthousiastes de leurs délégués. On y lisait la profonde impression produite sur eux par la solennité en général, mais surtout par le magnifique spectacle que leur donna, par le cortège industriel, notre patriotique population d'artisans et d'ouvriers.

Voici deux extraits tirés des journaux *Le Courrier français* et *Le Siècle :*

« La fête a été belle hier ; mais elle l'a été bien davantage aujourd'hui. Le temps m'a manqué pour vous donner tous les détails dont elle était digne, car c'était une véritable fête, et qui n'avait rien de commun avec nos fêtes publiques dont chacun sait toujours le programme à l'avance. Ici la Commission du monument de Gutenberg avait tout prévu et disposé, d'accord avec la municipalité ; point de folle dépense, point de centimes additionnels imposés au budget de la ville : chaque maison a fourni son offrande spontanée de guirlandes et de fleurs ; chaque père de famille son contingent de jeunes filles et de riants visages aux fenêtres. Les spectateurs formaient évidemment la partie la plus intéressante du spectacle. Il y avait plaisir à voir cette foule immense et variée, animée

d'un enthousiasme digne et réfléchi, prendre part à la fête de
l'intelligence et de la civilisation comme à la sienne propre, et
témoigner par sa tenue imposante et calme de son respect
pour l'ordre en même temps que de son amour pour la
liberté. M. Lichtenberger, avocat distingué à Strasbourg, a
prononcé à ce sujet quelques nobles et belles paroles au
moment de l'inauguration de la statue. Le maire, M. Schützenberger, a eu aussi de beaux mouvements d'inspiration.

« On ne saurait trop louer, d'ailleurs, la manière ingé-
nieuse et délicate dont les autorités de Strasbourg et tous les
habitants, jusqu'au dernier, ont exercé l'hospitalité dans cette
circonstance. C'est un exemple à offrir à toutes les villes du
monde, et le signe le plus décisif du changement favorable
qui s'opère dans les mœurs, sous l'influence de la paix.
L'Hôtel-de-Ville eût logé tous les étrangers, s'il y avait eu
assez de place pour les contenir. Les salons n'ont cessé de leur
en être ouverts, collectivement, sans distinction de rang et de
nationalité. On y voyait mêlé les maires des communes voisines et les professeurs des universités allemandes, des
canonniers, des imprimeurs, des prêtres catholiques, des
ministres protestants, le président du consistoire israélite, des
savants, des artistes, des ouvriers. Tout le monde avait pris
part à la fête de l'imprimerie, hommes, femmes, enfants,
lettrés et illettrés. On chantait à la même heure une cantate
religieuse au temple et le *Te Deum* à la cathédrale.

« Mais aujourd'hui la scène a changé d'aspect, et l'on
eut dit que le présent avait disparu pour faire place au passé.
On se serait cru transporté au siècle où vécut Gutenberg. A
neuf heures et demie environ, une véritable armée a pénétré
par toutes les portes de Strasbourg à la fois. C'étaient les députations de toutes les villes et bourgades, à plus de dix lieues
à la ronde, dans les costumes les plus pittoresques, les uns
anciens ; les autres modernes, à pied, à cheval, en voiture,

accompagnés ou précédés de musiques, de bannières et
d'attributs innombrables. Une foule de chars remplis de
jeunes filles s'avançaient escortés par des cavalcades compo-
sées de leurs pères, de leurs frères, et sans doute aussi de
leurs amis. Je ne saurais vous exprimer la sensation produite
par le défilé de ces populations fortes et martiales, qui savent
manier la charrue aussi bien que l'épée, et qui n'avaient laissé
au foyer domestique, en venant, que les invalides et les
malades. Il n'y a pas d'ordonnateur capable d'improviser, en
France, une procession plus originale et plus curieuse que
celle-là.

« Ces visiteurs agrestes n'ont pas tardé à se joindre au
cortège industriel qui avait été organisé dans la ville et qui
comptait plus de quarante corps de métier rangés derrière
leurs bannières, la plupart portant avec gravité le *chef-d'œuvre*
industriel exigé dans le temps des maîtrises et traînant sur
des chars les instruments de leurs professions. Les élèves de
l'école industrielle ouvraient la marche dans le costume le
plus gracieux, les uns armés de compas, les autres de règles,
d'instruments de physique. A leur suite venait un char sur
lequel ils avaient organisé des machines que plusieurs d'entre
eux faisaient fonctionner. Les selliers conduisaient un cheval
magnifiquement enharnaché ; les peintres, les vitriers, les
tamisiers, précédés de bannières, d'emblèmes, de tableaux de
toute espèce disposés avec un goût admirable, emmenaient avec
eux des légions de charmants petits enfants avec leurs habits
bleus, roses, lilas, bariolés de mille couleurs. Les serruriers
accompagnaient plusieurs chariots énormes, avec des forges
de campagne allumées, battaient en cheminant le fer sur leurs
enclumes et lançaient au loin les étincelles. Les maréchaux
avaient combiné des fers à cheval sous forme de dessins de la
structure la plus originale. Les chaudronniers, armés de pied
en cap, la tête couverte de gros casques en cuivre, poussaient

devant eux un appareil-modèle à distiller, en pleine activité. Les jardiniers se sont surpassés, et leur exhibition a dépassé tout ce que la féerie peut imaginer de plus ravissant. Quatre chars de plus de huit mètres de longueur composaient leurs équipages. Le premier était chargé de jeunes filles admirablement enchâssées dans des manteaux de fleurs ; le second portait une véritable serre ambulante, toute de palmiers, de bananiers, de magnolias, de cactus gigantesques ; les autres étaient couronnés de fleurs, de fruits, de grandes filles et de petits enfants, dans un désordre si délicieusement travaillé, qu'à peine on pouvait distinguer ce qui était fleur ou enfant.

« Les teinturiers, les tisserands, les cordonniers, les cordiers, les tanneurs avaient trouvé moyen d'embellir les produits de leur industrie et de les exposer en groupes de l'aspect le plus agréable. Les coiffeurs ont envoyé à la cérémonie de petits détachements d'enfants aux longues tresses, assis sur des palanquins. Un de ces jolis enfants est venu haranguer le maire et embrasser M. Dupin, en lui remettant un bouquet. Les tailleurs s'étaient complètement costumés en gentilshommes du moyen-âge, de la manière la plus splendide, et formaient le peloton le plus curieux de cette merveilleuse procession. On a beaucoup applaudi celui qui marchait gravement, vêtu à la Gutenberg. Les menuisiers et les charrons, tous armés des outils de leurs métiers, conduisaient des chars ornés de chefs-d'œuvre industriels : escaliers tournants, buffets d'orgues, modèles de charpente, de diligences, de placage ; tout cela si bien exécuté, si habilement décoré, qu'on s'en pendra de désespoir à l'Opéra. Que vous dirai-je des bouchers vêtus de rouge, la hache et le couteau à la main, suivis de tout petits bouchers armés de tout petits couteaux, menant pêle-mêle et sans confusion deux bœufs gras couverts de guirlandes et escortés par des filles de quinze ans, en robes de mousseline et en gants blancs ? Qui essaiera de peindre ce je ne sais quoi d'indéfinissable, cette vision des *Mille et une Nuits !*

« Et les meuniers traînant sur un char à six chevaux un moulin complet qui était mis en mouvement par ces chevaux mêmes au moyen d'une chaine à la Vaucanson ; un moulin qui donnait de la farine véritable ; et ces pêcheurs amenant un bateau plein de carpes du Rhin, énormes et sautillantes ! Et ces imprimeurs, les rois de la fête, qui tiraient des milliers d'exemplaires d'un hymne à Gutenberg, répandu à grands flots sur les spectateurs ! Vous peindrai-je les lithographes avec leurs rouleaux, les potiers avec leurs moules, les tapissiers portant des pyramides de fauteuils, des canapés et des guéridons ? Vous parlerai-je de la danse des tonneliers, la plus ravissante idée chorégraphique qu'il y ait au monde et capable de faire courir tout Paris à l'Opéra ? Il faut nous arrêter ; le courrier part. Qu'il me suffise de vous dire que cette fête de Strasbourg nous réconcilie avec les fêtes, que c'est la chose la plus extraordinairement belle, gracieuse, originale que j'aie vue de ma vie ; que c'est un modèle à suivre, et qu'il faut espérer qu'on le suivra. Le peuple est un grand artiste, en vérité : cette fête n'a pas coûté un centime à la ville. Il n'y avait pas un gendarme ; il y avait cent mille personnes, et je ne sache pas qu'il y ait eu un pied foulé ni qu'on ait dérobé un seul mouchoir de poche. »

« J'assiste en ce moment, Monsieur, au spectacle le plus beau et le plus étrange qu'il soit donné à un homme de voir : C'est une grande cité s'unissant de la ferveur de tous ses habitants pour la consécration d'un fait intellectuel, pour la glorification d'une idée. Il était peut-être donné à la seule ville de Strasbourg de fêter dignement la mémoire de l'inventeur de l'imprimerie, elle, cette belle tête de l'Alsace, province où il est plus rare de rencontrer quelqu'un qui ne sache pas lire qu'il n'est commun dans les autres d'avoir à s'affliger de l'ignorance du plus grand nombre. Chacun ici paraît savoir ce qu'il fait en concourant de son mieux aux majestueuses beautés de cette fête immense. Ces paysans qui découvrent leurs larges et bonnes têtes, ces ouvriers qui s'agenouillent au nom de Gutenberg sont bien les paysans et les ouvriers qui, dans les ventes de vieux livres, font concurrence aux bibliophiles. Ce n'est pas la coquetterie, ce n'est pas l'envie de montrer une maison plus parée qu'une autre qui ont déployé tant de drapeaux par la ville, changé tous les balcons en guirlande, brodé chaque porte de feuillage et de fleurs ; c'est le culte profondément senti d'une découverte qui a créé pour l'homme la faculté de multiplier infiniment sa puissance, c'est le besoin intelligent et réfléchi de rendre hommage à la seule royauté que tous peuvent nier, mais que nul ne saurait abattre, la royauté du génie. Strasbourg revendiquant l'imprimerie pour son bien et Gutenberg pour son hôte, Strasbourg refaisant français ce que des traditions allemandes auraient voulu laisser allemand, Strasbourg avait là une tâche qui lui était vraiment propre, et que Paris lui-même n'eût point accomplie aussi bien qu'elle....

« Strasbourg, et nous aurons occasion de revenir là-dessus, Strasbourg est une ville allemande par la forme *et française au superlatif par le fond*....

« Vous admirerez avec moi, l'ampleur vraiment grandiose que cette ville a mise à comprendre ce qu'elle avait à faire. Habitués comme nous le sommes aux mesquineries administratives de notre capitale, nous avions besoin de venir apprendre à Strasbourg comment on organise une fête. Il fallait de l'argent, on en a donné, la souscription ouverte eut été insuffisante ou même nulle, que rien des magnificences projetées n'aurait pour cela disparu. Il fallait un public ; appel a été fait à toute l'Europe intelligente ; les monarques entre eux ne sont pas mieux traités, je vous jure, que les innombrables invités ne devaient l'être ici. Malheur à ceux qui pouvant se déranger ont craint ou dédaigné de le faire ; jamais plus belle hospitalité, jamais accueil plus noble et plus franc n'ont provoqué la confiance et l'affection des hommes. Les plus riches hôtels de la ville ont été mis à la disposition des députations ; et pour tant de conviés à l'immense réjouissance, Strasbourg semble un beau phalanstère défrayé par une main inconnue. L'Hôtel-de-Ville est ouvert comme le serait la villa d'un prince, et nous devons le dire tout de suite, à l'éloge de l'honorable maire de Strasbourg, la manière dont les honneurs en sont faits ajoute beaucoup à leur valeur réelle. Il fallait une statue, et comme Gutenberg, comme la presse étaient pour cette judicieuse ville les plus hauts symboles démocratiques qu'il fût possible de se représenter, c'est à l'artiste français et populaire entre tous que Strasbourg s'est adressé ; et certes la statue de Strasbourg devait être plus vraie que celle de Mayence. David (d'Angers), à part le talent, savait mieux que Thorwaldsen donner une figure à Gutenberg. Il fallait de l'appareil enfin, et ce qui s'est passé hier, ce qui se passe aujourd'hui, réveille dans toutes les mémoires le souvenir de ces fêtes antiques où les populations se réjouissaient en l'honneur de leurs dieux : C'est qu'en effet pour la France, cette presse incommensurable qui fournit de livres l'univers, Gutenberg était bien un Dieu. Donc, le peuple de l'Alsace tout entier a su par Strasbourg que c'était lui qui donnait la fête, et il est venu imposant, par mille, par dix mille, par cent mille les mains pleines de bénédictions et de fleurs, recevoir le présent que lui faisait David, et les hôtes que l'Europe lui envoyait. Pour dire l'aspect de ce peuple, les expressions me manquent ; je sais que j'ai pleuré et que je pleure en vous écrivant ceci ; je sais que j'étais découragé, que je doutais, que j'allais désespérer peut-être, et que cette joie si pleine et si douce, cette

simplicité si tranquille et si forte, m'ont rendu le courage et
la foi.

« Le cortège est allé hier à deux heures découvrir la
statue, que des rideaux tricolores dérobaient aux regards
parmi les beaux arbres du Marché aux Herbes. Pour arriver
à l'estrade dressée en face du monument, nous avons traversé
la moitié de la ville, tapissée de fleurs du pavé jusqu'aux
toits des maisons, et les maisons semblaient flotter autour de
nous comme les bannières aux mille couleurs qui nous
conduisaient, tant il y avait de têtes qui remuaient aux croi-
sées. Et nous étions bien émus, je vous assure, car on eût dit
que les bénédictions de tout le monde pleuvaient sur nos
têtes en passant. La bonne ville ! Après une heure de marche
bien lente, car la foule était grande sur le chemin, nous
sommes enfin arrivés au pied de la statue.....

« *Deux heures et demie.* — Le cortège industriel vient
de finir et les yeux me brûlent. C'est une véritable féerie.....

« Ce cortège vraiment sublime, c'est le mot, n'avait pas
eu lieu à Strasbourg depuis 1810, et il avait été beaucoup
moins nombreux encore, à propos du mariage de l'empereur.
Je n'aurais jamais osé rêver ce que je viens de voir : les fêtes
de Cérès et de Bacchus sont retrouvées. Figurez-vous une
suite immense de jeunes gens revêtus des costumes les plus
gracieux, les plus coquets, de jolis enfants couronnés de
roses portant les outils, les emblèmes de chaque état, marchant aux sons de vingt musiques différentes : puis trente
voitures faites de feuillages, traînées par des chevaux magnifiques harnachés de rubans : celle des serruriers avec une
forge en activité et le fer battu tout rouge sur l'enclume; celle
des ferblantiers traînant un pavillon entouré de buissons avec
un bassin et de l'eau jaillissante; celle des jardiniers, montagne
de fleurs, serre ambulante où toutes les beautés de la culture

étaient amoncelées; celles des menuisiers, des ébénistes, chargées de chefs-d'œuvre à rendre jalouses nos Écoles royales d'arts
et métiers; celle des tourneurs avec un enfant beau comme
l'Amour tournant un socle de bois de cyprès pour un buste de
Gutenberg que les mouleurs de l'École industrielle exécutaient
au même instant; les charrons avec une diligence; les tonneliers avec leurs tonneaux sans cerceaux et leur phalange de
danseurs bleus et blancs que l'Opéra engagerait demain si quelqu'un de là-bas avait pu les voir nouer et dénouer leurs qua-
drilles si hardis, si variés, si parfaits; les bouchers, troupe
d'enfants aux robes de feuillage, aux chapeaux de fleurs,
menant en laisse des agneaux à la laine traînante rattachée
avec des roses, troupes de forts et robustes jeunes hommes
maîtrisant deux superbes bœufs aux cornes dorées qui mugis-
saient de bonhomie; des tailleurs de pierre, et au milieu
d'eux un clocheton beau comme la flèche de la cathédrale;
les marchands de poissons avec un bateau plein d'eau où
nageaient des poissons énormes, une carpe centenaire, une
lotte monstrueuse; les tailleurs et leurs cinq types des anciens
costumes du pays: un magistrat, un chevalier, un bourgeois
et un paysan; les papetiers fabriquant le papier, depuis le
chiffon jusqu'à la mise en rames; les lithographes à la bannière peinte d'hier, tirant le portrait de Gutenberg et le
jetant à la foule; les imprimeurs, enfin, vrais héros de la fête,
sur un char à huit chevaux, occupés tous à la presse que je
vous disais tout à l'heure, composant, tirant et distribuant
par centaines des pièces de vers en l'honneur de l'aventurier
de Mayence; et tout ce monde beau, jeune, fier, sentant sa
dignité et sa force, et pourtant rougissant de joie aux applaudissements qui saluaient son passage; et l'École industrielle,
ce bel œuvre, ce bienfait immense de la municipalité strasbourgeoise, groupe d'enfants aux yeux pétillants d'intelligence, et qui nous montraient si joyeusement, celui-ci son

11

dessin, celui-là son tableau, cet autre son bas-relief, et que sais-je moi ? J'en oublie, je m'y perds ! Mais je suis heureux. Je viens de voir un grand peuple ! »

Parmi les étrangers de distinction, arrivés pour ces fêtes, on comptait M. David d'Angers, le célèbre artiste, auteur de la statue de Gutenberg ; M. Dupin aîné, ancien président de la Chambre des députés ; M. Salvandy, ancien ministre, délégué pour représenter l'Académie française à la solennité de l'inauguration du monument ; M. Blanqui aîné, membre de l'Académie des sciences morales et politiques ; MM. Buss, professeur à la Faculté de droit ; Leuckart, doyen de la Faculté de médecine ; Schreiber, professeur de philosophie ; Warnkœnig, doyen de la Faculté de droit — de Fribourg (Bade) ; MM. Ribler, libraire à Hechingen ; Lange, professeur au Gymnase de Worms, etc. ; enfin, une députation de la *Société industrielle de Mulhouse*, composée de MM. Emile Dollfus, président de la Société ; Scheurer, Jean Juber fils, Jean Kœchlin-Dollfus, Diehl, Ziegler, Robert, Kestner et Schlumberger (1).

M. Leader, membre de la Chambre des Communes d'Angleterre avait écrit au comité pour lui exprimer ses regrets de ne pouvoir assister à l'inauguration du monument ; il lui fit, en même temps, parvenir une liste de souscription, recueillie par ses soins et montant à 1,700 francs.

Parmi les souscripteurs figure M. Disraëli (lord Beaconsfield), mort en 1881.

Le premier jour, à huit heures du matin, il y eut un petit service religieux au Temple-Neuf ; on y exécuta une fort belle

----

(1) Tous ces nombreux étrangers trouvèrent à leur arrivée des logis préparés par les soins et aux frais du comité ; des places leur avaient été réservées à l'avance dans toutes les solennités de la fête.

cantate, composée par notre compatriote, Philippe Hœrter. Pour ne pas s'effacer devant les protestants, M. l'évêque décida, à la dernière heure, que le même jour, à dix heures, un *Te Deum* serait chanté à la cathédrale. Le clergé, sauf quelques honorables exceptions, ne fut pas favorable à la fête ; cela se comprend ; le *Fiat lux* fait peu son affaire.

La haute aristocratie, elle aussi, montra de la froideur, on pourrait même dire un certain dédain ; mais on se passa d'elle et la fête n'en fut pas moins grandiose.

L'hostilité du clergé se manifesta, du reste, d'une façon significative. Le comité, connaissant le talent, le patriotisme et les idées élevées de *David d'Angers* lui avait laissé toute latitude pour la composition du monument ; par sa lettre du 7 mars 1839, que je transcris ici avec l'orthographe de l'artiste, celui-ci donna au comité des détails sur la manière dont il avait traité son sujet :

Paris, 7 mars 1839.

« Monsieur,

« Le fondeur a terminé le moulage de la statue de Guttemberg et va s'occuper dans peu de jours de la fonte.....

« Afin de compléter ce monument qui m'intéresse si vivement, j'ai pensé que pour terminer ce poëme en bronze quatre bas reliefs représentant les bienfaits de l'Imprimerie dans les quatre parties du monde pourraient faire mieux comprendre la statue et particulariser Guttemberg qui n'est pas seulement imprimeur mais le génie bienfaisant de l'humanité.

« *Sur la face principale*

pour symbole de l'Europe : une presse sera sur un piédestal ; sur les gradins de ce piédestal, des philosophes, des savants et des artistes de toutes les nations de l'Europe. Pour l'Allemagne Luther et Lebnitz, l'Angleterre Shàkspeare et Watt. L'Italie

Dante et Michel-Ange, l'Espagne Cervantes et Camoëns, — la France, Voltaire et Buffon. Ayant un cadre très reserré je suis obligé de restreindre le nombre des personnages.

« *Sur une autre face du piédestal*

L'Asie — des Européens donnant en échange des livres contre des manuscrits hindous, et des enfants étudiant par la méthode de l'enseignement mutuel et lisant avec avidité dans des livres.

« POUR L'AFRIQUE

Européens appuyés sur une presse et brisant les fers des Africains — des femmes Africaines dans le ravissement élévant leurs enfants vers le ciel.

« L'AMÉRIQUE

Franklin, entouré des grands hommes qui ont combattu pour l'indépendance de leur patrie, vient de tirer la première épreuve *Des Droits de l'homme* et *du citoyen* — groupe de sauvages pressant les mains des Européens.

« Voici à peu près le programme de ces sujets qui sans être inspirés par le génie de l'allégorie antique pourront être, je le pense, l'expression du service rendu par l'Imprimerie dans le monde entier.

« Au bas des gradins du bas-relief de la face principale il y aura un groupe de jeunes gens lisant et étudiant dans des livres ; l'enfance est le symbole des générations.

« J'espère pouvoir bientôt vous envoyer le dessin du piédestal afin que, selon nos conventions, vous puissiez prendre possession de la place que vous avez désignée en face la salle de spectacle, et faire travailler à la construction de ce piédestal.

« J'ai une rude tâche à remplir pour pouvoir avoir terminé tous ces bas-reliefs pour l'époque que vous avez désignée, mais je suis sûr qu'en étant bien secondé par le fondeur
je serai en mesure. Cette œuvre est celle de ma vie qui m'aura
le plus vivement intéressé.

« Agréez, Monsieur, l'assurance de la plus haute considération de votre très humble et bien dévoué serviteur,

« DAVID »

On pensa si peu à une opposition de la part du clergé que
le comité publia par avance la description de la statue dans
les termes suivants :

« Gutenberg est debout, tenant dans les mains l'épreuve
d'un feuillet de la bible qu'il vient de tirer à l'aide d'une
presse qui se trouve à sa gauche. Sur cette épreuve, qu'il
montre comme un premier succès de ses efforts, on lit ces
paroles de la Genèse : *Et la lumière fut !* qui caractérisent
heureusement la grande découverte dont Gutenberg est
l'auteur.

« Quant aux bas-reliefs dont les sujets appartiennent
aux quatre parties du monde, l'Europe, l'Asie, l'Afrique et
l'Amérique, voici comment M. David les a traités :

L'EUROPE

« Au milieu du bas-relief, à la gauche du spectateur, est
Descartes, la tête appuyée sur sa main, dans une attitude
méditative. Au-dessus *Bacon* et *Bœrhaave*. A ses côtés et tou-
jours sur la gauche, *Shakspeare*, *Corneille*, *Molière*, *Racine*.
Sur le gradin inférieur, *Voltaire*, *Buffon*, *Albrecht Dürer*,
Le Poussin, *Calderon*, *Le Camoëns*, *Puget*. Au-dessus de
Puget, *Le Tasse* et *Cervantes*. Au-dessus de *Dürer*, *Milton* et
Cimarosa.

« A droite du spectateur, *Luther*, *Leibnitz*, *Kant*, *Copernic*, *Gœthe*, *Schiller*, *Hegel*, *Jean-Paul Richter*, *Klopstock*. Tout près du cadre, *Linné* et *Ambroise Paré*. Près de la presse et au-dessus de Luther, *Erasme*, *J.-J. Rousseau* et *Lessing*. On ne voit que le dessus de la tête des deux derniers. Un peu plus bas : *Fermat* et *Raphaël*.

« Groupe d'enfants étudiant ; on remarque parmi eux un nègre et un Asiatique. L'enfance est le symbole des générations.

L'ASIE

« Près d'une presse, *William Jones* et *Anquetil-Duperron* donnent des livres aux brahmes et en reçoivent des manuscrits. A gauche, et près de *Jones*, est *Mahmoud II*, lisant le *Moniteur* ; il est vêtu de son nouveau costume. L'ancien turban est à ses pieds ; près de lui un Turc lit dans un livre. Sur le gradin inférieur : un empereur de la Chine tenant à la main un livre de *Confucius*. Auprès de lui : un Chinois et un Persan. Un Européen instruit de jeunes enfants. Groupe de femmes asiatiques placées près d'une de leurs idoles. *Rammohun-Roy*, célèbre philosophe indien, est placé sur un second plan.

L'AFRIQUE

« A gauche, et s'appuyant sur la presse, *Wilberforce* serre contre son cœur un nègre déjà possesseur d'un livre. Des Européens distribuent derrière lui des livres aux Africains. De jeunes Européens instruisent les petits noirs.

« A droite, Clarkson délie les mains d'un nègre et brise ses fers. Au second plan, *Grégoire* en relève un et presse sa main sur son cœur. Groupe de femmes élevant leurs enfants vers le ciel, qui ne couvrira bientôt plus que des hommes libres. A terre, des fouets et des fers brisés.

L'AMÉRIQUE

« A gauche, *Franklin* vient de tirer de dessous la presse l'acte d'indépendance de l'Amérique. Près de lui : *Washington* et *Lafayette* qui presse sur la poitrine l'épée que lui donne sa patrie adoptive ; Jefferson et les hommes qui ont signé ce grand acte d'émancipation sont près de lui. A droite, *Bolivar* serre la main d'un sauvage et l'engage à prendre place parmi les hommes ».

———

A la dernière heure, pour ainsi dire, le clergé demanda que la figure de Luther fût éloignée du bas-relief. L'artiste protesta, insista, mais inutilement ; il dut céder devant la ténacité cléricale, et Luther, le grand hérésiarque, fut supprimé. Un nouveau bas-relief dut être fait ; il porte les traces du peu d'entrain mis à sa confection, peut-être aussi de la mauvaise humeur du grand artiste, blessé au vif par ces exigences ; ce bas-relief n'arriva qu'en 1842 (1) ; le bas-relief original fut déposé à la Bibliothèque ; l'incendie du 24 août 1870, causé par le bombardement, le détruisit et il n'en reste plus trace que dans le livre *Relation complète des fêtes de Gutenberg* publié en 1841 par M. E. Simon, où les bas-reliefs originaux se trouvent fidèlement reproduits.

L'homme qui alors venait d'être mis à la tête du clergé catholique était M. Ræss, aujourd'hui encore évêque.

En matière religieuse, Louis-Philippe et son gouvernement avaient des vues larges. On savait qu'il faudrait bientôt donner un coadjuteur à M. Lepappe de Trévern, l'évêque très âgé de Strasbourg (2), nommé encore par la Restauration.

(1) *Courrier du Bas-Rhin* du 25 octobre 1842.

(2) M. Lepappe de Trévern mourut en sa résidence d'été, à Marlenheim, le 27 août 1842, à l'âge de quatre-vingt-huit ans.

M. Ræss, probablement, visait depuis longtemps à cette haute
dignité. Sachant que pour arriver, il fallait être bien vu du
gouvernement, M. Ræss, alors qu'il n'était que professeur au
grand séminaire, se lia, pour ainsi dire intimement, avec
quelques professeurs protestants, notamment avec MM. Bruch,
Jung, Strobel.

Le préfet du Bas-Rhin était alors M. Sers ; protestant, il
cherchait, pour coadjuteur, un homme tolérant, capable de
maintenir la bonne harmonie entre les divers cultes. On lui
parla de l'abbé Ræss ; en effet, celui-ci fut nommé.

Le *Courrier du Bas-Rhin* du 9 août annonça cette nomination en ces termes :

« M. l'abbé Ræss, chanoine du chapitre de Strasbourg, a
été nommé coadjuteur de M. Lepappe de Trévern, évêque de
Strasbourg. L'Alsace tout entière applaudira à cette nomination. Prêtre éclairé et tolérant, connaissant l'esprit et les
mœurs des populations de nos contrées, M. Ræss contribuera,
sans doute, à faire régner de plus en plus parmi elles cet
esprit de charité et de tolérance mutuelle, premier besoin
d'un pays où existent l'une à côté de l'autre différentes reli-
gions ».

Les suites ont prouvé qu'on s'était singulièrement mépris
sur le caractère de M. Ræss.

En bons termes avec les philippistes, sous la monarchie
de Juillet ; avec les républicains, en 1848 ; avec les bonapartistes, sous l'Empire, il couronna son œuvre par sa fameuse
déclaration à la tribune du Parlement allemand à Berlin.

On sait que les électeurs alsaciens-lorrains, appelés la
première fois, en 1874, à élire des députés pour le Parlement
allemand, nommèrent la députation dite de la *protestation.*

Dans la séance du 18 février 1874, M. Teutsch, député
de l'arrondissement de Saverne, lut la fameuse déclaration,

signée par tous ses collègues d'Alsace-Lorraine — donc aussi par M. Ræss — pour protester contre l'annexion. Accueilli par les clameurs, les murmures et même les insultes de la majorité, M. Teutsch s'anima de plus en plus et jeta à la face de l'assemblée ces paroles :

« L'Allemagne, en s'annexant l'Alsace-Lorraine contre le gré des habitants, a dépassé les limites du droit d'une nation civilisée ».

C'est alors que M. Ræss demanda et obtint la permission de lire la déclaration suivante :

« Messieurs, pour prévenir des commentaires fâcheux qui pourraient nous atteindre, moi et mes coreligionnaires, je me trouve, en conscience, obligé de déposer ici une simple déclaration : Les Alsaciens-Lorrains *de ma confession n'ont aucunement l'intention de mettre en question le traité de Francfort, conclu entre deux grandes puissances.* »

Inutile d'ajouter que presque tous les catholiques d'Alsace-Lorraine, et messieurs les curés faisant partie de la députation d'Alsace-Lorraine au Reichstag, désavouèrent leur évêque (*Journal d'Alsace*, 4 mars 1874).

Le premier jour, à l'inauguration du monument de Gutenberg, trois grands discours furent prononcés par MM. Lichtenberger, avocat, vice-président du comité, Schützenberger, maire de Strasbourg, et Silbermann, imprimeur.

Au banquet du deuxième jour, ce fut le tour des toasts. Suivant la tradition consacrée, M. le général de division Buchet porta le premier : *Au roi des Français !* Des cris de *Vive le roi !* accueillirent ce toast ; mais, en même temps, un grand nombre de convives demandèrent la *Marseillaise*, et ce chant national, que M. le maire s'empressa de faire exécuter par l'orchestre, fut aussitôt entonné en chœur par la plus grande partie de l'assemblée.

Après que le sentiment patriotique eut, ainsi reçu satisfaction, les toasts se suivirent sans autre incident. Les orateurs principaux furent MM. Schützenberger, maire, Lichtenberger, avocat, Cottard, recteur de l'Académie, Bruch, doyen de la Faculté de théologie protestante, Hepp, professeur à la Faculté de droit, et Silbermann, imprimeur. Ce dernier termina son toast en buvant *à nos chers hôtes de tous les pays, de toutes les nations !*

MM. Dupin et Blanqui ; Lortet, président de la députation de Lyon, et Hingray, libraire de Paris, répondirent en termes émus à ces différents toasts et je crois ne pouvoir mieux faire que d'en donner, *in extenso*, les principaux, ceux de MM. Silbermann, Dupin, Blanqui (1) et Hingray.

M. Silbermann s'est exprimé comme suit :

« Aux membres des députations étrangères à notre cité, qui ont bien voulu honorer ces fêtes de leur présence !

« A eux notre salut cordial, l'expression de notre gratitude pour la part si active, si sympathique qu'ils ont prise à notre œuvre nationale. Puissent-ils lire dans le fond de nos cœurs tout le bonheur que nous éprouvons de les voir au milieu de nous.

« Une pensée commune nous confond tous en ce moment, celle de célébrer la mémoire de Gutenberg ; mais saisissons aussi avec empressement cette circonstance solennelle pour resserrer de plus en plus ces liens d'amitié, de fraternité qui doivent unir tous les citoyens de notre belle France, et tous les peuples civilisés.

(1) M. Blanqui, membre de l'Académie des sciences morales et politiques, mort en janvier 1857 ; c'était le frère de Blanqui, le fameux révolutionnaire, mort en 1880.

« A nos chers hôtes de tous les pays, de toutes les nations ! »

M. Dupin a répondu en ces termes :

« Messieurs, en remerciant l'honorable citoyen qui vient d'adresser des paroles si flatteuses aux députations et aux étrangers invités à cette réunion, permettez-moi de prendre ma revanche, en portant un toast en l'honneur de la ville de Strasbourg et du magistrat qui représente si dignement cette noble et antique cité.

« Habitants de Strasbourg, les sympathies qui nous ont attirés parmi vous, n'ont pu que s'accroître par le spectacle ravissant des fêtes dont nous avons été les heureux témoins ; et par les sentiments si patriotiques, si vrais, si unanimes, qui ont éclaté dans cette mémorable solennité.

« Nous nous sommes associés de cœur et d'âme à la grande pensée qui dominait tous les esprits, à l'émotion qui animait tous les ordres de citoyens dans ces honneurs civiques décernés par la commune de Strasbourg à l'immortel inventeur de l'imprimerie.

« Cette association de sentiments, je la proclame au nom du barreau de Paris dont je fus le bâtonnier, et qui, dans les mauvais jours de la liberté, a fourni de zélés défenseurs de la presse opprimée.

« Je la proclame au nom des députés de la France, qui, en 1830, ont inscrit l'abolition de la censure au rang de nos lois constitutionnelles.

« Je la proclame au nom de l'Académie française, qui m'a fait l'honneur de m'accréditer près de vous, et dont j'exprime fidèlement la pensée, en disant que la gloire des lettres et des sciences est intimement liée à la liberté de la presse qui perpétue les grandes découvertes et propage les grandes renommées.

« Je le dis aussi comme membre de cette autre Académie, qui, dans son titre comme dans ses actes, ne sépare
point de l'étude des sciences politiques, le culte de la morale
qui leur sert de guide et de sanction : morale qui condamne
le despotisme autant qu'elle réprouve la licence, et qui fonde
le maintien de l'ordre social sur l'exacte observation des lois
et le respect religieux de tous les droits.

« L'Institut tout entier doit être fier de compter parmi
ses membres le grand artiste (M. David) qui consacre par prédilection son immense talent à perpétuer la mémoire de nos
gloires nationales. Son ciseau exprime avec une égale perfec-
tion la noble attitude d'un héros ou le modeste génie d'un
simple ouvrier.

« Messieurs, je crois me rendre en ce moment le fidèle
interprète de tant d'illustres visiteurs étrangers ou nationaux,
en vous assurant que nous conserverons affectueusement le souvenir de la cordiale hospitalité avec laquelle vous nous avez
accueillis. Nous réunissons nos voix en chœur pour féliciter
la ville de Strasbourg d'avoir doté le monde civilisé du plus
puissant véhicule de la pensée humaine, et d'avoir allumé les
premières lueurs d'un phare qui rayonne aujourd'hui sur tous
les peuples de la terre.

« Honneur à Gutenberg ! honneur à Strasbourg, berceau
de l'imprimerie, avant-garde et rempart de la France ! Strasbourg, à qui nous restons unis par des liens à jamais indissolubles : La patrie ! la gloire ! et la liberté ! »

Après M. Dupin, M. Blanqui a prononcé les paroles suivantes :

« Messieurs, permettez à un concitoyen étranger à votre
ville de vous remercier tous de l'hospitalité que vous avez
exercée d'une manière si délicate et si cordiale envers les visiteurs accourus à cette fête vraiment mémorable de l'intelli-

gence et de la pensée. Honneur à vous qui en avez pris la généreuse initiative et qui l'avez si dignement poursuivie ! Vous avez donné là un grand exemple ; vous avez fait à votre ville un immortel honneur. Il est beau dans un temps d'égoïsme et d'intérêts matériels, de réveiller au cœur des peuples le feu sacré de l'enthousiasme et de la reconnaissance ; il est beau de tourner le front des hommes vers les cieux, et de leur rappeler par un noble symbole leurs droits et leurs devoirs. La fête que vous célébrez aura un retentissement immense, car vous n'avez pas seulement inauguré hier la statue de Gutenberg, vous venez d'inaugurer l'ère nouvelle où nous entrons. Vous proclamez aujourd'hui l'empire de l'intelligence sur le monde ; vous proclamez l'alliance des peuples sous la loi du respect dû à la dignité humaine ; vous lancez le manifeste de la paix, sous les auspices du travail et du progrès social.

« Nous n'avons pas vu, Messieurs, sans une vive émotion et sans un respect sympathique le flot de vos concitoyens répandus autour du monument dont notre Phidias populaire a fait présent à la France dans vos murs. Vos amis de Paris, comme ceux de l'autre côté du Rhin, emporteront un doux souvenir de ce grand spectacle. C'est un grand spectacle, en effet, également honorable pour vos administrateurs et pour vous-mêmes, que celui d'une population aussi nombreuse, aussi calme, aussi recueillie dans un sentiment unanime de vénération pour la mémoire de Gutenberg. Il faut espérer que cet exemple aura des imitateurs et que nos fêtes populaires si souvent mêlées d'agitation et de deuil, emprunteront désormais quelque chose à la religieuse gravité de celle que vous venez de donner. Cette concorde fraternelle de toutes vos corporations, cet accord amical de la bourgeoisie et de l'armée, et l'harmonie, si agréable à Dieu, de vos cultes divers, nous ont vivement touchés. C'est pour obtenir et conserver de telles conquêtes que Gutenberg a inventé l'imprimerie, et sa grande ombre a dû tressaillir hier, en vous reconnaissant pour ses enfants.

« Qu'il me soit permis, en finissant, Messieurs, de remercier encore une fois votre digne maire et vous tous de l'accueil que la ville de Strasbourg nous a fait. Honneur à cette cité hospitalière, française de cœur et d'âme et fidèle avant-garde de la nation française! Honneur à l'Alsace, qui fournit de si habiles travailleurs pour enrichir la patrie, et de si braves soldats pour la défendre! »

M. Hingray a prononcé le discours suivant :

« Messieurs, les grandes solennités, les fêtes vraiment nationales, doivent être des manifestations spontanées, où la voix d'un immense concours de citoyens vient librement payer un tribut de reconnaissance à la mémoire des grands hommes, des bienfaiteurs de l'humanité.

« Tel est le sentiment qui nous réunit, telles sont les impressions qui nous pénètrent tous.

« Habitants de Strasbourg. En élevant sur votre place publique un monument à l'inventeur de l'imprimerie, vous vous montrez les dignes fils des hommes qui accordèrent à ses immortels travaux une courageuse protection. Hospitaliers et généreux comme vos pères, votre invitation a été entendue de tous les esprits qui aiment à reconnaître les bienfaits que la civilisation, appuyée sur le progrès des connaissances humaines, a répandus sur nous. Voyez avec quelle merveilleuse puissance la presse a fait triompher les grands principes sur lesquels repose notre état social; reportez votre pensée au jour de cette immense découverte et suivez sa marche rapide. . . . .

. . . .

« L'esprit humain retrempé dans ces luttes si longues et

si acharnées, se précipite avidement à la recherche d'un nouveau monde intellectuel ; les caractères de Gutenberg fixent à jamais la pensée humaine, et *la lumière fut !* Cette lumière de l'intelligence, vivifiante comme le soleil, comme lui, hors de toute atteinte, elle accomplira sa divine et mystérieuse révolution ! . . . .

. . . .

..... « La patrie de Gutenberg et de Kléber, toujours fidèle aux glorieux et antiques souvenirs de la ville libre, française de cœur et d'âme, allemande par ses habitudes et ses mœurs, semble appelée à entretenir et à resserrer entre deux grandes nations les liens d'une intimité fondée sur une mutuelle estime. L'*Allemagne et la France, sans rivalité, sans préjugés qui les divisent, toutes deux en possession d'une nationalité indestructible, à la tête des peuples civilisés, fières de leurs illustrations nationales et des richesses intellectuelles qui leur sont propres, richesses marquées à des caractères différents, originaux, aussi faciles à distinguer que le sol qui les a produits, la France et l'Allemagne qui ont si efficacement contribué à l'affranchissement politique et religieux du genre humain, paraissent destinées à prendre l'initiative, chaque fois que le jour est venu de proclamer un principe de justice et de moralité.*

« Messieurs, il n'en est pas un de nous qui ne soit encore remué jusqu'au fond de l'âme, qui n'ait ressenti avec délices et gratitude les impressions graves et touchantes excitées par le magnifique spectacle que la population laborieuse et si noble de cette cité a déroulé devant nous. Honneur à ces hommes sages et utiles qui comprennent si bien leur mission dans la société ! — Honneur aux magistrats municipaux, leurs dignes représentants ; dans l'exercice de leurs paternelles fonctions, ils ont bien montré qu'ils étaient les élus d'une admirable population ; grâces leur soient rendues !

« La presse ne pouvait être fêtée par des hommes plus
capables de connaître sa puissance et ses bienfaits. Oui, la
puissance de la presse, au service du bon droit et de la vérité,
est une puissance invincible, et malheur aux imprudents qui
la renieraient après s'être appuyés sur . elle, ils apprendraient bientôt que la voix du peuple est la voix de Dieu ! »

Hélas ! peu de semaines plus tard déjà, ces belles paroles
devaient recevoir un premier démenti de la part de la nation
à laquelle surtout elles s'adressaient, et 1870 finit par prouver
que les Allemands sont encore loin de comprendre ou de partager ces nobles idées de *confraternité* qui furent le thème de
presque tous les discours prononcés à l'occasion des fêtes de
Gutenberg.

Nous avons vu que dans le programme de la troisième
journée figurait l'ouverture de l'Exposition des produits de
l'industrie alsacienne ; un comité spécial, ayant M. OEsinger
pour président, s'était chargé de l'organisation de cette Exposition. Elle eut lieu dans l'ancien Château Royal, devenu propriété de la Ville ; neuf salles furent destinées à recevoir les
produits de l'industrie alsacienne. Elle a tenu, et au delà, ce
qu'on en attendait. Le Haut-Rhin y était largement représenté ;
Mulhouse (1) surtout y brillait par ses riches collections de
produits cotonniers.

(1) La ville de Mulhouse, quoique déjà très importante
alors, était encore loin du développement immense qu'elle avait
atteint en 1870, au moment de l'annexion. Le *Courrier du Bas-Rhin*
du 19 février 1840, en parlant de Mulhouse, donne les détails suivants sur sa population :

« La population de la ville de Mulhouse augmente chaque année
d'une manière notable, et en supposant que cette progression

Une salle spéciale avait été destinée aux *produits de la presse* qui, dans cette Exposition, devaient figurer en première ligne. Le classement en avait été confié à une commission spéciale, présidée par M. Jung, professeur au séminaire protestant et bibliothécaire de la Ville. Ces produits se composaient d'une quantité d'ouvrages constatant les essais de la première époque de l'imprimerie et les progrès faits jusqu'à nos jours. Il y fut joint des manuscrits, antérieurs à l'invention de Gutenberg, et dont plusieurs écrits sur des feuilles de palmier, sur du papyrus, remontaient à la plus haute antiquité.

Malheureusement, ces trésors, du moins tous ceux qui provenaient de la bibliothèque de la ville — et c'était le plus grand nombre — furent brûlés dans l'épouvantable nuit du 24 août 1870, où l'armée allemande assiégeant Strasbourg, sous le commandement du général de Werder, bombarda, dès le commencement du siège, l'intérieur de la ville et porta ainsi la destruction dans une quantité de belles maisons et de monuments publics. Parmi ces derniers il faut mentionner la vaste église appelée le Temple-Neuf et le grand bâtiment où étaient réunies les deux riches et anciennes bibliothèques de la ville et du chapitre de Saint-Thomas. Pendant le terrible bombardement qui inonda Strasbourg d'une véritable pluie de projectiles, aucun de ces trésors littéraires ne put être sauvé ; tout devint la proie des flammes !...

———

continue, Mulhouse sera dans peu d'années la ville la plus peuplée de l'Alsace. Les chiffres suivants en font foi : En 1837, la population de Mulhouse s'élevait à 27,250 âmes ; en 1838, à 29,000 ; et, en 1839, on l'a évaluée à 31,000 âmes. Strasbourg est aujourd'hui la seule ville de l'Alsace dont la population soit supérieure à celle de Mulhouse. »

Strasbourg se trouvait encore sous le charmé des fêtes grandioses qui avaient eu lieu, dans ses murs, en l'honneur de Gutenberg, lorsque subitement des nouvelles politiques de la plus haute importance vinrent préoccuper les esprits.

Méhémet-Ali, le vice-roi d'Egypte, tendait depuis long-temps à s'affranchir de la sujétion à la Porte. Prince intelligent et hardi, victorieux dans les engagements avec des insurgés, il crut le moment venu de se déclarer indépendant, d'autant plus que la France lui était extrêmement favorable et que l'Angleterre semblait partager ces idées. Il avait donc fait faire des propositions à la Porte, celle-ci paraissait disposée à les accepter, lorsque, subitement, sur les instigations de la Russie, il y eut un revirement complet. On ne fut pas peu surpris et indigné en apprenant que ce rejet avait été précédé d'un traité secret entre la Russie, l'Angleterre, l'Autriche et la Prusse, à l'exclusion de la France.

C'était l'œuvre du czar Nicolas. Cet ennemi de toutes les aspirations libérales nourrissait une haine profonde contre la France et même contre la royauté de Juillet, toute humble qu'elle se faisait devant l'autocrate. Il ne pouvait lui pardonner d'être sortie des barricades. Du vivant du roi de Prusse Guillaume III, le czar avait ajourné ses projets, mais ce prince étant mort au commencement de cette année, l'avènement de Guillaume IV, qui était animé depuis son enfance de sentiments antipathiques à la France, permit à Nicolas de réaliser ses projets.

Le prince de Metternich dirigeait l'Autriche; il fut gagné facilement; l'Angleterre se laissa entraîner par la perspective de supplanter la France en Egypte et de devenir par là maîtresse de la route des Indes.

Ainsi la France fut indignement jouée et M. Thiers, président du Conseil des ministres, déclara hautement qu'il s'opposerait à l'exécution des mesures arbitraires que la Porte, d'accord avec la coalition, allait prendre contre Méhémet-Ali, notre protégé.

Des armements considérables furent ordonnés ; la plus grande activité régna à l'arsenal de notre ville. On plaça quelques canons sur les remparts ; on parla de la réorganisation de la garde nationale, dissoute en 1834.

La *Marseillaise* fut de nouveau chantée au théâtre et dans les rues ; enfin, on se voyait à la veille d'une grande guerre que la France aurait à soutenir contre ses anciens ennemis, les coalisés de 1814 et 1815.

En Allemagne, on n'était pas moins belliqueux. La presse indépendante étant muselée, il ne fut pas difficile aux gouvernements de fausser l'opinion publique, qui se laissa entraîner d'autant plus volontiers que, depuis trente ans, on avait artificiellement entretenu la haine contre la France, dans les livres, les écrits périodiques et les journaux. Tous répétaient à l'unisson que la France était *l'ennemi héréditaire* ; chaque année on reparlait aux élèves des écoles de l'incendie du Palatinat sous Louis XIV ; de l'exécution du malheureux libraire Palm de Nuremberg, fusillé par ordre de Napoléon Ier parce qu'on avait découvert, parmi ses livres, un pamphlet contre l'empereur. L'humiliation de la Prusse après Iéna, les exactions des Français en Westphalie, à Hambourg, Dantzig, etc., étaient rééditées chaque année dans les livres pour la jeunesse. Celle-ci, ainsi préparée, devait être facile à entraîner et quand Becker eut fait sa chanson :

 « *Sie sollen ihn nicht haben*
 « *Den freien deutschen Rhein..., etc.* »

elle fut répétée du nord au sud et de l'est à l'ouest de l'Allemagne. Les conscrits badois, même ceux des vallées les plus reculées de la Forêt-Noire, la chantèrent en se rendant à leurs corps et, à cette époque, une représentation théâtrale se passait rarement sans que la chanson anti-française fût demandée, puis entonnée, par le public tout entier.

Il est pénible et navrant de voir comment le **gros des nations** se laisse facilement entraîner dans des voies entièrement contraires à leur intérêt. Tout homme qui pense doit reconnaître que ni le peuple allemand ni le peuple français n'avaient le moindre intérêt à se faire la guerre ; celle-ci n'aurait été entreprise que dans un but purement dynastique. Le czar en voulait à la révolution, dont la France lui parut être le foyer ; il se coalisa avec les autres monarques pour l'éteindre. Cela se comprend pour la Russie. Mais l'Allemagne et la France avaient tout à y perdre. La liberté surtout, si la dernière avait été vaincue, aurait entendu sonner son glas funèbre ; malgré cela, même les libéraux allemands vinrent joindre leurs attaques aux vociférations des feuilles soudoyées contre l'ennemi héréditaire, l'*Erbfeind*.

Heureusement pour la France et pour l'Alsace, Louis-Philippe détestait la guerre. Après plusieurs mois d'alarmes, il remplaça le belliqueux M. Thiers par M. Guizot, alors ambassadeur à Londres, qu'il en rappela en toute hâte ; avec lui le calme revint.

Méhémet-Ali dut se soumettre aux exigences de la Porte. La France dévora ses humiliations ; son honneur reçut bien quelques éclaboussures, mais la paix était assurée et, pour la Cour et pour le monde des affaires, c'était l'essentiel. Il est vrai que le tout se solda par un déficit de près de 200 millions, pour couvrir les armements considérables qui avaient été faits et pour payer le mur d'enceinte de Paris et les forts détachés dont la création remonte à l'année 1840.

Les fortifications de Strasbourg, elles aussi, avaient eu leur part dans cet armement général. Les murs de la ville furent réparés en divers endroits, la construction d'un fort détaché, hors la porte de Saverne, fut décidée et immédiatement commencée. Mais bientôt on fit rentrer à l'arsenal les quelques canons braqués sur les remparts, les ateliers reprirent leur train ordinaire et au commencement de 1841 la panique était presque oubliée.

Dans l'intervalle, le nom de Napoléon avait eu un double retentissement. Le triste héros de l'échauffourée de Strasbourg de 1836 n'avait pas renoncé à son chimérique espoir de chasser Louis-Philippe, et d'occuper le trône à sa place. On se rappelle que le roi, non seulement lui avait fait grâce de la vie, mais que de plus, au lieu de le garder sous les verrous pour sa criminelle tentative, il l'avait fait transporter aux États-Unis, après qu'il eût pris l'engagement solennel de ne plus rien tenter contre la royauté de Juillet. Mais pour Louis-Napoléon le parjure était un jeu ; nous l'avons vu dix ans plus tard.

Le 6 août, il débarqua à Boulogne avec une vingtaine de ses amis. Fait prisonnier et traduit devant la Chambre des pairs, il fut condamné à la détention perpétuelle et enfermé au fort de Ham ; mais, peu de temps après, il parvint à s'évader sous le déguisement d'un maçon, qui faisait des réparations dans la prison.

Le ministère du 1er mars (1840), sous l'inspiration de son président, M. Thiers, avait eu l'idée de rapatrier les cendres de Napoléon. A cet effet, il avait demandé, dans la séance du 12 mai, un crédit d'un million et le prince de Joinville, fils de Louis-Philippe, fut envoyé avec sa frégate la *Belle-Poule* à l'île Sainte-Hélène pour y recueillir les restes mortels de l'empereur. Le gouvernement anglais avait été pressenti, et sa réponse fut si courtoise que je la reproduis ici :

« Le gouvernement de S. M. B. espère que la promptitude de sa réponse sera considérée en France comme une preuve de son désir d'effacer jusqu'à la dernière trace de ces animosités nationales qui, pendant la vie de l'empereur, armèrent l'une contre l'autre la France et l'Angleterre. Le gouvernement de S. M. B. aime à croire que si de pareils sentiments existent encore quelque part, ils seront ensevelis dans la tombe où les restes de Napoléon vont être déposés. »

Le rapport ministériel à la Chambre ajouta :

« L'Angleterre a raison, Messieurs, cette noble restitution resserre encore les liens qui nous unissent..., » etc.

Cela n'empêcha pas l'Angleterre, comme on vient de le voir, d'entrer dans une coalition offensante contre nous, peu de mois après, pas plus que cette translation des cendres de l'empereur — qui fut une manifestation tout à fait favorable à la cause napoléonienne — n'empêcha M. Louis Bonaparte d'oublier ses serments et de porter sa main criminelle sur son bienfaiteur, le roi Louis-Philippe.

C'était certainement un des grands travers de M. Thiers que son culte pour Napoléon et après le premier avertissement de l'affaire de Strasbourg, en 1836, on ne comprend pas qu'il ait pu être assez aveugle pour réveiller les ambitions napoléoniennes par l'immense appareil déployé à l'occasion du retour des cendres de l'empereur.

Le rapport ministériel continue en ces termes :

« Une cérémonie solennelle, une grande pompe religieuse et militaire inaugurera le tombeau qui doit garder à jamais les restes mortels de Napoléon.

« Il importe en effet, Messieurs, à la majesté d'un tel souvenir que cette sépulture auguste soit placée dans un lieu silencieux et sacré, où puissent la visiter avec recueillement tous ceux qui respectent la gloire et le génie, la grandeur et l'infortune.

« *Il fut empereur et roi ; il fut le souverain légitime de notre pays*. A ce titre il pourrait être inhumé à Saint-Denis. Mais il ne faut pas à Napoléon la sépulture ordinaire des rois. Il faut qu'il règne et commande encore dans l'enceinte où vont se reposer les soldats de la patrie…, » etc.

L'espèce de fétichisme de M. Thiers pour Napoléon ne prit fin que lorsque le neveu du grand empereur eût fait enfermer à Mazas, en décembre 1851, le ministre de Louis-Philippe, qui avait si bien entretenu la légende napoléonienne. Et le pauvre roi, ou plutôt ses enfants, furent mal payés de la générosité montrée envers le triste héros de Strasbourg et de Boulogne, puisque ce dernier, à peine maître du pouvoir, séquestra leur fortune.

La cérémonie des funérailles eut lieu le 15 décembre 1840, par 15 degrés de froid, il est vrai, mais cela n'empêcha pas l'affluence d'être immense.

M. Thiers n'eut pas même l'honneur de présider la cérémonie. Remplacé le 29 octobre 1840 — à la suite des affaires d'Orient — par le ministère Guizot, c'est ce dernier qui organisa la grande solennité. Parmi les collègues de M. Guizot se trouvaient le maréchal Soult et M. Villemain, et les journaux hostiles au gouvernement rappelèrent avec empressement les outrages que ces trois personnages avaient prodigués à Napoléon, en 1815.

Le maréchal Soult, comme ministre de la guerre de Louis XVIII, dans sa proclamation du 5 mars 1815, l'avait appelé usurpateur, insensé, trompeur, etc.

M. Villemain l'avait comparé à Cromwell, auquel il avait donné l'épithète de criminel, régicide, etc.

Enfin, le journal de M. Guizot, en 1815, l'avait appelé le dévastateur du monde, monstre de trahison, souverain de saturnales, fléau de l'humanité. Vingt-cinq ans plus tard, ces mêmes hommes lui firent des funérailles magnifiques !…

L'Alsace, naturellement, ne pouvait rester entièrement indifférente à ces grandes manifestations ; en 1840, elle était encore trop infectée de napoléonisme.

Dans plusieurs petites villes du Bas-Rhin, à Saverne, notamment, les anciens militaires firent célébrer des services funèbres.

Mulhouse aussi voulut honorer le retour des cendres de Napoléon. Le 15 décembre, la batterie d'artillerie de la garde nationale se porta hors ville et tira cent-un coups de canon. Toute la garde nationale prit les armes et tous, en grande tenue, se réunirent sur la place du Nouveau-Quartier, où M. Emile Dollfus, leur commandant, fit former le cercle et adressa à ses frères d'armes une courte allocution.

Les édifices publics et un grand nombre de maisons particulières avaient été ornées du drapeau tricolore.

La garde nationale de Strasbourg étant dissoute, il n'y eut pas de manifestation ; du reste, on y était encore trop sous l'impression de l'attentat de 1836, rafraîchi par celui de Boulogne. Naturellement, la légende napoléonienne en fut quelque peu ébréchée.

Dimanche, le 18 octobre, la ville de Colmar célébra, par une grande fête, l'inauguration de la partie du chemin de fer alsacien, comprise entre Colmar et Benfeld. Les Colmariens, pour prouver qu'ils appréciaient dignement les immenses résultats que promettait à l'Alsace la ligne ferrée de Strasbourg à Bâle, firent eux-mêmes les frais de cette fête.

Dès samedi soir des salves d'artillerie furent tirées par un détachement d'artillerie, venu de Neuf-Brisach ; de nouvelles salves annoncèrent, le lendemain, le départ du convoi officiel. Les autorités civiles et militaires du département, les principaux industriels et autres notabilités du pays avaient été invités, ainsi que les maires des communes dont la voie ferrée traversait le territoire.

On s'était réuni à l'hôtel de la Préfecture d'où l'on partit pour se rendre en cortège au débarcadère, escorté par les pompiers, musique en tête.

A Sélestat, le convoi d'honneur fut reçu au son de la *Marseillaise*, exécutée par la musique du 5me régiment de lanciers, qui y tenait garnison. A Benfeld, il fut également reçu au son de la musique et à une heure et demie on était de retour à Colmar, où, à cinq heures, les invités, au nombre de deux cents, se réunirent à l'hôtel des Deux-Clefs.

Le lendemain commença le service régulier de Colmar à Benfeld d'où l'on se rendait en omnibus à Strasbourg.

L'année 1840 fut encore signalée par une inondation formidable causée par la crue simultanée du Rhône et de la Saône à la suite de fortes pluies ; elle eut lieu vers la fin d'octobre et dans les premiers jours de novembre. Les dégâts furent immenses à Lyon et dans toute la vallée du Rhône.

De nombreuses souscriptions furent ouvertes à Strasbourg et dans toute l'Alsace. On organisa des concerts ; le théâtre donna des représentations en faveur des inondés ; il y eut un élan magnifique.

Parmi les diverses lettres de remerciement, publiées par les journaux, je n'en citerai qu'une, pour exemple :

« Lyon, 17 novembre 1840.

« MESSIEURS,

« Je m'empresse de vous accuser réception de la somme de dix mille francs que vous m'avez adressée en faveur des victimes du fléau qui vient de nous frapper.

« Je ne saurais assez vous exprimer combien je suis sensible aux marques généreuses de sympathie que vous et vos compatriotes accordez à nos infortunes. La ville de Strasbourg a pris une noble initiative. Eloignée de nous par la distance, elle se rapproche de nous par les sentiments, et c'est par un acte de bienfaisance qu'elle vient aujourd'hui resserrer les liens qui depuis longtemps unissent votre cité à la nôtre. Veuillez être auprès de MM. les souscripteurs l'interprète de la vive gratitude que leur généreuse conduite m'inspire et assurez-les que cette gratitude sera partagée par notre population tout entière.

« Agréez, etc.

« Signé : *Le Maire de Lyon,*
« Terme. »

A la fin de l'année, le total des souscriptions dans le Bas-Rhin, en faveur des inondés du Rhône, avait atteint 133,000 francs (1).

La souscription ayant eu lieu spontanément, sans aucune impulsion gouvernementale et absolument par l'initiative privée, ce chiffre montre éloquemment et de la manière la plus péremptoire quels liens de réelle et puissante confraternité unissaient les Alsaciens à la grande famille française.

---

(1) *Lyon* cependant ne prit aucune part à la grande manifestation de la France en faveur de l'Alsace quand celle-ci fut cruellement atteinte vers la fin de 1882 par les débordements formidables du Rhin et de l'Ill. — Mme *Juliette Adam*, la grande patriote, avait donné l'élan. Son appel chaleureux trouva de l'écho. Un comité indépendant — l'écrivain de ces lignes en est membre — avait été formé à Strasbourg pour recevoir et distribuer les dons. Paris en tête — Bordeaux, Bayonne, Dunkerque, le Havre, Lille, Marseille, Nancy, Toulouse, et bien d'autres villes, grandes et petites, envoyèrent des sommes considérables — *Lyon* seul ne donna aucun signe de vie.

1841

En 1841, la discussion des intérêts matériels prit le pas
sur la politique ; du moins en Alsace. La première question à
l'ordre du jour fut celle des chemins de fer. La ligne de Strasbourg à Bâle allait être terminée, mais une gare provisoire

ayant été construite à vingt minutes de distance de la ville, près de Kœnigshofen, on craignit que les concessionnaires ne voulussent s'y arrêter. En effet, MM. Nicolas Kœchlin frères, de Mulhouse, par une lettre publiée dans le *Courrier du Bas-Rhin*, sous la date du 7 janvier, cherchaient à démontrer que rien ne les obligeait à conduire le chemin jusque *dans* Strasbourg ; que cependant ils ne s'y refuseraient pas si la Ville leur offrait de concourir à une augmentation aussi considérable de dépenses et si la municipalité obtenait, par son influence, que l'Etat se chargeât des frais qu'occasionnerait la traversée des fortifications.

Des négociations presque interminables furent commencées avec le génie militaire, qui soutint sérieusement que la défense de la ville serait affaiblie par le percement d'un tunnel sous le rempart ; il fallut toute l'influence de nos députés pour vaincre cette difficulté.

D'après le plan projeté, la station du chemin de fer devait occuper, au Marais-Vert, derrière la halle aux blés, une superficie de 2 hectares, dont environ 35 ares de terrains communaux et 165 ares de propriétés particulières.

La Compagnie avait demandé à la Ville la garantie d'un maximum de prix pour l'acquisition des propriétés particulières et la cession gratuite des 35 ares de communaux.

Le Conseil municipal adopta, en principe, la première demande, tout en priant M. le maire de faire faire, par les architectes, une expertise exacte ; de débattre avec MM. Kœchlin le chiffre du maximum à garantir et de le soumettre ensuite à l'approbation du Conseil.

La cession gratuite des 35 ares de communal ne souleva aucune discussion ; mais sur l'observation de M. le maire, le Conseil décida de ne la faire que sous la réserve expresse que les terrains cédés serviraient à la station du chemin de fer, *et que si dans la suite, pour une raison quelconque, la station devait être transférée* (1) *ailleurs, la Ville rentrerait dans la jouissance de ses terrains communaux* (2).

Un évènement déplorable, intéressant à un haut degré la sûreté publique, marqua le commencement de l'année. Une famille entière, du nom de Béringer, composée du père, marchand d'horlogerie, de la mère, de deux jeunes filles, d'une petite fille et d'une jeune servante de dix-huit ans, habitant le rez-de-chaussée de la maison faisant le coin de la rue des Petites-Boucheries, en face de la pharmacie du Cygne, fut trouvée asphyxiée par une fuite de gaz. La mère seule put être ramenée à la vie ; les cinq autres victimes furent enterrées le 5 janvier au milieu d'une affluence immense, qui se pressait sur le passage du funèbre cortège.

L'administration du gaz avait remarqué une fuite considérable au tuyau principal ; afin d'y remédier, elle avait fait établir des feux pour dégeler la terre entre les deux maisons indiquées ci-dessus. Malheureusement l'asphyxie a dû se produire dans la nuit du 31 décembre au 1er janvier ; les magasins restant généralement fermés en ce jour, on trouva tout naturel que celui du sieur Béringer ne fût pas ouvert. Ce n'est que le lendemain, 2 janvier, à dix heures du matin, que l'on découvrit l'horrible catastrophe.

La question de l'entrée *dans* Strasbourg du chemin de fer de Bâle n'était pas encore vidée que l'on commença à s'occuper

(1) Ce transfert a eu lieu en 1883 ; mais ce que certes, en 1841, nul n'eût prévu, c'est qu'il a été effectué d'après des ordres venus de *Berlin!*

(2) Décision du Conseil municipal sur l'entrée du chemin de fer dans Strasbourg ; séance du Conseil du 13 mars 1841.

d'une ligne autrement importante pour l'Alsace : celle de Paris à Strasbourg.

Aujourd'hui que non seulement l'Europe, mais les cinq parties du monde sont sillonnées de lignes ferrées, on ne peut guère se rendre compte des difficultés qu'eurent à vaincre nos devanciers pour établir ces voies de communication.

Le 19 février (1), M. le préfet avait soumis au ministre un rapport sur l'intérêt qu'il y aurait pour l'Alsace, et pour toute la contrée de l'Est, de voir s'établir un chemin de fer *direct* de Paris à Strasbourg. Le 15 mai, le préfet fut informé que son rapport avait été communiqué au ministre de la guerre, qui l'avait soumis au comité des fortifications. Celui-ci concluait que ce chemin *direct*, par son voisinage de la frontière du Nord, pouvait permettre à l'ennemi, maître de la ligne de la Sarre, de paralyser ce moyen de communication et d'isoler de l'intérieur les corps français opérant sur le Rhin; que le passage de ce fleuve, bien autrement facile pour l'étranger à Bâle qu'à Strasbourg, militait pour qu'on se mît en mesure de porter rapidement des masses défensives vers le premier de ces points (Bâle) et qu'à cet égard un chemin de fer de Paris à Mulhouse, par Dijon, présentait sur la voie directe de Paris à Strasbourg une supériorité d'autant plus réelle que ce chemin franchirait, en grande partie, le pays entre Paris et Lyon et permettrait, par des embranchements, de diriger des secours rapides vers l'Est et vers le midi (2).

Voilà donc le génie militaire opposé à la ligne *directe*. S'il y avait là un obstacle difficile à vaincre, il y en eut bien d'autres encore, par exemple, les compétitions de départements, de villes demandant la priorité, etc., mais la diffi-

(1) Session du Conseil général du Bas-Rhin; séance du 23 août 1841.

(2) Rapport du préfet au Conseil général, séance du 23 août 1841.

culté, primant toutes les autres, c'était la question des dépenses.

Pour lever cet obstacle, le Conseil municipal de Strasbourg, dans sa séance du 2 novembre 1841, vota à la suite d'un excellent rapport de M. Ch. Bœrsch, membre du Conseil, un concours d'un million pour le chemin de fer *direct* de Paris à Strasbourg. D'autres villes suivirent cet exemple. Saverne vota 100,000 francs ; Brumath, 20,000 ; Bouxviller, 10,000 ; Dettwiller, 5,000 ; les petites communes même ne se refusèrent pas à contribuer, par exemple, Lupstein **pour** 600 francs, Wilwisheim pour 300 francs, etc. Puis **Nancy** vota 500,000 francs; Bar-le-Duc, 20,000, etc.

Si je parle des difficultés suscitées par le génie militaire, ce n'est pas pour en blâmer le principe, mais uniquement pour montrer les efforts qu'on a dû faire pour obtenir la ligne *directe*. Aujourd'hui, à quarante années de distance, **on** pourrait être tenté de dire que les difficultés en question provenaient d'hommes à courte vue, les membres du comité des fortifications ne pouvant pas prévoir, en 1841, que la branche d'Orléans serait jamais remplacée par un Bonaparte, que **sous** le règne néfaste de ce dernier, les sommes considérables données chaque année par le pays, pour son armée, seraient gaspillées ou détournées de leur but et que finalement cette maudite engeance déclarerait la guerre à l'Allemagne et appellerait ainsi sur le sol de la France un ennemi préparé de longue date.

Ce que les hommes de 1841 se seraient positivement refusés de croire, c'est que, en 1870, l'armée française pût se trouver sous le commandement d'un Bonaparte et d'un Bazaine ; deux hommes qui n'eurent pas honte de se rendre prisonniers aux Prussiens, l'un avec 86,000 et l'autre avec plus de 150,000 soldats!...

On trouvera peut-être mes termes un peu durs, mais

comment assez flétrir ces infamies lorsqu'on a passé par le bombardement de Strasbourg ; qu'on a vu ses plus belles rues en ruines ; (1) l'hôtel de la Préfecture, le théâtre, la belle église du Temple-Neuf ne formant plus que des monceaux de décombres ; l'immense bibliothèque, trésor de sciences accumulé pendant des siècles, brûlée et à jamais anéantie ; la nef de la cathédrale incendiée et sa flèche merveilleuse, chef-d'œuvre d'architecture, admiré du monde entier, gravement endommagée par les boulets ; quand on considère que les malheureux Strasbourgeois, après les horribles souffrances de quarante jours de bombardement et de magnifiques preuves de dévouement à la patrie française, n'ont pas même pu conserver leur nationalité ; qu'aujourd'hui, après douze années, ils sont avec tous leurs frères d'Alsace-Lorraine, et contre leur gré, annexés à l'Allemagne, à laquelle ils furent *abandonnés comme victime expiatoire de la faute commise par la France entière*, d'avoir toléré le despotisme napoléonien durant vingt ans ! Et quand on songe que cette race des Bonaparte, ne se bornant pas au parjure, et violant les serments les plus solennels de respecter la Constitution républicaine, appela par trois fois, dans un but purement personnel, l'invasion en France, répandant sur elle des malheurs épouvantables, on ne saurait assez rappeler ces faits à la postérité, pour la préserver, si possible, d'un pareil sort.

———————

La Chambre des députés, dans sa séance du **22** mai, adopta, malgré une vive opposition partie des ports de mer,

(1) Je parle ici des plus belles maisons, situées dans l'intérieur de la ville, puisque pour les faubourgs, qui ne formaient plus qu'un vaste amas de décombres, il est admis par notre soi-disant civilisation européenne, quelque barbare et quelque insensé que cela semble, qu'en cas de guerre c'est le sort auquel ils sont voués.

un traité de commerce entre la France et la Hollande. Ce fut, pour l'Alsace, une première mais bien faible étape dans l'adoucissement des rigueurs douanières dont elle avait été la victime en 1815. Ce traité permit l'importation, par Metz et par Strasbourg, des denrées coloniales venant de la Hollande directement, par bateaux néerlandais ou français, et dont l'acquittement par les frontières de l'Est avait été prohibé par la loi de 1815.

Un autre projet qui eût été pour la France entière d'un avantage considérable fut repoussé par la Chambre : celui d'une taxe unique et réduite pour les lettres ; différentes pétitions l'avaient demandée. M. Glais-Bizoin et quelques autres membres de la gauche les avaient vivement appuyées, mais notre concitoyen, M. Humann, alors ministre des finances, avait, en fait d'impôts, des idées fort arrêtées : maintenir tous les impôts existants et leur faire produire le plus possible par une application rigoureuse de la loi. — C'est ainsi qu'il prit une mesure fiscale qui jeta la perturbation dans le pays. Par une circulaire du 25 février 1841, il prescrivit pour toutes les communes du royaume un recensement général des propriétés bâties, des portes et fenêtres, de la taxe personnelle, des patentables et des valeurs locatives servant de base au droit proportionnel.

Cette mesure avait évidemment pour but d'obtenir des données plus certaines, plus conformes à la réalité des choses, pour établir les contributions directes ; mais, justifiable en théorie, elle était presque irréalisable en pratique. Elle rencontra partout de l'opposition ; à Toulouse et dans diverses villes du Midi, il y eut des émeutes. En Alsace aussi on ne se soumit pas volontiers à cette inquisition d'un nouveau genre et force fut au gouvernement de céder dans la plupart des cas. Les impôts restèrent à peu près sur les mêmes bases, mais M. Humann y perdit une partie de la popularité qu'il avait acquise, comme bon ministre des finances et par son projet de conversion de la rente 5 pour 100. Ce projet, il ne put jamais le réaliser par suite de l'opposition qu'il rencontra, dit-on, dans la personne du roi. Probablement Louis-Philippe était propriétaire d'une forte somme de rentes sur l'État et, en père de famille plus qu'économe, il n'entendait pas qu'on y touchât pour les réduire.

La dernière section du chemin de fer de Strasbourg à Bâle venait d'être livrée à la circulation et l'inauguration solennelle de la ligne fut fixée aux 19 et 20 septembre. C'est incontestablement à la persévérance de M. Nicolas Kœchlin de Mulhouse que l'Alsace devait cet élément nouveau de prospérité.

Au commencement de l'année, M. Kœchlin avait donné sa démission de membre de la Chambre des députés pour la ville de Mulhouse. Tous les amis des libertés publiques regrettèrent cette décision que l'honorable député avait prise, disait-il, pour suivre lui-même l'exécution des travaux du chemin de fer, qui jusqu'alors avaient été dirigés par un de ses frères, M. Edouard Kœchlin. Celui-ci était tombé gravement malade et mourut au mois d'août. Dans la notice nécrologique que le *Courrier du Bas-Rhin*, du 27 août 1841, publia sur le défunt, je trouve un passage que je ne crois pas devoir me dispenser de reproduire :

« Lorsque, en 1813, les alliés avaient envahi l'Alsace et que leurs troupes occupaient Mulhouse, Edouard Kœchlin avait vingt ans. Il fut un de ces hommes intrépides qui ne voulurent pas désespérer du salut de la France. Dévoré de cet ardent patriotisme que la vieille cité républicaine savait inspirer à ses enfants et qu'elle reportait sur la France depuis qu'elle en partageait la fortune et les revers ; comprenant que le moment était venu de mourir, s'il le fallait, pour repousser l'invasion étrangère, il partit avec un de ses jeunes parents, jaloux de partager son dévouement et ses périls. C'était dans l'hiver de 1813 à 1814. Les troupes coalisées gardaient toutes les routes. Les deux intrépides patriotes ne craignirent point de traverser les Vosges alors couvertes de neige et, par des sentiers, impraticables peut-être à d'autres, ils parvinrent à échapper à la vigilance de l'ennemi et à rejoindre l'armée française sur le revers occidental de ces âpres montagnes. Edouard Kœchlin y trouva deux de ses frères (1) attachés comme officiers volontaires à l'état-major de notre compatriote, le maréchal Lefèvre. Ce fut aussi en cette qualité qu'il fit cette campagne de France, si glorieuse et si néfaste ».

De grandes fêtes furent célébrées pour l'inauguration du chemin de fer de Strasbourg à Bâle. Longue alors de 134 kilomètres, ce fut la première ligne ferrée de quelque importance que possédât la France. Plusieurs notabilités politiques et financières, ainsi que M. Teste, le ministre des travaux publics,

(1) C'étaient MM. Nicolas et Ferdinand Kœchlin. Le premier ne se borna pas à payer de sa personne ; il équipa encore, à ses frais, un corps de volontaires qui fit toute cette campagne. Les actes de dévouement patriotique de M. Nicolas Kœchlin ayant été signalés à l'empereur Napoléon à son retour de l'île d'Elbe, il décora le jeune et vaillant patriote, mais cette décoration donnée pendant les Cent Jours ne fut pas ratifiée par les Bourbons.

Lors des voyages de Charles X, en 1828, et de Louis-Philippe, en 1831, la décoration fut de nouveau offerte à M. Nicolas Kœchlin. Le gouvernement de Juillet, dans l'espoir de le rallier, lui offrit même la pairie. Le vaillant patriote fut incorruptible. Ne pouvant porter la décoration donnée pendant les Cent Jours, il refusa toutes les distinctions et resta fidèle à son parti.

étaient venus augmenter, par leur présence, l'éclat de cette inauguration.

Dimanche, à sept heures du matin, un convoi spécial quitta la gare provisoire de Kœnigshofen, emmenant à Mulhouse le préfet et les principales autorités du département du Bas-Rhin et de la ville de Strasbourg, invités par la Compagnie. Le convoi se composait de vingt-six voitures ornées de guirlandes et de drapeaux tricolores; il était remorqué par deux locomotives, *la France* et *la Sylphide*. Sur toute la ligne les stations étaient élégamment parées. A Sélestat, à Colmar, les principales autorités vinrent accroître le nombre des voyageurs et à onze heures et demie le convoi fit son entrée à Mulhouse au bruit des salves tirées par l'artillerie de la garde nationale.

A deux heures eut lieu la bénédiction — inévitable — de la ligne par M. Rass, le coadjuteur de l'évêque de Strasbourg, accompagné de son clergé revêtu de ses ornements sacerdotaux ; puis les invités se rendirent en cortège dans les salons de la Société industrielle, où ils trouvèrent l'exposition des produits de l'industrie alsacienne, organisée pour rehausser l'éclat de la fête.

A quatre heures, il y eut une revue de la garde nationale ; à six heures, un banquet de quatre cents couverts fut offert aux invités, par l'administration de la Compagnie du chemin de fer de Strasbourg à Bâle, dans une halle de marchandises convertie en une salle magnifique. Le banquet fut présidé par M. Berger, l'un des maires de Paris, président du conseil d'administration de la Compagnie ; la musique du 11me régiment de dragons, venue de Huningue, exécuta des fanfares, et des salves de canon accueillirent les toasts qui furent prononcés. Comme de juste ils s'adressèrent plus particulièrement à M. Nicolas Kœchlin et aux deux ingénieurs-directeurs de la ligne, MM. Bazaine et Chaperon. Un toast très remarqué fut porté par M. Ch. Bœrsch de Strasbourg : « A l'union des villes de l'Alsace ».

Le lendemain, 20 septembre, un convoi de vingt-cinq voitures, toutes pavoisées, emmena à Strasbourg plus de cinq cents invités. A Kœnigshofen, ils furent reçus par les membres de la municipalité, restés à Strasbourg pour présider à l'achèvement des préparatifs de la fête ; immédiatement M. le maire et les conseillers revenus de Mulhouse s'y joignirent. Au sortir de la gare provisoire, les invités se placèrent dans quarante-deux voitures pavoisées que précédait un immense char, orné d'arbustes et de fleurs, figurant une serre. Au milieu du char s'élevait la grande bannière de la ville et aux quatre angles flottaient les drapeaux de Bâle, de Mulhouse, de Colmar et de Sélestat.

Le cortège était ouvert et fermé par un escadron d'artillerie ; à sa tête marchaient les musiques des deux régiments de cette arme, en garnison à Strasbourg. Cette longue file de voitures pavoisées, traversant dans un ordre parfait la ville, au milieu d'un concours immense de citoyens, toutes les maisons, sans exception aucune, garnies de drapeaux tricolores et même ornées de guirlandes, la participation de la population tout entière à la fête, donnaient à celle-ci ce caractère populaire sans lequel il n'y a pas de véritable solennité. Le cortège se rendit jusqu'au Château, place de la Cathédrale, où il fut reçu par le comité de la Société des Amis des Arts, qui lui fit parcourir les galeries de tableaux formant l'exposition de l'Association rhénane.

A cinq heures, les cinq cents personnes, invitées au banquet donné par la Ville, se réunirent dans les salons de la mairie dont les honneurs furent faits par les membres de l'administration et du Conseil municipal. Vers six heures, elles se formèrent en cortège et se rendirent à la halle aux blés, qui avait été transformée en une élégante salle de banquet. Sur les écussons, suspendus aux murs, figuraient les noms de MM. Nicolas Kœchlin, Chaperon et Bazaine ; sur les pilastres des arcades on remarquait des trophées aux armes des villes d'Alsace et, aux quatre angles, les écussons de Bâle, de Mulhouse, de Colmar et de Sélestat.

Onze tables, de cinquante couverts chacune, avaient été disposées pour le banquet dont le service confié à M. Lips, le restaurateur alors si populaire du Contades, fut fait, malgré le grand nombre de convives, à la satisfaction générale. De nombreux toasts furent portés ; les principaux, par M. Schützenberger, maire de Strasbourg, par M. de Golbéry, député du Haut-Rhin, par M. Carlos Forel, associé de la maison N. Kœchlin et frères, et par un M. Minden (1), conseiller de la ville de Bâle, qui demanda la parole pour porter, en *langue allemande*, un toast à la *France* et à l'Alsace ! Dans une improvisation pleine des idées les plus élevées et les plus patriotiques, M. Minden fit des vœux ardents pour la prospérité de notre belle patrie. *Une vive sympathie éclata surtout lorsque le conseiller bâlois parla de l'attachement de l'Alsace à la France et de son inaltérable dévouement à la patrie, aux destinées de laquelle elle a associé, depuis un siècle et demi, ses plus chers intérêts.*

En sortant du banquet, qui se termina à neuf heures, les convives trouvèrent les édifices publics et un grand nombre de maisons particulières illuminés. Ils purent jouir en même temps de l'admirable coup d'œil que présentait notre Cathédrale, où les feux de Bengale tricolores éclairaient et coloraient les légères découpures de la flèche.

Un bal brillant, offert par la Ville, dans la salle de spectacle et auquel prirent part quelques milliers d'invités, termina la fête. Devant le théâtre, au milieu de la place de la Comédie,

(1) *Courrier du Bas-Rhin* du 21 septembre 1841.

s'élevait un temple de gaz, sur lequel on voyait briller, en lettres de feu, cette inscription :

La Ville de Strasbourg à M. Nicolas Kœchlin.

C'était un hommage que l'administration du gaz voulut rendre, de son côté, au créateur des chemins de fer alsaciens.

Le reste de l'année s'écoula sans autre incident remarquable. La ville de Colmar, profitant du court séjour qu'y fit le ministre des travaux publics, venu en Alsace pour l'inauguration du chemin de fer de Strasbourg à Bàle, pria M. Teste d'intervenir pour obtenir le concours du gouvernement à la création d'un canal de jonction de Colmar au canal du Rhône au Rhin.

Un journal de l'époque, *le Glaneur du Haut-Rhin*, s'exprime là-dessus en ces termes :

« L'exécution de ce projet serait d'un immense intérêt pour la ville de Colmar et les établissements manufacturiers des localités voisines. Ce serait une sorte de dédommagement de la privation du canal du Rhône au Rhin, privation que nous devons, dit-on, à l'inconcevable incurie de l'administration municipale qui existait à l'époque où ce canal a été décidé. Quoi qu'il en soit, le mal est fait ; c'est à nous qu'il appartient de le réparer, autant du moins que peuvent nous le permettre les éléments de succès que nous possédons. »

Le terme d'incurie, employé par le *Glaneur*, était peut-être un peu vif. Lors de la création du canal du Rhône au Rhin, Colmar avait une population de cultivateurs, de petits commerçants, qui n'avaient pas plus souci du développement industriel de la place que n'en avaient les magistrats de la

Cour d'appel. La fumée des usines les incommodait et ils
visèrent plutôt à tenir les fabriques à distance. Certainement
si le canal avait passé à Colmar, l'économie sur les transports
de houille, de coton, de machines, etc., aurait provoqué
l'établissement de grandes fabriques et d'autres affaires importantes qui se sont ensuite fixées à Mulhouse. Ce n'est que bien
plus tard que Colmar a reconnu son erreur et, en demandant
le canal de jonction, il essaya de réparer le mal dans la mesure
du possible.

Une autre question, qui intéressa vivement le monde
commercial, fut celle de la création d'une succursale de la
Banque de France. Mulhouse et Strasbourg avaient fait des
démarches dans ce sens et deux ans auparavant la Banque
paraissait assez disposée à les accorder. C'est elle-même qui
alors avait fait faire des ouvertures au commerce de Strasbourg ; mais quand celui-ci, par l'organe de la Chambre de
commerce, sollicita l'exécution de cette espèce de promesse,
une lettre du mois d'octobre 1841, émanant de M. d'Argout,
gouverneur de la Banque de France, nous informa que la
Banque croyait devoir ajourner la création de la succursale
de Strasbourg par le motif « qu'elle avait fondé récemment
quelques succursales dans d'autres départements et qu'avant
de s'engager davantage dans cette voie, elle voulait attendre
les résultats que ces institutions pourraient produire. »

D'aucuns prétendaient alors que la Banque de France
ne s'était montrée disposée à l'établissement de succursales
qu'en vue d'obtenir le renouvellement de son privilège et
pour échapper au reproche qu'on lui faisait, que son institution n'était pas conforme à son titre, qu'elle n'était pas une
Banque *de France*, mais une Banque *de Paris* ; qu'une fois
la prolongation de vingt-cinq ans de son privilège obtenue,
elle s'arrêterait dans ce bon mouvement.

Quoi qu'il en soit, ce qu'il y a de positif, c'est que

Strasbourg n'eut sa succursale qu'en 1846 (1). Mulhouse fut mieux partagé : sa succursale s'ouvrit dès le 8 décembre 1843. Pour obtenir ces deux établissements de nouvelles et pressantes réclamations des Chambres de commerce furent nécessaires. Cependant, la vraie période d'expansion de la Banque de France ne date que de 1848. Il fallut la révolution de Février pour la faire sortir de l'ornière où elle se traînait au grand détriment du commerce français et des transactions en général.

(1) M. Garat en fut nommé le directeur et le resta jusqu'en 1871, où la Banque de France dut faire place à la banque de Prusse. Pendant ces vingt-cinq années, M. Garat, tout en observant la prudence nécessaire dans les délicates fonctions de directeur de banque, se montra toujours bienveillant envers le commerce qui lui en garda un reconnaissant souvenir.

1842

SOMMAIRE

L'année 1842 fut signalée par trois grandes catastrophes : La première, l'incendie de Hambourg, fournit aux Alsaciens une belle occasion de prouver que leurs cœurs, alors, n'avaient pas eu de place pour cette haine internationale, si habilement semée, deux ans auparavant, lors de la quadruple alliance contre la France, à propos de la question égyptienne.

Le 10 mai (1), nous reçumes la nouvelle qu'un incendie

(1) A cette époque, les correspondances ne se transmettaient que par la poste aux chevaux ; les relations avec l'Allemagne du Nord surtout étaient loin d'être directes.

considérable avait éclaté à Hambourg, dans la nuit du 4 au
5 mai. Un vent très violent contribua à la propagation du feu
et bientôt des rues entières devinrent la proie des flammes.
Ce n'est que le 8, vers dix heures du matin, qu'on se rendit
maître du feu. Trente rues, dix-neuf hôtels et auberges, deux
églises, les plus beaux monuments publics, étaient détruits et
plus de trente mille personnes furent obligées de camper en
plein air, faute d'asile.

Dès le 12 mai, une souscription en faveur des incendiés
fut ouverte dans les bureaux du *Courrier du Bas-Rhin :*
« Hambourg, dit le journal, était la sœur de Strasbourg alors
« que Strasbourg se glorifiait de faire partie du vieil empire
« germanique, comme *il se glorifie aujourd'hui d'appartenir*
« *pour jamais à la grande famille française.* Que les Ham-
« bourgeois retrouvent en nous des frères généreux ; qu'ils
« voient que si la nationalité nous sépare désormais, le senti-
« ment de l'humanité nous unit toujours à eux, et que Stras-
« bourg et l'Alsace entière sont animés d'une charité inépui-
« sable pour toutes les victimes du malheur. »

Le lendemain, deux autres souscriptions furent ouvertes,
l'une à la Chambre de commerce, l'autre à la Recette générale ;
des concerts furent donnés, des loteries organisées et de toutes
les parties de l'Alsace les secours affluèrent, si bien, qu'en peu de
temps des sommes considérables purent être envoyées à la
malheureuse cité. Le Sénat de Hambourg, dans ses accusés de
réception, exprima la vive reconnaissance de ses concitoyens
pour les marques de sympathie que leur infortune avait ren-
contrées dans la population alsacienne (1).

On était à peine renseigné sur toute l'étendue du sinistre
de Hambourg, lorsque nous reçûmes la nouvelle d'une épouvantable catastrophe arrivée sur le chemin de fer de Versailles,

(1) *Courrier du Bas-Rhin* du 24 juillet 1842.

rive gauche. Le dimanche, 8 mai les grandes eaux avaient joué et, comme d'habitude, un public très nombreux s'était rendu à Versailles. Le convoi avait quitté cette ville à cinq heures et demie du soir; il se composait de dix-huit wagons remorqués par trois locomotives. Entre Bellevue et Meudon, la première locomotive s'arrêta par suite de la rupture d'un essieu; celle qui suivait la renversa, son feu tomba entre les rails et, le train continuant encore un peu sa marche, les premiers wagons qui se trouvèrent sur ce feu s'enflammèrent d'autant plus vite qu'ils étaient repeints à neuf. A cette époque, les voitures étaient encore fermées à clef et les malheureux voyageurs qui ne furent pas tués par la secousse furent brûlés ou asphyxiés; on évaluait le nombre des victimes à deux cents!... Parmi elles, l'illustre amiral Dumont-d'Urville qui, après ses voyages autour du monde, trouva ainsi la mort avec sa femme et son fils, dans une partie de plaisir de Paris à Versailles.

L'Alsace y perdit aussi deux de ses enfants : un M. Frison de Wissembourg et son fils.

La troisième catastrophe, la plus funeste dans ses conséquences, du moins pour l'Alsace-Lorraine, eut lieu le 13 juillet. Ce fut la mort du duc d'Orléans, le fils aîné du roi et son successeur éventuel. Le jeune prince qui s'était marié en 1837, devait venir en Alsace, accompagné de la duchesse, sa femme, pour poser la première pierre, disait la dépêche, du chemin de fer direct de Paris à Strasbourg. Leur arrivée avait été annoncée pour le 25 juillet et, dès le 4, le Conseil municipal avait voté, à l'unanimité, la somme de 15,000 francs pour les fêtes à donner aux augustes voyageurs. — Le 14, le télégraphe apporta la triste nouvelle. — Le 13, le prince avait quitté les Tuileries, à midi, pour se rendre à Neuilly. Au delà de la barrière de l'Etoile, les chevaux s'emportèrent. Le postillon ne pouvant plus les maîtriser, le prince sauta de la voiture, mais si malheureusement qu'il se brisa la colonne vertébrale ; quelques heures plus tard, il rendait le dernier soupir (1).

« La mort du duc d'Orléans, disait le *Courrier du Bas-Rhin*, est l'événement le plus grave qui ait eu lieu en France depuis la révolution de Juillet.

« Etranger aux dissensions politiques qui ont remué la France dans ces dernières années, le duc d'Orléans pouvait, par une conduite sage et libérale, réunir la France entière en un seul faisceau. Vénéré pour la simplicité de ses mœurs et pour sa bonté naturelle, le prince eût pu apporter sur le trône des vertus qui l'eussent rendu populaire... Au duc d'Orléans se rattachaient bien des espérances d'avenir ; vers lui se tournaient les regards de ceux qui croient qu'une politique éclairée, généreuse, libérale, est la plus grande garantie de force et de durée pour le pouvoir. »

Fort souvent le libéralisme des princes appelés à succéder au trône s'évanouit au moment où ils vont l'occuper. Celui du duc d'Orléans parut cependant être de meilleur aloi. S'il avait vécu, il est plus que probable que le vieux roi, soutenu dans ses idées rétrogrades par son fatal conseiller, M. Guizot, n'aurait pas persisté dans son opiniâtreté aveugle de refuser la moindre concession dans le système électoral? Que demandait-on ? L'adjonction des capacités (2) ou tout au moins l'abaissement du cens. Pour être électeur, il fallait payer

(1) Le duc d'Orléans n'avait pas tout à fait trente-deux ans, étant né à Palerme le 3 septembre 1810. Il laissa deux fils : le comte de Paris, né le 24 août 1838, et le duc de Chartres, né le 9 novembre 1840.

(2) Il arrivait fort souvent que des hommes de lettres, des avocats, des professeurs, etc., très distingués, n'ayant pas de fortune, étaient exclus des élections, tandis que les concierges des maisons qu'ils habitaient étaient électeurs, parce qu'étant propriétaires d'une petite maison ils payaient 200 francs d'impôts.

200 francs d'impôt foncier ; si le gouvernement avait proposé
la réduction à 100 francs, l'opposition s'en serait contentée, la
révolution de 1848 n'eût pas eu lieu, la France n'aurait pas
rouvert ses portes à la race des Bonaparte, la guerre de 1870
ne se serait pas faite et l'Alsace-Lorraine n'aurait pas eu le
malheur d'être détachée de la mère-patrie.

Une nouvelle tout à fait inattendue vint affecter Strasbourg et l'Alsace dans le courant du mois d'avril. Celle de la
mort subite de M. Humann, ministre des finances, frappé
d'un coup d'apoplexie foudroyante. Le 25 avril, après son
déjeuner, il était rentré dans son cabinet de travail, avait
donné quelques audiences, puis fait appeler son chef de
service qui, en entrant, trouva le ministre renversé dans son
fauteuil, tenant encore à la main la plume qui lui avait servi
à signer différentes pièces étalées devant lui.

M. Humann était né à Strasbourg, en 1780. Trois fois il
avait été élu député, tant sous la Restauration qu'après 1830 ;
il fut créé pair en 1837 ; deux fois il tint le portefeuille des
finances. C'était ce que les Américains appellent un « *self
made man.* » Parti de très bas, il s'était élevé aux plus hautes
dignités ; mais comme lui-même avait créé sa fortune, l'esprit
d'économie le suivit dans son ministère et lui inspira des
mesures fiscales qui, nous l'avons déjà vu, lui ravirent une
partie de sa popularité.

Il a dû évidemment avoir pour but de diminuer la dette
publique, ou tout au moins de ne pas avoir recours à de nouveaux emprunts, quand il proposa la réduction du 5 pour 100
à 4 pour 100 ; ou la refonte de la base des impôts fonciers,
encore établis sur des données remontant à la première révo-
tion. Un autre projet qui lui suscita passablement d'ennemis
fut celui de la suppression des monnaies départementales et la .

concentration, à Paris, de la fabrication de toutes les monnaies françaises. Déjà, en 1834, étant ministre, M. Humann songeait à réaliser son plan de centralisation monétaire, en proposant aux Chambres la suppression des douze Monnaies départementales. Strasbourg étant du nombre, on ne saurait faire à M. Humann le reproche d'avoir été trop tendre pour sa ville natale. Les réclamations surgissant de toutes parts obligèrent le ministre d'ajourner l'exécution de son projet. Il le reprit en 1842. Sa mort subite l'empêcha de le réaliser.

Après un imposant service funèbre à Paris, le corps de M. Humann fut conduit à Strasbourg par son fils, M. Théodore Humann (1), et par son gendre, M. de Germiny. Les obsèques furent célébrées avec une grande pompe le 3 mai. De l'église, le cortège se rendit au cimetière Sainte-Hélène où reposaient déjà les restes de l'épouse et d'un fils du défunt.

Le 9 juillet eurent lieu les élections générales pour le renouvellement de la Chambre des députés. La lutte fut vive, surtout à Mulhouse et à Strasbourg, où les deux partis du Juste-Milieu et de l'opposition libérale se disputèrent la victoire. A Mulhouse se joignait encore à l'idée politique une question personnelle ou locale.

Nous avons vu qu'en 1841 M. Nicolas Kœchlin, le député libéral de Mulhouse, avait donné sa démission pour pouvoir se vouer entièrement à l'achèvement de sa grande entreprise du chemin de fer de Strasbourg à Bâle. M. André Kœchlin (2)

---

(1) Alors receveur général à Strasbourg.

(2) M. André Kœchlin était cousin de M. Nicolas Kœchlin. Ce dernier, libéral, généreux en même temps que riche, jouissait à Mulhouse et dans toute l'Alsace d'une grande popularité. M. Nicolas Kœchlin avait été le promoteur du nouveau quartier à Mulhouse ; il avait fait don à la ville du bâtiment de la Bourse, aujourd'hui pro-

fut alors élu à sa place et cela, en grande partie, grâce à l'appui que M. Nicolas Kœchlin lui prêta, malgré les sages conseils de ses amis politiques.

Au commencement de cette année, l'achèvement du chemin de fer de Strasbourg à Bâle menaçait d'être retardé par suite d'embarras financiers de la Compagnie. Elle possédait encore environ trente-quatre mille actions de 500 francs, sur lesquels 350 francs seulement avaient été versés, l'État lui ayant déjà fait un premier prêt de 12 millions pour tenir lieu des 150 francs non versés par action. Celle-ci se trouvait ainsi réduite à la valeur nominale de 350 francs. Ce titre était d'une réalisation difficile, le cours ayant baissé de 550 qu'il était en 1839, à 160 environ. La Compagnie avait donc sollicité de l'État un prêt supplémentaire de 6 millions, contre dépôt d'actions, ou l'autorisation d'émettre un emprunt de 6 millions ayant priorité sur le prêt de 12 millions. Le gouvernement, favorable à la demande, proposa aux Chambres un projet de loi tendant à autoriser la Compagnie à émettre cet emprunt dans les conditions indiquées. On était persuadé que la loi serait votée ; mais, à la stupéfaction générale, elle fut rejetée par une majorité d'environ quarante voix.

Les journaux libéraux de l'époque, le *National*, le *Siècle*, le *Courrier français*, en furent d'autant plus indignés que le

---

priété de la Société industrielle. Il avait déjà fondé le petit chemin de fer de Mulhouse à Thann et allait doter l'Alsace de la grande ligne de Strasbourg à Bâle. C'étaient trop de belles pages dans la vie d'un simple citoyen ; il fallut bien que la jalousie s'en mêlât et, aidée par la calomnie, elle finit par entamer cette popularité. Le gouvernement se mit de la partie ; il désirait se défaire d'un député de l'opposition et trouva, en M. André Kœchlin, la personnalité voulue. Riche à millions, chef d'une florissante industrie, jaloux des lauriers de son cousin, homme très capable, mais ambitieux et peu scrupuleux, M. André Kœchlin se mit à la tête de la réaction qui, pour quelque temps, prévalut dans la vieille cité républicaine.

14

rejet devait frapper plus particulièrement M. Nicolas
Kœchlin, un ancien député de l'opposition. En Alsace ce fut
le *Courrier du Bas-Rhin* qui se fit l'interprète de l'irritation
publique ; elle se prononça surtout contre M. André Kœchlin
qui, au lieu de soutenir le projet, l'aurait sourdement
miné. Voici ce que nous lisons dans le numéro du 10 juin :

« M. André Kœchlin, tout en ayant l'air de prendre
M. Nicolas Kœchlin et l'entreprise du chemin de fer sous sa
haute protection, n'a rien négligé pour faire échouer le projet
de loi. A la Chambre on disait que M. André Kœchlin s'était
adressé à M. Guizot pour lui représenter que, dès que la loi
serait votée et que les embarras de M. Nicolas Kœchlin seraient
éloignés, celui-ci se remettrait sur les rangs pour reparaître
à la Chambre comme député de Mulhouse ; M. André Kœchlin
a ainsi transformé une question d'intérêt général en une question d'intérêt personnel et M. Guizot, tenant avant tout à revoir
à la Chambre ses députés ministériels, surtout ceux — comme
M. André Kœchlin — qui vont chaque soir prendre, dans
les salons des ministres, le mot d'ordre du lendemain, M. Guizot
a permis aux députés qui lui sont dévoués de voter contre le
projet de loi ».

Heureusement la Compagnie trouva d'autres combinai-
sons financières et l'achèvement de la ligne ne fut guère
retardé. Par contre, l'opinion publique avait pris note de la
conduite de M. André Kœchlin. Lors des élections du 11 juillet,
l'opposition en tira grand parti sans cependant réussir ; mais,
le 11 décembre suivant, Mulhouse fit une démonstration
significative en nommant conseiller général M. Emile Dollfus,
par 195 voix contre 106 voix, données à M. André Kœchlin.
La ville voulut prouver, par un premier acte, qu'elle tenait à
secouer le joug que M. André Kœchlin, comme maire, faisait
peser sur elle depuis fort longtemps (1).

(1) *Courrier du Bas-Rhin* du 13 décembre 1842.

A Strasbourg, la lutte ne fut pas moins vive qu'à Mulhouse.

Jusqu'alors Strasbourg n'avait élu que des députés libéraux. Du temps de la Restauration c'était Benjamin Constant; plus tard M. Voyer d'Argenson, le général Lafayette, Odilon Barrot et enfin Edouard Martin. Le Juste-Milieu, ou le parti ministériel, tenait à éliminer ce dernier à tout prix. Pour y arriver, il lui suscita un concurrent contre lequel il était difficile de lutter. Ce fut M. Frédéric Schützenberger, maire de Strasbourg.

Jusqu'alors M. Schützenberger avait toujours marché avec le parti libéral. C'est ce parti qui l'avait fait nommer membre de la municipalité et qui le soutint au Conseil lorsque M. Schützenberger fût nommé maire de Strasbourg. Les opinions de M. Schützenberger parurent toujours avoir un cachet franchement libéral et l'on a pu en juger par ses discours lors de l'inauguration des monuments de Kléber et de Gutenberg, en 1840.

Si M. Schützenberger avait posé sa candidature, au premier collège de Strasbourg, contre M. Magnier de Maisonneuve, le candidat ministériel, le parti libéral l'aurait certainement appuyé; mais, en se portant au deuxième collège, contre M. Martin, il joua un mauvais tour à ses anciens amis politiques. Cela lui valut les hommages de la presse gouvernementale qui disait :

« M. Schützenberger a fait une profession de foi que nous ne pouvons qu'approuver. *Il s'est prononcé contre la réforme électorale.* C'est tout ce que nous désirons de lui. Il n'est pas notre candidat de prédilection, mais nous voterons pour lui, non pour triompher par sa nomination mais pour renverser M. Martin, etc. ».

Par contre, les journaux indépendants ne furent pas tendres pour notre maire. Sans parler du *Courrier du Bas-Rhin,* qui entra en lutte ouverte avec lui, je pourrais encore citer le *Siècle*, le *Commerce*, le *Courrier français*, la *Quotidienne* même, qui l'accablaient de leurs sarcasmes.

Le *Courrier du Haut-Rhin*, se publiant à Colmar, s'exprima comme suit :

« Nous regrettons que le maire de Strasbourg ait pris la détermination de se porter contre M. Martin. Les soins que lui commanderont les fonctions · de député l'empêcheront de veiller aux intérêts de la Ville qu'il administre avec une supériorité incontestable, mais nous regrettons surtout de le voir se porter contre le député loyal et honorable, M. Martin, le seul député démocrate de l'Alsace, etc... »

Le résultat des élections fut mauvais pour l'opposition : M. Schützenberger obtint 212 voix contre 154, données à M. Martin ; M. André Kœchlin 184 voix contre 166 voix, données à M. Nicolas Kœchlin. Tous les autres députés ministériels, MM. de Schauenburg, Hallez, Cerfbeer, Saglio, dans le Bas-Rhin ; MM. Hartmann, de Golbéry, le général Bellonet, dans le Haut-Rhin, furent nommés à de grandes majorités. M. Pflieger, député du collège électoral d'Altkirch fut le seul candidat que l'opposition parvint à réélire.

Dans l'intérieur, les libéraux eurent plus de succès ; Paris surtout se distingua. Le parti ministériel n'en fut pas moins en majorité et cette victoire relative contribua beaucoup à augmenter l'aveuglement de Louis-Philippe.

Une agitation ultramontaine contre l'Université avait précédé la lutte électorale. M. Ferrari, professeur de philosophie à la Faculté des lettres de Strasbourg, ayant exposé à ses auditeurs les principes de la philosophie de Platon et d'Aristote, fut violemment attaqué par le journal l'*Univers*.

Dans une lettre, rendue publique, M. Ferrari déclare les imputations, dirigées contre lui, matériellement fausses et odieuses. Rien n'y fait ; les journaux cléricaux reviennent à l'assaut, le cours du professeur libéral est suspendu et, quelques jours plus tard, une décision ministérielle charge le doyen de la Faculté des lettres, M. Delcasso, de l'intérim de la chaire de philosophie jusqu'à la fin de l'année scolaire.

L'*Univers* ne s'en tint pas à M. Ferrari seul. M. Génin, professeur de littérature française à la Faculté de Strasbourg, ne fut pas moins violemment attaqué ; presqu'en même temps M. l'archevêque de Toulouse lança une sentence d'excommunication contre M. Gatien Arnoult, professeur de philosophie à la Faculté des lettres de Toulouse :

« En attendant que les jésuites soient en mesure d'occuper les chaires de nos collèges et de nos Facultés, dit le *Courrier français* du 4 février, on veut que ces chaires soient fermées. C'est un petit complot de MM. les évêques avec leur ami M. Martin (du Nord, garde des sceaux) contre l'Université et contre le faible ministre, M. Villemain, qui a l'honneur de la diriger » (1).

Le monde commercial et agricole eut, de son côté, de grandes préoccupations dans le cours de cette année.

Il s'agissait d'abord d'un traité de douane, ou mieux encore d'une union douanière avec la Belgique. Ce projet rencontra une vive opposition dans certains centres industriels du nord de la France. L'industrie cotonnière de l'Alsace eût été pour une union douanière pleine et entière avec la

---

(1) Le *Courrier du Bas-Rhin*, du 26 avril, contient à ce sujet, l'article suivant : « L'*Univers* ne se contente pas de dénoncer des professeurs de l'Université, il dresse même un acte d'accusation en forme contre la *Mécanique Céleste* de Laplace. Ce livre, dit l'*Univers*, ainsi que toutes les œuvres de Laplace, est souillé d'un impie matérialisme. L'algèbre de Laplace, comme l'algèbre de d'Alembert et de Lalande, n'est qu'un grimoire inventé pour tromper le monde, » etc...

Belgique, mais, dit le Comité des manufactures de l'Est, *à condition que celle-ci adopte les lois de douane françaises.* Il (le Comité) s'oppose de toutes ses forces à un traité de commerce *qui entraînerait l'abandon du système protecteur* (c'est-à-dire prohibitif) qui nous régit actuellement (1).

D'un autre côté, le Congrès douanier allemand, réuni cette même année à Stuttgart, avait décidé que les droits d'entrée en Allemagne, sur certains articles français, seraient doublés, « parce que, disait la *Gazette de Carlsruhe*, la France « se laisse entraîner de plus en plus vers le système de prohibi- « tion; c'est ainsi que, dans la dernière session des Chambres, « divers produits de l'industrie allemande ont été frappés de « droits tout à fait prohibitifs, par exemple : le droit sur les « horloges de la Forêt-Noire a été porté à 2 fr. 20 cent. la « pièce, au lieu de 1 fr. 10 cent.; celui sur les aiguilles à « coudre à 880 francs les 100 kilogrammes, au lieu de « 212 francs, » etc.

Cette guerre douanière, en procurant d'énormes béné- fices à certains industriels, fit un tort considérable aux agri- culteurs et surtout aux viticulteurs. Le Haut-Rhin, voyant se fermer ses principaux débouchés, adressa au roi une pétition signée par plus de seize cents propriétaires de vignes contre ces exagérations de tarifs (2).

« Sire, disent les pétitionnaires, les vinicoles du Haut- Rhin, par suite du manque d'écoulement de leurs produits, sont dans une détresse dont aucun autre vignoble de France ne fournit l'exemple....

« Des fabricants, des maîtres de forge, etc., que leur

---

(1) *Industriel Alsacien* du 6 novembre 1842.

(2) *Courrier du Bas-Rhin* du 18 novembre et du 2 dé- cembre 1842.

industrie a enrichis, grâce au système prohibitif, en réclament le maintien,...

« L'industrie vinicole française ne demande aucune protection, mais elle réclame contre ces barrières élevées autour de la France au profit de quelques industries....

« Sire, nous Vous en supplions, ne vous laissez pas détourner de votre généreux dessein par les clameurs prohibitives de quelques riches manufacturiers !... »

Malheureusement, les intérêts privés l'emportèrent. L'union avec la Belgique ne se fit pas, et les droits prohibitifs contre les produits allemands furent maintenus. Ces rigueurs fournirent naturellement aux gallophobes d'outre-Rhin un thème bien venu pour entretenir la haine contre la France. Et cependant les avis ne manquèrent pas au gouvernement ; toute la presse indépendante prêchait la réforme douanière dans un sens libéral. Mais Louis-Philippe tenait à sa majorité dans la Chambre ; elle était pour la prohibition, ce système prévalut. Malheureusement, dans les moments de réaction douanière, les employés ont coutume de renchérir encore sur l'esprit régnant ; par exemple dans le mode vexatoire de la visite par corps des personnes qui, soit pour leurs affaires, soit pour leur plaisir, passent la frontière. Aussi il arrivait parfois qu'un homme de cœur préférât un procès-verbal de contravention à la visite corporelle par un douanier.

Dans le courant de septembre, les préposés des douanes avaient verbalisé contre un monsieur de Sarreguemines qui avait refusé de se laisser visiter sur le corps. L'affaire fut déférée au juge de paix, qui, ne considérant pas comme délit le fait de la part d'un voyageur de ne pas tolérer qu'on le visitât sur le corps, débouta les douanes. Celles-ci allèrent en appel devant le tribunal de Sarreguemines ; mais celui-ci confirma la sentence du premier juge par un jugement remarquablement motivé dont j'extrais les passages suivants :

« Attendu qu'un tel droit de visite sur des individus de l'un ou de l'autre sexe ne peut-être reconnu que s'il est écrit formellement dans la loi ; qu'on ne le lit dans aucune des nombreuses lois de douanes...

« Attendu qu'on prétendrait en vain induire ce droit du principe : *qui veut la fin, veut les moyens,* que ce n'est pas par induction que l'on peut prouver ou admettre un droit *tellement exorbitant; que la seule supposition de son existence est une injure pour le législateur* puisqu'il autorise des outrages continuels à la pudeur et à la morale publique envers toute personne venant de l'étranger ou circulant dans le rayon frontière, le prétendu droit de la visite du corps comprenant la faculté de palper les personnes des deux sexes et de les faire mettre dans un état complet de nudité ; qu'il aurait pour résultat d'empêcher les étrangers de venir en France et de rendre le rayon frontière inhabitable *pour tous les gens qui se respectent, qui sont pénétrés de leur dignité d'homme* ou de les mettre continuellement dans le cas d'encourir l'amende pour opposition ; car, il n'est pas un d'entre eux qui consentît à se déshabiller en présence des douaniers, ou à se laisser palper par eux, et qui tolérât que sa femme, sa fille, sa mère ou sa sœur se soumissent à cette humiliante et surtout immorale visite corporelle, fût-elle faite par des femmes de préposés, qui d'ailleurs seraient sans qualité et sans pouvoirs.

« Qu'on argumenterait encore vainement de la nécessité d'empêcher la fraude ; car s'il importe d'atteindre ce résultat dans l'intérêt, soit du trésor public, soit de l'industrie française, *il importe beaucoup plus de respecter les lois de la pudeur et de la morale publiques....* »

Honneur aux magistrats qui, en de si nobles termes, ont su défendre la dignité humaine.

Le subside d'un million, voté par le Conseil municipal, en 1841, n'ayant pas fait avancer la question du chemin de fer direct de Paris à Strasbourg, le maire proposa le vote de millions, en témoignage de l'immense intérêt que la Ville mettait à la prompte exécution de cette ligne. Dans sa séance du 25 février 1842, le Conseil accepta les propositions de M. le Maire, en l'invitant à se rendre incessamment à Paris, pour faire valoir les droits et les intérêts des départements de l'Est.

A la même époque, le Conseil vota une somme de 16,000 francs pour l'acquisition d'un tableau et d'un vase de feu M. Kirstein, l'habile artiste ciseleur strasbourgeois (1).

Par contre, la subvention annuelle de 30,000 francs, allouée au théâtre, fut vigoureusement combattue par quelques conseillers. On la vota finalement, en invitant l'administration « à redoubler de surveillance pour rendre l'emploi de cette somme le moins stérile possible. »

Nos honorables devanciers ne s'imaginaient certainement pas que, quarante ans plus tard, cette subvention dépasserait 100,000 francs.

Le Conseil vota, en outre, un crédit de 8,000 francs pour subvenir aux frais du Congrès scientifique de France dont les séances devaient avoir lieu dans nos murs du 1er au 10 octobre. Ce fut une belle page dans l'histoire de Strasbourg.

Dès le mois de février, l'administration, chargée de présider à l'organisation du Congrès, fut constituée. Le secrétariat général se composa de MM. les professeurs *Hepp*, *Eschbach*, *Forget*, *Jung* et de M. *Silbermann*, imprimeur, membre du Conseil municipal. Les secrétaires des sections étaient : MM. *Lereboullet* (histoire naturelle), *Fargeaud* (sciences physiques et mathématiques), *Stœber* (sciences médicales),

(1) Né à Strasbourg en 1765, mort à Strasbourg en 1838.

Bergmann (littérature), *Willm* (1) (philosophie, éducation),
Ch. Bœrsch (sciences économiques etc.), *Spach* (archéologie ,
etc.), *Reiner* (beaux-arts, etc.).

La Ville avait mis à la disposition des membres du
Congrès les salons du Château et le Maire en fit faire les honneurs par des commissaires choisis par lui avec cette puissance d'organisation qui lui était particulière. Chaque soir il
y eut brillante réception, et l'impression que fit cette hospitalité sur les nombreux savants étrangers, venus à Strasbourg,
se traduisit surtout dans de chaleureux toasts, au banquet du
Congrès.

Il eut lieu dans la grande salle du Château. Cent vingt-
sept membres du Congrès y prirent part. Le général *Buchet,*
commandant de la division, M. *Sers,* le préfet, et M. *Schützenberger,* maire, y assistèrent. Le banquet était présidé par
M. de *Caumont,* président du Congrès.

Après le toast obligé du général Buchet : « Au Roi ! »
un toast, par M. Hepp : « A. M. de Caumont, le fondateur
des Congrès scientifiques de France, » et une réponse de
M. de Caumont, qui s'est surtout félicité du caractère de grandeur imprimé au Congrès par le concours des nations européennes les plus éclairées, à sa dixième session, M. Ch. Bœrsch

---

(1) J. Willm, né en 1792 à Heiligenstein, mort à Strasbourg en
1853 — inspecteur d'académie. Fils d'un simple vigneron, son instruction commença par l'école du village ; il continua ses études au
Gymnase et à la Faculté de théologie de Strasbourg. Après quelques
années de séjour en France, où, tout en se perfectionnant dans la
connaissance du français, il étudia l'histoire, la philosophie et la
littérature, il fut nommé professeur de rhétorique au Gymnase de
Strasbourg (1821-1826), puis professeur de philosophie au séminaire
protestant (1826). — Nommé en 1836, inspecteur d'académie, il se
fit connaître par son livre de l'*Education du Peuple* (1843) et par
son *Histoire de la philosophie allemande depuis Kant* (1844).

eut la parole. Dans un fort beau discours, il dit que cette
solennité scientifique devra exercer une heureuse influence
sur les rapports des *deux grandes nations qui se tendent la
main d'une rive du Rhin à l'autre*...

« Oui, vous tous, continua M. Bœrsch, nos hôtes d'Allemagne, vous qui êtes les représentants de tant de corps savants
et de cités, quand vous aurez quitté Strasbourg, si heureuse de
vous avoir accueillis dans son sein, vous direz à vos compatriotes que cette belle et noble France n'est pas un foyer de
vices et de perversité, de charlatanisme et de mensonge,
comme on la dépeint au dehors dans des vues intéressées ;
qu'elle n'est point tourmentée d'un sauvage désir de guerre et
de sanglantes conquêtes...

« Vous leur direz surtout ce qu'il y a encore de bonne et
vieille affection dans notre Alsace pour l'Allemagne. Mais, si
nous tournons nos regards vers elle, ce ne sont pas les regards
de regret de l'enfant arraché à la maison paternelle, c'est
plutôt, permettez-moi la comparaison, le regard d'affection
dont la jeune épouse salue encore le toit de sa mère, heureuse du toit nouveau qui l'abrite et du nom de son époux
qu'elle porte avec orgueil :

« *A l'union de l'Allemagne et de la France!* »

M. Ernest-Emile Hoffmann, conseiller et député de
Darmstadt, répondit par le toast suivant, en langue allemande :

« La France a, par ses institutions, donné une nouvelle
vie aux peuples ; son excellente législation a été utile au
monde entier..... Puisse cette France, amie de l'Allemagne,
être grande et heureuse. Puissions-nous ne jamais revoir un
temps où la France et l'Allemagne seraient hostiles l'une à
l'autre ! Dans cet espoir je propose un toast au bonheur de la

France, qui nous a reçus amicalement et qui, par ses dons, a contribué puissamment à adoucir les souffrances de Hambourg. »

Le maire, M. Schützenberger, a répondu, en langue allemande :

..... « Nous partageons tous le vœu et l'espoir que vous avez exprimé si énergiquement. Puisse un lien toujours plus intime unir l'Allemagne et la France. Puissent les deux nations apprendre à s'apprécier l'une l'autre avec un esprit dégagé des vieux préjugés. . . . .

« Le lien d'estime réciproque qui naîtra de relations, chaque jour plus intimes, ne pourra que fortifier l'union des deux peuples. . . . .

« Qu'il me soit donc permis, en réponse à votre amical toast à la France, de porter un toast non moins cordial à l'Allemagne. »

M. de Pompéry, de Paris, porta un toast : « A la bonne ville de Strasbourg et à ses habitants hospitaliers. »

M. Lortet, docteur en médecine à Lyon, but : « A la prospérité croissante de l'Allemagne et de la France ; qu'elles continuent à éclairer le monde comme les deux brillantes constellations de la science.

« Les inondations du Rhône et l'incendie de Hambourg ont habitué ces deux sœurs, l'Allemagne et la France, à une assistance mutuelle dans le malheur. Aujourd'hui, elles ne veulent plus lutter que pour le bien-être de l'humanité et la propagation des connaissances humaines. »

M. Daguet, professeur à Fribourg (Suisse), porta un toast : « Aux savants des différents pays, et principalement aux Strasbourgeois, les vieux alliés de sa patrie. »

Enfin, le professeur Badachi, de Florence, après avoir au nom de ses compatriotes, exprimé sa gratitude pour l'accueil bienveillant qu'ils ont reçu à Strasbourg, porta, en italien, un toast à l'union de l'Allemagne, de la France et de l'Italie !

Belles paroles ! nobles pensées ! généreuses illusions, qui, dix ans plus tard déjà, reçurent un démenti quand Napoléon III, de funeste mémoire, après s'être emparé du pouvoir par le guet-apens du 2 décembre, fournit aux professeurs allemands l'occasion de faire revivre cette haine jalouse qu'en 1842 on espérait voir s'endormir pour ne plus se réveiller.

Et elle est loin de s'éteindre (1) ; triste conséquence de la fatale guerre de 1870 et de la faute politique de l'Allemagne de s'être annexée l'Alsace-Lorraine contre le gré de ses habitants et dont toutes les nations européennes ont à souffrir, car elle les oblige à cette paix armée où trois millions de jeunes hommes, les forces vives des peuples, sont constamment tenus dans l'inactivité et où le plus clair des ressources pécuniaires des Etats est consumé en dépenses stériles !

(1) Ce n'est pas seulement par les publications littéraires de l'Allemagne, c'est encore par ses livres d'éducation que la haine contre la France est entretenue. Entre autres, les livres : du Dr G. Wendt, directeur du lycée de Carlsruhe : *Recueil de poésies allemandes, pour l'école et pour la maison (Sammlung deutscher Gedichte, für Schule und Haus;* Berlin, librairie Grote (1875), et d'E. Lausch, professeur à l'école supérieure de Wittemberg : *Livre de fêtes pour les écoles allemandes (Festbüchlein für deutsche Schulen ;* Leipzig, librairie Œhmke (1879), contiennent des poésies où les Français sont traités tantôt de poltrons, tantôt de brigands, etc...

Il y a plus fort que cela : A six lieues de Strasbourg, dans la petite ville badoise de Lahr, centre d'industrie important, se publie, depuis de longues années, un calendrier populaire, très répandu à la ville et à la campagne. Dans l'édition *pour 1883*, il y a toutes sortes d'insinuations perfides, à l'adresse des Français, et notamment on y a republié les chansons d'Arndt et de Fontane, prêchant ouvertement la haine contre la France.

Où la vieille Europe ira-t-elle avec ce système, en présence de la jeune Amérique du Nord qui, n'ayant pour son immense territoire qu'une armée de trente mille hommes, rembourse graduellement toutes ses dettes et envoie chaque année des centaines de mille de jeunes gens, dans le monde entier, pour travailler, chacun dans la mesure de ses forces, au bien-être de la patrie !...

L'année se termina par une fête, en l'honneur de Schwilgué, le constructeur de l'horloge astronomique, dans la Cathédrale. Cette fête avait été organisée par les membres des Sociétés d'arts et métiers qui, en 1840 déjà, par leur admirable cortège industriel, avaient glorifié la découverte de Gutenberg. Pleins du même enthousiasme et pénétrés du même esprit d'ordre, ils s'étaient de nouveau unis dans la pensée de donner une consécration populaire au chef-d'œuvre dû au génie d'un de leurs concitoyens.

Le 31 décembre, à cinq heures du soir, les Sociétés se réunirent devant la Cathédrale, sur la place du Château, et la fête commença par une cérémonie religieuse. Au coup de six heures, l'horloge marqua les diverses révolutions du calendrier ecclésiastique et des équations solaires et lunaires. Puis, M. l'évêque prononça un discours, principalement en l'honneur de Schwilgué : « Ce nom, disait *M. Ræss*, brillera
« désormais dans les fastes de cette magnifique Cathédrale, à
« côté de ceux de Werner et d'Erwin. Les démonstrations,
« aussi cordiales que bien méritées, dont le vénérable vieil-
« lard va être l'objet de la part des autorités et de ses conci-
« toyens, prouveront à toute la terre que nos villes comme
« nos provinces, nos provinces comme la France tout
« entière, se lèvent comme un seul homme quand il s'agit de
« *défendre l'honneur de la nation* et de couronner le mérite. »

Après ce discours, les invités à la fête se rendirent sur le parvis méridional de l'église, devant la place du Château, où le cortège des artisans s'était formé. Cinquante Sociétés étaient là, rangées en ordre, avec leurs bannières, au milieu des feux de plusieurs centaines de torches et d'une multitude de drapeaux tricolores. A la tête, la grande bannière de la ville, précédée d'une musique militaire et de cavaliers porteurs de flambeaux et de bannières. Au moment où M. Schwilgué sortit par le portail de l'horloge, une cantate, composée pour la circonstance, fut exécutée par des amateurs. M. Schwartz, brasseur, un des membres du Comité d'organisation, harangua M. Schwilgué, au nom des Sociétés des arts et métiers de Strasbourg, puis le cortège se mit en marche et parcourut, au milieu d'une foule immense, la rue Mercière, la place Gutenberg, la rue des Arcades, la place Kléber, la rue de la Mésange, le Broglie, jusqu'à l'Hôtel-de-Ville, où M. le maire, entouré du Conseil municipal, reçut M. Schwilgué, qui avait pris place à l'extrémité du cortège, et, dans un discours magnifique, le remercia au nom de tous les citoyens, de l'œuvre merveilleuse dont il avait doté la ville de Strasbourg. La fête se termina par une seconde cantate, en l'honneur de Schwilgué (1).

----

(1) Les paroles étaient de nos concitoyens Auguste Lamey et Paul Lehr ; la musique de Philippe Hœrter. (*Courrier du Bas-Rhin* du 1er janvier 1843.)

1843

---◆---

A cette époque, les discussions politiques avaient considérablement perdu de l'intensité qu'elles avaient eue les années précédentes, mais, comme s'il fallait toujours à l'esprit public une agitation quelconque, ce furent les discussions religieuses qui prirent le dessus.

L'ancienne lutte entre l'Université et l'ultramontanisme s'augmentait encore en Alsace de toute la haine que ce dernier nourrissait contre le protestantisme. Une des feuilles légitimistes de Paris, la *Quotidienne*, publia, le 14 février 1843,

15

une lettre de Strasbourg, qui n'était qu'un tissu de calomnies et de mensonges :

« Depuis 1830 — y lisait-on — certains radicaux, protestants, non contents de conserver, à l'abri de tout contrôle, des revenus de plusieurs centaines de mille francs, attachés à la fondation de Saint-Thomas, ont juré d'exploiter, à leur profit, toutes les places, tous les emplois, tous les honneurs, toutes les positions de notre province... Pour mieux exécuter ce plan, au détriment des catholiques et des citoyens paisibles, ces anarchistes ont créé le *Courrier du Bas-Rhin*.....

« Régnant par l'intimidation... décochant sur le clergé les calomnies les plus noires et les plus envenimées, ces nouveaux terroristes ne cessent de harceler quiconque ne partage pas leurs funestes doctrines. Voulant, au nom de la *république* et de la liberté individuelle de la pensée, créer une véritable oligarchie intellectuelle et matérielle, au profit de quelques tribuns ambitieux, ces farouches écrivains s'associent avec les *intérêts les plus honteux* et s'appuient même sur des *idées antinationales* »...

On remarquera tout ce qu'il y a de perfide dans ces lignes. Nous étions en pleine monarchie ; le roi et son gouvernement détestaient les républicains. On accusait donc les protestants de républicanisme et, comme cela ne suffisait pas, on les peignit comme s'associant à des intérêts honteux et ayant des sentiments antifrançais.

Puis s'attaquant au préfet, la lettre dit :

« La conduite inqualifiable de l'autorité administrative s'est signalée notamment dans l'affaire de Gundershofen, en consacrant l'agression d'un pasteur (1) fanatique, qui s'était

(1) C'était M. Lichtenberger, l'homme le plus paisible, le plus conciliant, qu'on puisse s'imaginer. Il était pasteur depuis plus de quinze ans dans le modeste village où régnait la paix la plus pro-

rué dans le chœur d'une église mixte et en avait brisé la balustrade.....

« Ainsi, à la désolation de tous les Alsaciens honnêtes, la paix, qui régnait encore il y a quelques années entre tous les cultes, est sérieusement menacée et personne ne peut calculer les conséquences des attaques récentes de ces turbulents audacieux.....

« Des actes révoltants, signalés à toute la France par l'*Abeille de Strasbourg* et reproduits par plusieurs feuilles religieuses de la capitale, réclament une satisfaction aussi prompte qu'énergique..... »

On le voit, c'était toujours l'ancienne tactique : mentir, calomnier. Le *Courrier du Bas-Rhin* prit la peine de répondre Le journal clérical l'*Abeille* ayant répété, dans son numéro du 24 février, que les emplois rétribués et les positions influentes étaient presque exclusivement occupés par les protestants, le *Courrier* établit la statistique suivante : ·

« Sur six députés, quatre sont catholiques, un protestant, un israélite. Le préfet est protestant. Sur trois sous-préfets, deux sont catholiques. Sur cinq conseillers de préfecture, quatre sont catholiques. Dans la commission des hospices, trois catholiques contre deux protestants. Dans le service de santé de l'hôpital, huit catholiques contre trois protestants. Au bureau de bienfaisance, trois catholiques contre deux protestants. Dans la magistrature, le président, le procureur du roi, les deux substituts sont catholiques. Sur douze juges et suppléants, il n'y a que cinq protestants. Au tribunal de commerce cinq catholiques, trois protestants, un israélite. Et cependant l'immense majorité des commerçants

---

fonde, lorsque l'arrivée d'un jeune vicaire vint y jeter le trouble, par la prétention qu'il avait d'expulser les protestants du chœur qui, ainsi que toute la petite église, était commun aux deux cultes.

est protestante.... Sur trente-sept professeurs de la Faculté, il n'y a que douze protestants. Dans les autres services, finances, douanes, postes, ponts et chaussées, etc., tous les chefs de service, à l'exception de deux, sont catholiques..... »

Il serait fastidieux de continuer ; si je donne ces quelques détails, c'est simplement pour montrer de quel côté était la vérité.

Le journal l'*Univers* ne se montra pas moins haineux ; il avait pour spécialité de faire la guerre à l'Université. C'était encore un professeur de la Faculté de Strasbourg déjà nommé, M. Génin, qui fut le point de mire de ses attaques. Le jeune professeur répondit par un article remarquable publié dans le *National*.

La lutte était générale. A Metz, on avait voulu créer une école d'adultes privée, qui aurait eu le supérieur des frères des écoles chrétiennes pour directeur ; mais, le Comité supérieur de l'instruction primaire, après une longue discussion, vota qu'à son avis il n'y avait ni nécessité ni opportunité d'accorder l'autorisation demandée (1).

A Nancy, ce fut le père Lacordaire qui, par un sermon, provoqua une vive polémique dans les journaux. La feuille libérale, le *Patriote de la Meurthe*, s'étant permis de discuter et de blâmer ce sermon, le révérend père dominicain, venu à Nancy, pour y fonder un couvent de son ordre, ne trouva rien de mieux que d'intenter au journal un procès en diffamation. La feuille *ministérielle* de Nancy, l'*Impartial de la Meurthe*, publia à ce sujet les lignes suivantes :

« La nouvelle du procès intenté par M. Lacordaire, de l'ordre des dominicains, au *Patriote de la Meurthe*, cause depuis deux jours, à Nancy, une agitation assez vive. On se

(1) *Courrier de la Moselle*, 16 juillet 1843.

demande avec douleur si nous allons revoir les luttes religieuses des mauvais jours de la Restauration..... Nancy est une ville tranquille et calme, mais c'est une ville qui se souvient. Depuis dix ans, catholiques et protestants, religieux et autres, y vivaient dans une paix profonde et dans un sentiment de tolérance mutuelle . . . .

« Le procès intenté au *Patriote* n'est qu'un premier acte de réaction religieuse, qu'un commencement d'une nouvelle lutte entre les jésuites et les idées de Juillet. Toutes les sympathies, mêmes celles des conservateurs, sont donc acquises au *Patriote de la Meurthe*. Ce n'est plus une affaire de moine à journaliste, c'est l'esprit clérical fanatique qui se réveille et qui veut troubler le pays » . . . .

Le procès n'eut pas lieu. Le 3 août, le journal de l'évéché, l'*Espérance*, publia la lettre suivante du coadjuteur au père Lacordaire :

« Nancy, 2 août 1843.

« Mon Révérend Père,

« Au milieu des imputations calomnieuses dont vous avez été l'objet, je me trouve dans la nécessité d'élever la voix pour vous témoigner combien je suis convaincu de la fausseté de ces imputations..... Cependant beaucoup de personnes ayant paru s'alarmer d'un conflit judiciaire, je viens aujourd'hui vous demander, dans l'intérêt de la paix, de retirer votre plainte et de vous contenter de la justice éclatante que je me plais à vous rendre moi-même » . . . .

L'*Espérance* fit suivre cette lettre de divers commentaires, parmi lesquels figure la phrase suivante :

« La cause doit se débattre tout entière, non pas entre le père Lacordaire et le journal qui l'a diffamé, mais entre l'Université et l'épiscopat. Il est temps, en effet, que l'épiscopat sache quelle part d'influence l'Université lui accorde sur les aumôniers des collèges et quelle position elle entend faire à ces derniers. »

Le journal conservateur de Strasbourg, l'*Alsace*, fut moins heureux que la feuille libérale de Nancy : Une scène, pareille à celle de Gundershofen, s'était passée dans l'église du village de Baldenheim, près de Sélestat. L'*Alsace* en avait rendu compte en des termes peu flatteurs pour le curé, un sieur Brodbeck. Celui-ci intenta au journal un procès en diffamation, en demandant 10,000 francs de dommages-intérêts. Par un jugement longuement motivé (1) et portant quelque peu les traces de passions religieuses, le journal fut condamné à 3,000 francs de dommages-intérêts, à 300 francs d'amende et aux dépens et à l'insertion du (très long) jugement dans l'*Alsace* et dans le *Courrier du Bas-Rhin*.

Le jugement est signé : GÉRARD, président; GRAVELOTTE, DESCOLINS, juges; CATOIRE, substitut du procureur du roi (2).

Le Haut-Rhin, à son tour, devait devenir un foyer d'agitation. A la date du 24 juillet, le *Courrier du Haut-Rhin* publia la lettre suivante :

« Ribeauvillé, le 24 juillet 1843.

« Monsieur le Rédacteur,

« L'esprit de sage tolérance qui a toujours régné dans le journal que vous dirigez, m'engage à vous communiquer une nouvelle que je puis vous donner comme positive. Il s'agit de la prochaine arrivée de missionnaires dans le département.

(1) *Courrier du Bas-Rhin* du 13 août 1843.
(2) Le tribunal se trouva ainsi composé rien que de catholiques; preuve nouvelle combien étaient vraies les accusations de l'*Abeille* et de la *Quotidienne* dont il a été question tout à l'heure.

Sept de ces ecclésiastiques nomades, la plupart étrangers, arrivant de Fribourg en Suisse, débuteront dans une quinzaine ; ils commenceront leurs exploits dans nos cantons. Peut-être qu'en appelant l'attention de l'autorité supérieure sur l'invasion dont nous sommes menacés, trouvera-t-elle, dans les lois et ses instructions, le moyen de détourner de nous ce fléau de nos contrées, jusqu'aujourd'hui si paisibles..... ! »

Le *Courrier du Haut-Rhin* ajoute :

« Il résulte de nos renseignements que l'arrivée des sept jésuites est chose certaine. L'esprit public, si éclairé dans le Haut-Rhin, ayant fait justice jusqu'ici des sottes querelles, soi-disant religieuses, qui divisent nos voisins du Bas-Rhin, on aura jugé convenable d'introduire parmi nous un élément hétérogène capable de fomenter la discorde dans notre population..... »

Le ministre des cultes, M. Martin (du Nord), quoique nullement entaché de libéralisme, avait, par circulaire, enjoint au clergé de modérer son zèle et, le 22 avril, un arrêté ministériel sur les églises mixtes fut publié, visant spécialement les faits qui s'étaient passés à Baldenheim. A la suite de cela, M. Ræss, par une circulaire du 8 mai 1843, rappela au clergé que son ministère devait être un ministère de paix et de conciliation.....

C'étaient assurément de belles paroles, mais M. Ræss, contrairement à l'exemple donné par son collègue de Nancy, laissa la question s'envenimer et se perpétuer, en tolérant que le curé de Baldenheim fît le procès en diffamation au journal l'*Alsace* et en permettant l'arrivée des jésuites à Ribeauvillé.

Le roi Louis-Philippe étant alors encore assez libéral, en matière religieuse, toutes ces machinations n'aboutirent qu'à troubler la paix dans quelques communes rurales. Le pays, en général, n'en fut pas ému, le ministre de l'instruction publique, M. Villemain, s'étant opposé assez hardiment aux menées ultramontaines, quoique, en plusieurs circonstances, il eût montré quelque faiblesse. C'est ainsi que M. Ferrari, l'ancien professeur de philosophie de la Faculté de Strasbourg, dont le cours avait été suspendu, en 1842, par suite de calomnies des journaux religieux, fut immolé une seconde fois sur l'autel des rancunes jésuitiques. Le *Courrier françai*s publia sa protestation dont j'extrais le passage qui suit :

« Par une exception unique aux lois des concours, je me vois exclu de l'enseignement au moment où je viens d'acquérir le droit d'y rentrer par le titre d'agrégé de l'Université.

« Aucun grief officiel ne peut subsister à mon égard. J'ai pris part au concours par autorisation de M. le ministre. Dans le concours, mes opinions, loin d'être jugées incompatibles avec l'enseignement ont été approuvées à l'unanimité par le jury. M. le ministre a signé la nomination décidée par mes juges. Mon installation a été réclamée au Conseil royal par M. le président du concours. L'acte, qui m'interdit les fonctions de mon grade, est donc complètement arbitraire. C'est la seconde fois que M. Villemain, cédant à la pression des ennemis de l'Université, abuse de son pouvoir pour m'ôter la parole ; l'année dernière, il fermait mon cours à Strasbourg, en me promettant de me réintégrer dans une chaire..... »

En l'honneur de M. Villemain, je dois, par contre, citer des passages d'un article du *Constitutionnel* (1), du mois de

_____

(1) Le *Constitutionnel* était, à cette époque, rangé parmi les journaux les plus conservateurs.

mai 1843, portant le titre : L'*Enseignement de l'Université et celui des jésuites :*

« Le discours que M. Villemain a adressé au roi, au nom du Conseil royal de l'instruction publique, est une bonne et courageuse action dont nous devons savoir gré au ministre. Défendre l'Université, quand elle est devenue le point de mire de toutes les attaques du parti dévot, quand les évêques poussent l'oubli des convenances jusqu'à l'appeler une école de pestilence, c'était de la part du chef du corps enseignant l'accomplissement d'un devoir sacré.

« Nous sommes d'autant plus disposés à rendre justice à M. Villemain que son discours lui vaut aujourd'hui les grossières injures des journaux de la congrégation.....

« Si le parti ultramontain l'emportait, si l'Université était démantelée à ce point que les jésuites puissent faire irruption dans l'enseignement, l'ordre de choses fondé par la révolution (de Juillet) perdrait ses plus solides garanties.....

« Livrez vos enfants aux jésuites, vous verrez ce qu'ils en feront..... Ils leur imprimeront cet indestructible cachet d'hypocrisie qui leur appartient.....

« Quant au pays, aux institutions, il s'agit bien de cela avec les jésuites ! Leur patrie est à Rome..... Leur institution, c'est le despotisme à leur profit, c'est le principe de l'autorité religieuse réglant toutes les choses humaines.....

« On ne croit pas encore en France, et on a tort, aux plans machiavéliques du parti ultramontain ; *on ne croit pas, et on a tort, à l'appui qu'il rencontre même chez les hommes dont la mission est de faire respecter les lois* » ......

Et c'est le *Constitutionnel*, journal conservateur, en politique presque réactionnaire, qui écrit cela en 1843.

A la même époque eut lieu une discussion à la Chambre des pairs sur la liberté de l'enseignement et sur le rétablissement des corporations religieuses. Dans la séance du 15 mai 1843, M. Mérilhou, fit son rapport sur des pétitions ayant pour but de réclamer la liberté d'enseignement et sur une demande d'habitants de Dunkerque de pouvoir confier l'éducation des enfants à des corporations religieuses.

Le rapporteur, après avoir dit que les ecclésiastiques, comme individus, ne sont pas repoussés par l'Université, toutes les fois qu'ils se présentent dans des conditions légales pour remplir des fonctions dans le corps enseignant, ajoute :

« Mais conférer à un corps religieux le droit d'enseignement et de surveillance qui appartient à l'Université, c'est un acte d'une immense portée qui soulève les objections les plus graves.....

« Au surplus, nos traditions nationales réprouvent une pareille abdication. Les anciennes Universités, dont les travaux ont jeté tant d'éclat sur notre pays, étaient des corporations laïques et non pas des ordres religieux. »

Dans la même séance, M. Charles Dupin, pair de France, membre de la majorité conservatrice, prononça sur le même sujet les paroles suivantes :

« J'appui le renvoi très naturel à M. le ministre de l'instruction publique pour les pétitions qui réclament *sans arrière-pensée* la liberté de l'enseignement ; mais en même temps, je demande l'ordre du jour le plus formel pour les pétitions qui réclament la faculté indéfinie de la liberté de l'enseignement en faveur des corporations religieuses.....

« *Nous oublions vite en France, Messieurs les pairs ;* nous paraissons déjà ne plus nous souvenir et de 1830 et de la Restauration et des enseignements terribles d'un trône jeté dans la boue et des autels ébranlés. Ne vous rappelez-vous plus la marche cachée d'une corporation plus funeste encore à ses amis qu'à ses ennemis.....

« Cet esprit, ennemi juré de tout libre arbitre intellectuel, faisant alliance au-dehors avec les principes ultramontains, au dedans avec les sectateurs du despotisme.....

« J'ai donc le droit de dire que la leçon subie par la
France a été grande et que nous devons en garder la mémoire. Les hommes qui chérissent réellement la religion
catholique ne devraient pas solliciter la renaissance de corporations, en tout temps funestes, et qui n'amènent après elles
que le besoin de la discorde et des subversions. Au lieu de
demander que ces corporations aient le droit de propager
leurs tristes maximes, les véritables catholiques devraient
bénir le ciel de ce qu'une ordonnance assure l'heureuse
impuissance de renouveler en France un enseignement que,
certes, on ne doit pas invoquer au nom des libertés nationales, *puisque l'essence de ces corporations, c'est l'oubli, la
destruction de toute liberté publique,* même des libertés de
l'église gallicane » ......

La leçon a été bonne, mais elle fut vite oubliée, car, sept
ans plus tard, en 1850, les congrégations relevèrent la tête et
menèrent la France insensiblement à l'épouvantable catastrophe de 1870 !

La guerre pour rendre au pape le pouvoir temporel ; la
guerre pour châtier la Prusse hérétique et pour consolider,
après ce service éclatant à la religion, la race des Bonapartes.
« Ma guerre à moi, » comme disait l'ex-impératrice, la fanatique
Espagnole ! Ah oui ! elle l'a eue sa guerre, à elle, mais c'est la
nation entière, et tout particulièrement les Alsaciens-Lorrains,
qui l'ont payée..... Et l'on sait à quel prix. — La leçon
serait-elle encore oubliée par la France !!!...

Des élections municipales eurent lieu dans le courant de cette année. La lutte fut assez vive à Strasbourg, mais l'élément libéral l'emporta sur toute la ligne.

A Mulhouse, la lutte s'établit entre l'opposition et M. André Kœchlin et son parti; la première l'emporta. M. André Kœchlin, longtemps maire trop autoritaire de Mulhouse, ne fut pas réélu; la nouvelle administration se composa de M. Emile Dollfus, maire, et de MM. J.-G. Weiss, Léonard Schwartz, adjoints. L'installation eut lieu le 2 août 1843, par le préfet du Haut-Rhin en personne, M. Bret. Dans un fort beau discours, il fit ressortir les services que M. Emile Dollfus, comme président de la Société industrielle, avait déjà rendus à la grande cité manufacturière. La cérémonie fut suivie d'un banquet; de nombreux toasts y furent portés et salués, chaque fois, du canon de la batterie d'artillerie de la garde nationale.

On se rappellera, sans doute, qu'à Strasbourg la garde nationale avait été licenciée en 1834 déjà. Mulhouse conserva la sienne, mais il paraîtrait que vers la fin de 1843 elle fut jugée insuffisante, puisque, dans la séance du 21 octobre du Conseil municipal, la Commission, chargée de l'examen de la proposition de demande d'une garnison, faisait ressortir, par l'organe du rapporteur, M. Joseph Kœchlin, les avantages que retirerait la ville de la présence d'un bataillon d'infanterie. Après une longue et vive discussion, les conclusions de la Commission furent mises aux voix et adoptées à l'unanimité (1).

———————

Dans le courant du mois de mars de cette année, nous parvint la nouvelle d'un formidable tremblement de terre à la Guadeloupe. Immédiatement des souscriptions furent ouvertes

(1) *Industriel alsacien* du 24 octobre 1842.

et de nombreux dons affluèrent pour soulager les victimes de ce désastre.

A la même époque, le célèbre baryton Tamburini arriva à Strasbourg ; il faisait partie de cette illustre troupe du théâtre Italien de Paris qui, pendant quelques années, brilla d'un si vif éclat ; cette troupe unique en son genre avait pour prima-donna, Mlle Grisi ; pour ténor, Rubini ; pour basse, Lablache, et pour baryton, Tamburini. Ce dernier, après avoir donné deux concerts à son bénéfice, à la Réunion des Arts (1), s'offrit de chanter pour les victimes de la catastrophe à la Guadeloupe et pour les pauvres de la ville. Notre Académie de chant s'empressa d'accepter ; elle organisa deux grands concerts qui eurent lieu le samedi 6 et le dimanche 7 mai, à la salle de spectacle. « Le succès, dit le feuilleton du *Courrier du Bas-Rhin*, fut complet, grâce à Tamburini qui n'a pas dédaigné, lui, l'artiste hors ligne, de s'entourer d'amateurs dont il devait naturellement guider la timidité personnelle.... »

Le soir du premier concert, la Société chorale porta une sérénade à l'illustre artiste et l'Académie de chant, voulant rendre hommage au talent autant qu'aux qualités de l'homme privé, se rendit chez Tamburini, le jour de son départ, pour lui faire agréer une grande coupe de vermeil ciselée par Kirstein, notre artiste strasbourgeois, et portant les inscriptions suivantes :

Concerts au profit des victimes de la Guadeloupe
6 et 7 mai 1843

A TAMBURINI
L'Académie de chant de Strasbourg

De Strasbourg, Tamburini se rendit à Mulhouse, où il donna un concert le 9 mai ; jamais, nous écrivait-on,

___

(1) Alors rue des Juifs.

Mulhouse n'a eu de concert aussi brillant, jamais l'affluence n'a été aussi considérable.

Cédant à une invitation venue de Colmar, Tamburini y donna un concert, le 10 mai, avec le même succès; la Société philharmonique de Colmar lui avait prêté son concours.

Le désastre de la Guadeloupe fournit à M. *Ernest-Emile Hoffmann, député aux Etats de Darmstadt* (1), l'occasion de rappeler à ses concitoyens la générosité de la France à l'égard des incendiés de Hambourg et à solliciter leur concours en faveur des victimes du tremblement de terre. Touchants exemples de confraternité, malheureusement très rares, mais trop honorables pour ceux qui les fournissent, pour ne pas être cités.

————————

Ainsi que les années précédentes, les délibérations sur les chemins de fer et les canaux prirent une grande place dans les discussions des Conseils généraux et municipaux de l'Alsace.

Pour Strasbourg, c'était l'interminable question de l'entrée en ville et du débarcadère, commun aux deux lignes de Bâle et de Paris, à établir au Marais-Vert.

Pour Colmar, c'était le canal de jonction. Le Conseil municipal de Colmar, dans une de ses séances du mois d'août 1843, vota 400,000 francs, sous la condition que cette somme serait versée au Trésor dans le cours de la dernière année de la construction du canal (2).

Un concours pour le même objet fut sollicité du Conseil général du Haut-Rhin; mais, dans sa séance du 22 août, ce

————————

(1) Ce même M. Hoffmann qui prononça des paroles si sympathiques lors du Congrès scientifique tenu à Strasbourg en octobre 1842.

(2) *Courrier du Haut-Rhin*, août 1843.

Conseil, tout en reconnaissant l'utilité de ce canal, réserva pour des temps plus favorables la subvention sollicitée.

Dans la même session, ce Conseil eut à s'occuper de la question du reboisement des forêts : « Si l'on veut conserver en France la propriété boisée, dit le rapporteur, il faut que l'administration apporte une très grande circonspection dans les permissions de défrichement » (1).

Malheureusement, la corruption électorale joua un grand rôle dans ces concessions qui, trop souvent, étaient accordées, au détriment du bien public, à ce qu'on appelait alors « les hommes bien pensants » c'est-à-dire à des députés votant pour le gouvernement, ou à des électeurs influents.

Le Conseil général du Bas-Rhin s'occupa, dans la session de cette année, de la création d'une école normale de filles à Strasbourg. Le Conseil, sur le rapport du préfet, en reconnaît toute l'utilité et invite l'administration à étudier la question et à s'occuper des moyens de réaliser cette importante institution.

Le Conseil général du Haut-Rhin s'occupa largement de la question des écoles. D'une statistique, publiée dans le *Glaneur du Haut-Rhin* de décembre 1843, il résulte que dans dix ans — de 1833 à 1843 — il a été construit ou réparé, dans l'arrondissement de Colmar, 295 maisons d'école ayant nécessité une dépense de 1,072,800 francs. Dans le même laps de temps, il a été construit ou réparé 56 églises, 9 presbytères, ayant coûté au département ensemble 1,373,000 francs.

---

(1) *Courrier du Haut-Rhin*, septembre 1843.

1844

Le 30 décembre 1843, la Chambre des députés avait repris ses séances Les nombreuses manœuvres électorales avaient assuré une grande majorité au gouvernement et de toute la députation alsacienne il n'y avait que M. Pflieger, le député d'Altkirch, qui fût de l'opposition. Cependant les inquiétudes qu'inspirait un tel état de chose, se firent jour à la Chambre même. M. Jacques Laffite, le vénérable président

16

d'âge, avait fait entendre ces prophétiques paroles qui furent
comme son testament politique :

« Je n'abuserai point du privilège de mon âge et de mes
fonctions pour vous parler de mes appréhensions pour l'avenir, mais en présence d'une situation qui ne me paraît pas
sans danger, ma conscience m'ordonne de vous dire ce que
la France attend de vous..... Dans le cours de votre session,
des occasions s'offriront, sans doute, d'examiner si nos dernières illusions iront s'engloutir dans le gouffre ouvert à nos
portes... si le calme artificiel, créé à la surface du pays, suffit
à notre dignité, à notre sécurité... si le désordre et l'anarchie
ne sont pas au fond de notre situation et si la loyauté et la
droiture, dans l'administration des affaires publiques, ne sont
pas préférables aux ressources de la vénalité, aux trafics de la
corruption. (Au centre : « A l'ordre ! à l'ordre ! »)

« Je ne pousserai pas plus loin mes investigations, mais
songez-y : les factions meurent, les ministères passent, les
systèmes s'épuisent, et nous, messieurs, nous restons
responsables des obstacles que le pays rencontre dans le
développement des conditions de puissance et de prospérité
qu'il devait attendre de la révolution de Juillet. »

Ces nobles paroles furent accueillies avec un dédain
ironique par la majorité, par le ministère et par le roi.....
Quatre ans plus tard, on reconnut que M. Laffite avait dit
vrai : royauté, ministère, parlement servile, tout fut balayé
dans la tourmente de 1848.

Le 6 janvier suivant, l'honorable M. Laffite (1) fut, de la

(1) M. Jacques Laffite mourut le 27 mai suivant. La France
perdit en lui un de ses plus dignes citoyens; le parti libéral, un de
ses plus dévoués appuis. « Sa générosité, dit le *National*, était telle
qu'il ne pouvait croire à la perversité dont certains hommes sont
capables ; cette générosité le rendit plus d'une fois leur dupe. Le gou-

part des élèves des écoles de Droit et de Médecine de Paris, l'objet d'une manifestation sympathique. Sept à huit cents jeunes gens se rendirent, en cortège, du quartier Latin, à l'hôtel de M. Laffite, où l'un d'eux adressa au patriotique député un discours où se trouvent les paroles suivantes :

« La jeunesse des écoles s'est associée tout entière aux mâles vérités que vous avez fait entendre du haut de la tribune nationale..... La portion du parlement, qui vit du budget n'a répondu à vos prophétiques paroles que par l'ironie et l'insulte, mais la France entière les a recueillies..... elle n'a pas oublié la part immense que vous avez prise aux luttes parlementaires qui préludèrent à la chute d'une dynastie abhorrée..... »

Le gouvernement ne tint aucun compte des vœux de la nation ; il avait d'autres préoccupations. Louis-Philippe songeait aux dotations, pour les princes et les princesses de sa famille ; cette question parut lui tenir le plus à cœur et bien que la Chambre, malgré l'esprit servile qui y dominait, l'eût déjà repoussée trois fois, le ministère y revint une quatrième fois, dans la séance du 1er Juillet 1844. M. Guizot, avec sa persistance ordinaire, soutint que la France devait des dotations aux membres de la famille royale. M. Lherbette, de l'opposition combattit cette théorie ; entre autres, il dit : « Nous savons, Messieurs, qu'il est certaines questions qu'on « n'abandonne pas et auxquelles on revient toujours avec « une nouvelle ardeur. La dotation est une de ces questions.

vernement était instruit, depuis dix jours, de la maladie qui mettait en péril la vie de M. Laffitte, et pas une seule fois on ne s'est présenté, au nom du *Château*, pour témoigner quelque intérêt à cet ancien ami qui, en août 1830, avait si puissamment contribué à mettre Louis-Philippe sur le trône.

« Trois fois déjà on nous l'a présentée; trois fois on a été
« repoussé, on revient une quatrième fois à la charge..... »

M. Lherbette proposa l'ordre du jour qui fut adopté avec
une assez grande majorité, malgré les efforts du ministre.
Parmi les députés de l'Alsace, qui ont voté avec lui, on signala
M. de Golbéry, du Haut-Rhin et M. de Schauenbourg du
Bas-Rhin ; ce dernier, dans une lettre, publiée par les journaux locaux, réclama comme n'ayant pas voté pour M. Guizot
tout en disant qu'il admirait le caractère et le courage
de cet homme éminent. Quant à M. de Golbéry, M. Guizot
l'avait fait nommer procureur-général à Besançon ; son vote
s'expliqua tout naturellement. L'opposition, du reste, avait
assez beau jeu dans cette question ; elle fit remarquer que
l'instruction primaire, malgré certaines améliorations, était
encore si mal dotée que dans trois départements, les Basses-
Alpes, la Lozère et les Basses-Pyrénées, le salaire des instituteurs, y compris la rétribution mensuelle des élèves, ne se
montait pas à 80 centimes par jour (1) ; les fonds manquaient
pour l'instruction primaire et le roi osait demander au pays
des dotations pour sa famille dont la fortune était évaluée
alors à près de 300 millions !

Le ministère fut plus heureux dans d'autres questions.
Le comte de Chambord, lors d'un voyage en Angleterre, ayant
fait un petit séjour à Londres, des députés légitimistes y
allèrent pour lui rendre hommage. Louis-Philippe s'en trouva
offensé. M. Guizot demanda à la Chambre un blâme public, et
la majorité obéit par le vote dit de « flétrissure. »

Puis vint la question de la reine Pomaré, aussi appelée
affaire Pritchard. Celle-ci nous intéressa particulièrement
puisqu'un enfant de l'Alsace, le capitaine Bruat, plus tard
amiral, y joua un rôle : La France ayant pris sous son protec-

(1) Journal *La Démocratie pacifique*, année 1844.

torat l'île Taïti, y avait établi une station navale, sous le
commandement du contre-amiral Dupetit-Thouars. L'arrivée
du Consul-missionnaire anglais, Pritchard, porta le trouble
dans l'île ; ce dernier agit si fortement sur l'esprit de la reine
Pomaré que celle-ci essaya de se soustraire au traité fait avec
la France, en se mettant entre les mains des Anglais. L'amiral
Dupetit-Thouars, ne pouvant lui faire changer de résolution
finit par prendre possession de l'île au nom de la France ;
le commandant Bruat fut nommé commissaire du roi à
Taïti.

Cet acte de vigueur souleva en Angleterre une tempête
et donna lieu aux discussions les plus orageuses dans les deux
parlements. Louis-Philippe et son funeste conseiller, M. Guizot,
s'humilièrent ; les deux braves marins furent désavoués et la
Chambre, après de longs débats, ratifia cette désapprobation.
Mais la nation releva le gant ; elle fit une souscription publique, sur le pied de 5 centimes par chaque souscripteur (1),
pour offrir une épée d'honneur à l'amiral Dupetit-Thouars.
L'Alsace ne resta pas en arrière dans cette démonstration
patriotique ; des listes circulèrent à Strasbourg, à Colmar, et
à Mulhouse (2). En peu de temps, elles se couvrirent de nombreuses signatures pour protester contre l'humiliation infligée
à notre drapeau et à nos braves marins (3).

---

(1) *Courrier du Bas-Rhin* du 10 mai 1844. Le maximum de la
souscription était fixé à 50 centimes.

(2) L'élan fut tel que, même à *Mannheim,* une souscription, ouverte dans un café fut couverte de nombreuses signatures (*Courrier
du Bas-Rhin* du 21 avril 1844).

(3) Bruat (Armand-Joseph), né à Colmar le 26 mai 1796. Aspirant de marine en 1815, enseigne en 1819, lieutenant en 1827, capitaine de vaisseau en 1838, préfet maritime de Toulon en 1848, commandant à la Martinique en 1849, vice-amiral en 1852, amiral et

Le gouvernement qui ne voyait pas ces manifestations d'un œil favorable fit surveiller avec une inquiète activité toutes les associations politiques. Par contre, il se montra assez tolérant envers les congrégations. Une de celle qui avaient le plus de ramifications fut la Société dite : *Œuvre de la propagation de la foi*. Elle avait organisé des collectes sur tous les points de l'Alsace et recueilli 18,542 francs, dans le département du Haut-Rhin ; 19,198 francs, dans celui du Bas-Rhin (1).

M. Génin, le professeur de philosophie à notre Faculté, dans son remarquable ouvrage : *Les Jésuites et l'Université*, dit que, en 1842, il a été versé dans la caisse centrale de la Société 2,752,215 francs (2).

En même temps, l'épiscopat continua son opposition au projet de loi sur l'instruction secondaire, présenté par M. Villemain. Pour ne pas rester en arrière sur ses collègues, M. Ræss, le nouvel évêque de Strasbourg, adressa, dans le

---

commandant de l'escadre de la mer Noire en 1855, lors de la guerre de Crimée. — Mort le 19 novembre 1865.

———

Le nom de Dupetit-Thouars a été porté par plusieurs hommes illustres dans les annales de la marine :

1º Aristide Dupetit-Thouars, un des plus braves marins de la France, commandant au combat d'Aboukir le vaisseau *Le Tonnant*, et fut tué le 2 août 1798, après une défense héroïque ;

2º Dupetit-Thouars (Abel), né le 3 août 1793 ; mort à Paris le 16 mars 1864

Un descendant de ces Dupetit-Thouars, détaché avec ses quarante-cinq marins à Strasbourg pendant le bombardement, en 1870, prit une part glorieuse à la défense de la place contre l'armée allemande.

(1) *Courrier du Bas-Rhin* du 24 mai 1844.

(2) Prospectus de l'Association pour la propagation de la foi (page 4).

courant du mois de mars, au roi Louis-Philippe, un mémoire contre ce projet qui alors se trouvait en délibération à la Chambre des pairs (1).

Chez nos voisins, les efforts de l'ultramontanisme ne furent pas moins accentués. M. Arnoldi, évêque de Trèves, exposa, dans sa cathédrale, une prétendue tunique de Jésus-Christ qui, dans le courant de l'année, reçut l'hommage de plus de cinq cent mille fidèles. On avait établi cinq troncs pour les offrandes; ce n'est que lorsqu'elles étaient déposées que les pèlerins étaient admis près de la relique (2).

Cette exhibition provoqua en Allemagne une petite guerre religieuse mais comme elle ne fut pas portée sur le terrain politique, les gouvernements allemands en restèrent simples spectateurs.

Rongé, curé dans le diocèse de Breslau, lève le premier l'étendard de la révolte contre son évêque, en publiant un manifeste où il déclare que, tout en restant catholique, il se séparait complètement de Rome. Le chapitre de la Cathédrale de Breslau y répond par l'excommunication à raison des termes irrévérencieux dans lesquels il parlait de la sainte Robe de Trèves.

Des villages entiers passent au culte néo-catholique. Les villes font des ovations à Rongé, son apôtre. Hambourg lui envoie une coupe en argent; mais, moins heureux que Martin Luther qui, trois siècles auparavant, de moine obscur était devenu le fondateur du protestantisme, Rongé vit, au bout de quelques années, ses progrès enrayés par les fortes secousses politiques qui, en 1848, à la suite de la révolution de Février, ébranlèrent les fondations de tous les Etats germaniques.

Plus près de chez nous, à Lucerne, une lutte s'était

(1) *Courrier du Bas-Rhin*, 29 mars 1844.

(2) *Loc. cit.*, 24 novembre 1844.

engagée entre le catholicisme libéral et le jésuitisme. Ce dernier, momentanément, resta vainqueur. Les jésuites rentrés en maîtres absolus et impitoyables à Lucerne, firent jeter dans les cachots les chefs des libéraux, Steiger et Aufdermauer et tous ceux qui n'avaient pu se soustraire, par la fuite, à leur vengeance. La réaction fut telle que beaucoup de fuyards se sauvèrent en Alsace et que plusieurs d'entre eux vinrent jusqu'à Strasbourg y demander un refuge.

Heureusement pour les libéraux, leur exil ne fut pas de longue durée. Trois ans plus tard, après la guerre du *Sonderbund*, ils reprirent les rênes du gouvernement de Lucerne et Siegwart Müller, le chef du parti des jésuites, vint à son tour chercher un asile à Strasbourg.

————————————

Les délibérations de nos conseils municipaux n'offrirent rien de particulier dans le cours de cette année. A Strasbourg, le parti ultramontain, n'ayant pu obtenir l'entrée des frères de la doctrine chrétienne dans l'instruction primaire, demanda l'admission des sœurs de la Providence dans les écoles et les salles d'asile. La proposition, soutenue par MM. Linder, avocat, et Gérard, président du tribunal civil, fut combattue par MM. Lichtenberger, avocat et Ch. Bœrsch. Le Conseil municipal, dans sa séance du 8 juin, après une longue discussion, la rejeta par 16 voix contre 12.

Dans une autre séance, plusieurs membres se plaignirent de l'inobservation des règlements de police, concernant l'évacuation des lieux publics, qui souvent ne se faisait qu'après dix heures et demie, heure règlementaire, ainsi que de la fermeture des portes de la ville qui (on était en été) avait lieu à neuf heures du soir, les jours de semaine, et à dix heures, les dimanches et jours fériés !... Sous ce double rapport, nous sommes aujourd'hui, après quarante ans, en plein progrès.

Les portes de la ville ne se ferment plus et les cabarets, restaurants, brasseries, etc., dont le nombre, depuis l'annexion, peut s'appeler légion, restent ouverts assez longtemps pour que les plus *exigeants* n'aient plus à se plaindre.

———————

A Mulhouse, le Conseil municipal reprit la question d'une caserne. Dans sa séance du 11 mars, il vota la location de l'établissement Rott qui devait être provisoirement affecté au logement des deux compagnies que le ministre avait accordées, à titre d'essai, en place du bataillon demandé.

Dans sa séance du 25 mars, le Conseil approuva les statuts d'une caisse de secours pour les malades et infirmes ; elle entra en fonctions le 5 mai 1844, sous la direction d'un conseil d'administration, ayant M. le maire comme président.

Cette même année, la Cour royale de Colmar eut à juger un procès, intéressant particulièrement l'Alsace : Il s'agissait du serment *more judaïco* qu'un israélite de Saverne avait déféré à un de ses coreligionnaires sur une contestation civile pendante entre eux, devant le tribunal de première instance de Saverne. Celui-ci ayant fait droit aux conclusions du demandeur, le défendeur en appela à Colmar, mais la Cour, par un arrêt longuement et fortement motivé et qui semblait inspiré par l'esprit du moyen âge, confirma le jugement du tribunal de Saverne.

Un pourvoi en cassation fut dirigé contre cet arrêt. M. Martin, de Strasbourg, le soutint en disant que c'était violer la Charte, dont l'article 1er déclare tous les Français égaux devant la loi et que forcer un citoyen Français à jurer *more judaïco* quand, loin de revendiquer cette exception, il offre de prêter serment dans la forme ordinaire, c'est violer l'article 5 de la Charte qui proclame et protège la plus entière liberté religieuse. La Cour de cassation admit le pourvoi, mais tel était encore, chez nous, l'état des esprits en cette matière, que le *Courrier du Haut-Rhin*, feuille d'ailleurs libérale, critiqua, dans plusieurs articles, l'arrêt de cassation et soutint la jurisprudence de la Cour de Colmar, qui soumettait les israélites à un serment exceptionnel.

Dans sa séance du 27 août 1844, le Conseil général du Haut-Rhin s'occupa de nouveau de la question des défrichements. Plusieurs membres se déclarèrent pour l'interdiction absolue de tout défrichement, en se prévalant de l'influence des forêts sur l'atmosphère, etc., mais leurs sages conseils ne purent dominer la voix égoïste de certains propriétaires, qui regardaient cette interdiction comme une atteinte au droit de propriété.

Une grande Exposition de l'industrie et des arts eut lieu à Paris, dans le cours de 1844. Le Haut-Rhin s'y distingua tout particulièrement par la variété de ses produits, fournis par cinquante-quatre exposants. Le Bas-Rhin n'eut que vingt-quatre exposants, mais il fut mieux représenté au point de vue artistique. L'œuvre d'un Strasbourgeois, la *Jeune Bretonne*, par M. Grass, fut surtout remarquée et la presse parisienne en fit le plus grand éloge. M. Grass occupait déjà une place honorable, dans le monde artistique, par les statues de Kléber et d'Icare. La Ville acquit cette dernière, ainsi que la *Jeune Bretonne*, pour son Musée ; elles furent malheureusement détruites par le bombardement, dans la nuit du 24 août 1870, où le Musée de la ville, avec tout ce qu'il contenait, devint la proie des flammes.

Dans le cours de cette session, la Chambre vota la construction du chemin de fer de Paris à Strasbourg, suivant le tracé direct. Antérieurement elle avait pris une mesure utile et morale, en interdisant aux pairs de France et aux députés la faculté d'être administrateurs des chemins de fer. Par suite de ce vote, M. Magnier de Maisonneuve, député du Bas-Rhin, donna sa démission de membre du Conseil d'administration de la Compagnie du chemin de fer de Paris à Strasbourg. Il n'avait accepté ces fonctions, dit-il, dans une lettre du 13 juin, publiée dans les journaux, qu'en vue de voir se réaliser le projet du chemin direct, combattu si vivement par M. Teste, le précédent ministre des travaux publics, qui, pour justifier son opposition, prétextait qu'il ne se constituerait pas de compagnie pour en entreprendre l'exécution.

M. Magnier mourut le 28 août suivant.

Le 28 novembre de la même année, le Bas-Rhin perdit un autre de ses députés, M. Hallez. Les deux avaient fait partie de la phalange ministérielle ; mais, comme députés de Strasbourg et de Sélestat, ils avaient défendu avec chaleur les intérêts des villes qu'ils représentaient. Ils furent remplacés : M. Magnier, par le contre-amiral de Hell et M. Hallez par son fils, M. Hallez-Claparède. Ce dernier, déjà membre du Conseil général et maître des requêtes au Conseil d'Etat, venait de se faire connaître avantageusement par une *Histoire de la réunion de l'Alsace à la France.*

Quant à M. de Hell, bien que notre compatriote, il n'avait que rarement séjourné en Alsace. Après avoir été gouverneur de l'île Bourbon, il fut nommé préfet maritime à Brest, et les électeurs, en le nommant député, donnaient leurs suffrages à un fonctionnaire dépendant du ministère et qui, de plus, n'avait pas eu le temps d'étudier les besoins du département.

Tels furent les hommes, que le petit groupe d'électeurs

privilégiés envoyait à Paris, comme successeurs des Benjamin Constant, des Lafayette, etc...

Louis-Philippe et ses ministres étaient passés maîtres en matière d'élection ; leur grande science était la corruption et cette opiniâtreté fatale d'opposer leur *Jamais* à la moindre réforme réclamée par l'esprit public. Le roi et ses conseillers creusaient eux-mêmes l'abîme qui, trois ans plus tard, allait les engloutir et qui devint aussi le tombeau de la prospérité de l'Alsace-Lorraine. Quelques légères concessions, et la révolution de Février eût pu être évitée ; la race des Bonaparte n'eût pas fait sa réapparition et nos pauvres provinces n'auraient pas été détachées de leur mère-patrie.

1845

L'été, plutôt humide que sec de 1844, fut suivi d'un hiver précoce, rigoureux et surtout très long. Le 15 février 1845, le thermomètre marqua 14 degrés au-dessous de zéro et, dans la seconde quinzaine du mois de mars, il était tombé une telle masse de neige que le lundi de Pâques, 24 mars 1845, on pouvait encore aller en traîneau.

La croyance populaire que, sans véritable hiver, il n'y a pas de bon été, reçut, comme il arrive souvent, un démenti complet. Après un hiver, qui n'avait pas duré moins de cinq mois et qui avait fourni une quantité énorme de neige, on

espérait un été sec (1). Cet espoir fut cruellement déçu. L'été
vint tard et fut pluvieux. La grande humidité produisit une
maladie des pommes de terre ; elle préoccupa d'autant plus
l'opinion publique que certains esprits mal intentionnés
s'efforcèrent de l'attribuer aux chemins de fer. Les journaux
réagirent contre cette insanité et la Société industrielle de
Mulhouse fit publier, dans l'*Industriel Alsacien* et dans les
Affiches de Mulhouse, du 28 septembre, une instruction sur
les mesures à prendre pour remédier aux effets du mal.

La maladie, du reste, céda aux influences atmosphé-
riques ; l'hiver de 1845 à 1846 fut très doux, presque sans
glace et — encore contrairement aux idées répandues — l'été
de 1846 fut magnifique.

Dans sa séance du 18 avril 1845, le Conseil municipal de
Strasbourg eut à s'occuper d'une question importante. Il

------

(1) Le *Courrier du Bas-Rhin* du 21 mars 1845, publia, en feuilleton, une note de M. Scoutetten, ancien chirurgien en chef de
l'hôpital militaire de Strasbourg, alors chirurgien en chef de celui de
Metz, sur la température atmosphérique de 1845, comparée à celle
des vingt années précédentes. La moyenne des jours de gelée variait
entre cinquante à soixante, tandis que dans l'hiver de 1829 à 1830,
elle avait été de cent un et dans celui de 1844 à 1845 de quatre-vingt-
trois, jusqu'à la date du 17 mars 1845, où l'article fut publié.
M. Scoutetten, du reste, se trompa également dans son espoir d'un
été chaud. « L'hiver, dit-il, que nous traversons est très rude... il
« est probable que l'été sera chaud... Une autre raison peut encore
« appuyer l'opinion émise sur la probabilité de fortes chaleurs pendant
« l'été prochain ; c'est le chiffre des températures moyennes, propres
« à chaque climat. Comme nous avons déjà eu, cette année, quatre-
« vingt-trois jours de gelée, il est probable que les chaleurs de
« l'été seront fortes, afin que notre climat atteigne la température
« moyenne, qui lui est habituelle. »

s'agissait de la reconstruction de la manufacture de tabacs, qui, établie depuis l'introduction du monopole en 1810, dans l'ancien cloître de Saint-Etienne, était devenue tout à fait insuffisante en face de l'extension que prenait cette grande industrie (1). L'administration des tabacs était toute disposée à reconstruire sur l'emplacement qu'elle occupait, mais elle avait besoin, dans son plan d'ensemble, d'utiliser les ruines de l'église, que M. l'évêque tenait à conserver dans l'espoir, à un moment propice, de la rendre au culte. De là des négociations interminables. Pour en finir, la régie des tabacs se mit à examiner les propositions de la ville de Saverne qui, en date du 14 mars 1845, avait offert la cession gratuite de son château, pour l'établissement de la manufacture, et un concours de 50,000 francs pour les frais d'installation. Strasbourg risquait ainsi de perdre ce magnifique établissement et l'on comprend l'émoi que devait produire cette nouvelle. M. le préfet, dans sa communication au Conseil municipal, disait que le danger pourrait être évité si l'on offrait à la régie un autre emplacement, dans l'intérieur de la ville, par voie d'échange contre Saint-Etienne, que l'administration diocésaine tenait à ravoir. Une note annexée indiquait, comme pouvant remplir ces conditions : le jardin de la Marguerite (2) et la maison de Correction ; le petit Séminaire au Finkwiller, avec les propriétés voisines; le Kuppelhof; les propriétés Dournay-Arnold-Perrin à la Krutenau, etc.

Durant ces négociations des démarches avaient été faites pour engager la municipalité à ériger la vieille église Saint-

(1) D'après le compte-rendu pour 1844, de l'administration des tabacs, le bénéfice de l'Etat qui, en 1842, était de 73 millions, en 1843, de 77 millions, atteignit, en 1844, 80 millions ; il y avait progression importante d'année en année.

(2) Aujourd'hui surbâti pour l'Abattoir.

Etienne en église paroissiale. La Ville aurait été ainsi engagée dans des dépenses considérables, mais le Conseil municipal tint bon. *A l'unanimité*, il rejeta cette dernière proposition ; *à l'unanimité*, il émit l'opinion que la conservation des ruines de l'église Saint-Etienne n'avait pas d'intérêt archéologique assez sérieux pour être mis en balance avec la conservation, à Strasbourg, de la manufacture de tabacs.

Cette décision catégorique détermina l'évêché à s'occuper directement de l'acquisition d'un immeuble à offrir à la régie contre Saint-Etienne ; il acheta les chantiers Arnold et Perrin la propriété Dournay et les échangea contre Saint-Etienne, qui devint dès lors sa propriété.

Trois sommités, — du barreau, de l'art dramatique et de l'art musical, — vinrent à Strasbourg dans le courant de cette année.

Un de nos compatriotes, M. F. Busch, propriétaire, adjoint au maire sous la Restauration et qui, en politique, était plutôt réactionnaire que libéral, avait publié un livre contre les jésuites (1). Quatre avocats de Strasbourg, MM. Aubry, Eschbach, Thieriet et Mayer, firent une consultation contre cette publication. M. Busch y répondit par une brochure : *Réponse du bibliophile à la consultation des quatre avocats de Strasbourg*. Ceux-ci, se jugeant diffamés par cet écrit, assignèrent M. Busch devant le tribunal de police correctionnelle de notre ville, en demandant 15,000 francs de dommages-intérêts. Mᵉ Jules Favre arriva de Paris pour prêter l'appui de son talent à M. Busch.

(1) *Découvertes d'un bibliophile, ou Lettres sur différents points de morale, enseignés dans quelques séminaires de France.*

« M⁶ Favre, dit le *Courrier du Bas-Rhin* du 29 juin 1845, a amplement justifié la brillante renommée qui l'avait précédé à Strasbourg ; l'urbanité et la grâce, jointes à une noble dignité, une chaleur d'âme entraînante... telles sont les qualités par lesquelles M⁶ Favre a su exciter l'admiration de l'auditoire. Aussi, lorsqu'il s'est assis, un tonnerre d'applaudissements, que la parole de M. le président n'a pu maîtriser, a-t-il éclaté de toutes les parties de la salle. »

Par jugement du 5 juillet, le tribunal déclara la partie civile non recevable, renvoya Busch des fins de la citation, laissant à chaque partie ses frais.

Dans le courant du mois d'août, M¹¹ᵉ Rachel, la grande tragédienne, joua les meilleurs rôles de son répertoire sur notre théâtre. Elle avait été précédée par Liszt, le célèbre pianiste, qui donna deux concerts à la Réunion des Arts. Toute l'Alsace était venue applaudir les grands artistes ; le Haut-Rhin surtout, grâce au chemin de fer, avait fourni un contingent considérable. Voici comment s'exprime, à ce sujet, le feuilletoniste du *Courrier du Bas-Rhin*, dans le numéro du 10 août 1845 : « Ce n'est pas seulement Strasbourg, c'est Colmar, c'est Mulhouse, c'est l'Alsace tout entière, que l'arrivée de M¹¹ᵉ Rachel a mis en émoi. Nos rues fourmillent d'étrangers, de visiteurs. » .....

Bien que la vie politique eût diminué d'intensité, l'opinion publique était tenue en éveil par quelques débats intéressants dans les deux Chambres.

Un des votes les plus discutés fut celui relatif à l'indemnité Pritchard. Sur quatre cent dix-huit députés votants, le ministère ne put obtenir que 213 voix ; c'était une majorité de 4 voix, y compris celle des six ministres qui avaient ainsi voté dans leur propre cause.

L'Alsace y joua un triste rôle : MM. de Hell, de Schauenburg et M. Saglio votèrent pour l'indemnité ; les trois autres députés du Bas-Rhin, MM. Hallez, Schützenberger et Cerfbeer s'abstinrent. La députation du Haut-Rhin n'eut même pas autant de scrupule ; tout entière, à l'exception de M. Pflieger, absent, elle vota pour M. Guizot et pour l'indemnité. Du reste, dans mainte autre question, tant soit peu libérale, nos députés se signalèrent par leur soumission aveugle aux volontés de M. Guizot ; à un moment où les hommes éminents, les esprits éclairés et soucieux de l'avenir, se séparaient de cette fatale politique ministérielle, qui poussait la France vers une révolution, les députés de l'Alsace continuèrent à appuyer de leurs votes silencieux, mais persévérants, le ministère Guizot. — S'ils avaient pu prévoir 1870 !...

Le 1er juillet 1845, M. Frédéric Schützenberger donna sa démission de député ; le parti libéral comptait le remplacer par M. Ed. Martin que la candidature Schützenberger, jetée, en 1843, comme un brandon de discorde parmi nos électeurs, avait éliminé de la Chambre. Mais on préféra à l'homme indépendant, intègre, courageux, fidèle à ses opinions, M. Alfred Renouard de Bussière, banquier à Strasbourg ; lui aussi, devint un serviteur tout dévoué de M. Guizot. C'est à l'aveuglement des électeurs censitaires qu'incombe une grande partie de la responsabilité du malheur qui a frappé l'Alsace en 1870 !...

Ce servilisme vis-à-vis du gouvernement fut rarement désintéressé ; on était à l'époque de la concession des grandes lignes de chemins de fer. Celle du Nord devait la première être adjugée. La Chambre avait fixé, pour cette dernière, quarante et un ans comme maximum de la durée. Quatre Compagnies s'étaient formées et on compta sur leur concurrence pour obtenir une large réduction sur ces quarante et un ans ; mais M. de Rothschild avait réussi à les fusionner et il

devint adjudicataire pour trente-huit ans de durée (1). Parmi
les principaux souscripteurs figurait M. *André Kœchlin, le
député de Mulhouse!...*

Le journal la *Démocratie pacifique,* du 15 septembre,
dit que sur les 400,000 actions créées par M. de Rothschild,
pour la Compagnie du Nord, il en céda 200,000 aux Sociétés
concurrentes. Ces actions faisaient alors déjà une forte prime
et ces bénéfices scandaleux avaient causé une fièvre de spécu-
lation dont toute la France fut envahie. « Law est dépassé »,
s'écria le *Moniteur industriel* du 25 septembre, « il y a cinq
lignes de chemins de fer à adjuger, en 1845 ; or, pour les sou-
missionner, il s'est déjà constitué trente-quatre Compagnies,
au capital de 4 milliards... »

Sous le 20 octobre, le *Moniteur industriel* s'élève de
nouveau contre ces tripotages : « Les plus grands noms de
France, dit-il, prêtent avec une déplorable complaisance
leur auréole à cette industrie nouvelle... Les grands banquiers
(ils avaient fait une si belle razzia avec le Nord) ne se prodi-
guent plus ; mais, à côté de noms peu connus, on trouve à
satiété des marquis et des ducs pour les couvrir de leur
influence de député ou de pair de France...

« Le retard que le ministre des travaux publics apporte à
annoncer de nouvelles adjudications favorise cette fureur
dangereuse que nous signalons... »

Tout cela n'empêcha pas la formation de nouvelles Compagnies pour la soumission, en vue du chemin de *Paris à
Strasbourg.* A la date du 5 octobre, elles ne furent pas moins
de dix ; l'une d'elles eut pour président *le contre-amiral de
Hell, député de Strasbourg* (2). Parmi les membres du Conseil
d'administration, il y avait deux députés : MM. Jollivet, le

(1) *Courrier du Bas-Rhin* du 12 septembre 1845.
(2) *Loc. cit.*, du 18 octobre 1845.

comte d'Hauterive et un pair de France, le comte Colbert. La ligne fut adjugée le 25 novembre à la Société Galliéra Blacq Bellair et Cie, moyennant une réduction de un an et soixante-dix-neuf jours sur le maximum, fixé à quarante-cinq ans !...

Le 14 août, M. Hartmann fut nommé pair de France. Député du Haut-Rhin depuis 1830, il avait constamment voté pour le gouvernement et, de plus, ses *vastes salons* (1) ont servi plus d'une fois de lieu de ralliement à la majorité ministérielle quand elle était sur le point de se diviser. M. Hartmann fut remplacé par M. Marande, conseiller à la Cour royale de Colmar. Les électeurs de Colmar renchérirent encore sur tout ce qui s'était produit jusqu'à ce jour en fait de soumission au gouvernement : ils nommèrent président du collège électoral M. le préfet du département. La feuille de Colmar appela ce choix un acte de plate courtisanerie (2).

Le 8 septembre, eut lieu à Colmar une très belle fête agricole et horticole. L'exposition des instruments aratoires, des bestiaux, etc., se fit dans un champ de labour, non loin de Colmar. Le reste de la fête eut lieu sur le Champ-de-Mars, magnifiquement orné ; une grande halle, appelée salon de Flore, avait été construite pour l'exposition des fleurs ; c'était la première à Colmar et elle réussit parfaitement (3).

Cette exposition donna probablement naissance à l'idée de créer une Société d'horticulture alsacienne dont M. le professeur Kirschleger (4) prit l'initiative par une lettre insérée dans le *Courrier du Bas-Rhin* du 14 décembre 1845. Le zélé

---

(1) *Courrier du Bas-Rhin* du 25 août 1845.

(2) *Courrier du Haut-Rhin* du 1er octobre 1845.

(3) *Loc. cit.*, du 9 septembre 1845.

(4) Kirschleger, professeur de botanique à la Faculté de médecine de Strasbourg, né à Munster (Haut-Rhin), en 1804, mort à Strasbourg en 1869.

professeur avait l'intention de fonder deux expositions par an et un journal mensuel d'horticulture, dès qu'il aurait réuni trois cents souscripteurs.

Une autre fondation, toute humanitaire, fut encore créée dans le cours de 1845 : celle des crèches. Paris, Lyon, Marseille, et plusieurs autres villes de France, en étaient déjà pourvues ; Strasbourg ne devait pas rester en arrière. Un premier appel parut dans nos journaux, à la date du 18 juillet. Parmi les signataires, je citerai les noms suivants : De Billy, Chabert, Klotz, docteur Hirtz, Ratisbonne, Tourdes, Silbermann, etc. Le projet reçut un excellent accueil ; l'établissement fut autorisé par le ministre de l'intérieur, sous la date du 5 août, et, dès le 1er octobre 1845, la crèche fut ouverte. Les parents qui voulaient y faire recevoir leurs enfants devaient déposer les pièces suivantes : 1° un certificat du commissaire de police, indiquant leurs noms et leur moralité ; 2° un certificat de naissance de l'enfant ; 3° un certificat de vaccine.

Aucune des pièces exigées ne parle de culte ; l'appel est signé par des catholiques, des protestants et des israélites. Il est évident que les fondateurs tenaient *à éviter toute idée de confessionalité.*

L'institution fonctionna parfaitement jusqu'en 1852, où M. Coulaux étant devenu maire de Strasbourg à la suite du coup d'État, Mme Coulaux, présidente de la Commission de l'établissement des crèches, déclara qu'il ne pouvait continuer dans les anciennes conditions ; qu'il fallait *séparer les cultes* et procéder au partage de l'outillage des salles. A cette triste époque où toute liberté de discussion était supprimée, où la presse était muselée, il n'y avait qu'à se soumettre.

Je reviens malgré moi à la question cléricale et j'en demande pardon aux personnes qui prendront la peine de lire mon livre.

Si je n'ai pas parlé de la conversion faite par l'abbé Théodore Ratisbonne de Strasbourg (1) — ce juif passé au catholicisme — d'un israélite, le docteur Terquem, quand celui-ci fut à l'agonie, ou de l'impression que nous éprouvions à la nouvelle de la suspension des cours de MM. Quinet et Michelet, par suite des dénonciations du parti congréganiste, c'est que j'aurais voulu passer une année, au moins sans toucher à la question cléricale. Malheureusement, je la rencontre, pour ainsi dire, à chaque pas.

Mme Coulaux, très probablement, agissait sous l'influence de quelque prêtre fanatique et il est vraiment déplorable que ce soient précisément les dames qui ont reçu de l'éducation et de l'instruction, qui cèdent le plus promptement aux idées d'intolérance qui leur sont suggérées. Aujourd'hui, à près de quarante ans de distance, les mêmes passions sont agitées ; malheureusement, le même reproche d'intolérance peut être adressée également à l'orthodoxie protestante. Le mobile est le même : le désir de dominer et d'exploiter la crédulité humaine !.....

Qu'ils sont loin du principe sublime de leur maître : *Aimez-vous les uns les autres*, ces fanatiques hypocrites qui prétendent être ses disciples !... Que les hommes seraient heureux si leurs pasteurs, au lieu de les séparer par des barrières et de susciter la discorde, prêchaient la vraie fraternité et s'ils donnaient les premiers, l'exemple de la charité et de l'humilité !

(1) Le *Courrier du Bas-Rhin* des 3, 7, 27 mars et avril 1843, publie une volumineuse correspondance, relativement à cette conversion.

1846

SOMMAIRE

Nouveaux réfugiés polonais en Alsace. — Persécution du catholicisme par le czar Nicolas. — Vœux en faveur de la Pologne, émis par la Chambre des députés. — Le prince Metternich s'en plaint et parle d'un retour de l'Alsace et de la Lorraine à l'Allemagne. — Lettre de protestation à Metternich d'un Strasbourgeois, parent de Kléber. — Politique réactionnaire des ministres de Louis-Philippe. En Suisse, ils favorisent le Sonderbund. — Exemple d'intolérance à Lucerne. — Dernière grande lutte électorale sous Louis-Philippe. — Le parti ministériel l'emporte en Alsace. — Colmar seul nomme un membre de l'opposition, M. Struch. — Banquet offert à M. Struch ; discours remarquables. — L'élection de M. André Kœchlin est contestée. — Scandales électoraux en Alsace. — Conseil municipal de Strasbourg ; il autorise le maire à plaider contre le département pour les droits de la Ville sur l'hôtel de la préfecture ; il autorise la location de la maison de Correction au département pour quatre-vingt-dix-neuf ans. — Élections municipales. — Séjour à Strasbourg du duc de Montpensier. — Été très sec. — Vendanges bonnes et précoces ; récolte des céréales mauvaise. — Fêtes agricoles à Mulhouse et à Colmar. — Pluies torrentielles, en octobre ; inondations de la Loire. — Souscriptions en Alsace. — Affaires commerciales ; création d'une association pour la liberté des échanges. — Elle est combattue par la ligue prohibitionniste. — Incendie d'un hôtel, à Tavannes ; quatre personnes de Strasbourg brûlées. — Mort du peintre strasbourgeois, Gabriel Guérin. — Mort de Pflieger, le député libéral d'Altkirch. — Le coton-poudre ; l'éthérisation ; la télégraphie électrique.

Dans le courant de cette année, l'Alsace devint de nouveau le refuge de nombreux Polonais, expulsés de leur patrie à la suite de l'insurrection polonaise de février et de mars 1846.

En 1830, Varsovie avait donné le signal ; cette fois le mouvement partit des provinces annexées à la Prusse et à l'Autriche. Le soulèvement qui avait commencé dans le duché de Posen, fut promptement étouffé par trois corps d'armée prussiens. La lutte fut plus longue en Gallicie où l'insurrection ne put être comprimée par les Autrichiens, qu'après de sanglants combats et après le massacre des nobles par les paysans, que la police avait encouragés dans cette lugubre besogne. La *Gazette d'Augsbourg* du 10 mars 1846, dit que dans le seul district de Tarnow, plus de deux cents nobles furent massacrés et leurs demeures pillées par les paysans galliciens.

Ces complots, visant à la reconstitution du royaume de Pologne, avaient été en grande partie provoqués par la persécution atroce du catholicisme, ordonnée depuis quelques années déjà par le czar Nicolas. C'était surtout contre les couvents que se déchaînait la haine des popes. Religieux ou religieuses furent sommés d'embrasser le culte grec et, sur leur refus, on les arracha de leurs monastères pour les soumettre aux plus mauvais traitements. Quelques-uns s'échappèrent et vinrent en Alsace où ils firent connaître les atrocités commises au nom de l'empereur et peut-être par son ordre (1).

D'après un rapport fait au pape par l'abbesse Mieczyslawska, deux cent quarante-cinq religieuses de l'ordre des Basiliennes scellèrent de leur sang, suivant l'expression de l'abbesse, leur attachement à leur foi. Sur un convoi de deux cent quarante ecclésiastiques polonais transportés en Sibérie, quatre-vingt-dix-sept parvinrent à s'échapper ; les cent quarante-trois restants arrivèrent à Tobolsk, où la mort en moissonna le plus grand nombre. Les autres furent écroués

(1) Journal l'*Univers* de janvier 1846.

pêle-mêle avec les forçats et condamnés aux travaux les plus durs (1).

De telles horreurs ne purent laisser la France indifférente ; des souscriptions furent ouvertes en faveur des malheureuses victimes qui eurent le bonheur d'arriver jusque chez nous et si leur nombre n'atteignait pas celui de l'année 1831, l'hospitalité qu'on leur offrit ne fut pas moindre que celle qu'à cette époque on leur avait accordée.

Ces faits furent portés à la tribune de la Chambre des députés et malgré l'opposition du gouvernement, l'adresse au roi contint un passage en faveur de la Pologne. Cette immixtion de la Chambre française ne fut pas du goût du prince de Metternich. Il chargea l'ambassadeur autrichien à Paris, le comte d'Appony, de faire des représentations aux ministres de Louis-Philippe, et d'ajouter que si la France se mêlait des affaires de la Pologne, pour la détacher des pays qui en étaient les maîtres, l'Autriche pourrait agir de même en Alsace-Lorraine, pour l'engager à retourner à l'Allemagne dont elle fut séparée par la France en 1648.

Cette conversation diplomatique fut ébruitée ; la presse la commenta et un Strasbourgeois, établi à Nantes, publia à ce sujet, dans le journal *Le Breton*, une lettre remarquable, que le *Courrier du Bas-Rhin* reproduisit dans son numéro du 16 avril 1846, et dont voici les principaux passages :

« AU PRINCE DE METTERNICH

« Excellence,

« Dans une communication, faite en votre **nom par le** comte d'Appony, au gouvernement français, vous l'apostrophez ainsi : « Que diriez-vous si nous (les trois puissances du

(1) *Journal de Bruxelles* de février 1846.

Nord) faisions en Alsace et en Lorraine, ce que vous faites chez nous ? » — Je vous répondrai, moi, que l'assimilation que vous voulez établir n'en est pas une, car les *Alsaciens et les Lorrains sont de bons Français* et ils sont heureux de l'être, tandis que les infortunées provinces polonaises, incorporées dans vos États, gémissent sous votre domination de fer et n'aspirent qu'à secouer le joug sous lequel elles sont courbées. Au surplus, l'histoire, l'inexorable histoire, est là pour attester ce que j'avance.

« En 1814 et 1815, vous avez fait ce que vous avez pu pour nous détacher de la France, en répandant à profusion, dans nos villes et nos campagnes, des proclamations incendiaires, dans lesquelles vous nous rappeliez notre origine, en disant : « Venez vous unir à nous, à vos frères, etc. » Eh bien ! que vous a-t-on répondu ? — On vous a répondu partout à coups de fusil et en vous faisant une guerre acharnée, au point que je pose en fait, sans crainte d'être démenti, que si toutes les provinces de France avaient fait leur devoir, comme précisément celles que vous citez à l'appui de votre hypothèse, vous n'auriez certes pas fait votre entrée triomphale dans la capitale de la France.

« Mais ne parlons que de l'Alsace : Une province qui a donné naissance aux Kléber, Kellermann, Lefebvre, Rapp, et à tant d'autres qui vous ont vaincu dans cent batailles, une province qui présentement fournit, avec un million d'habitants, trente-quatre mille hommes, tant engagés volontaires que recrues et remplaçants, à l'armée française, une telle province, dis-je, est unie à jamais à sa mère-patrie par des liens indissolubles.

« C'est pourquoi je crois être l'interprète de mes compatriotes en déclarant que si nous devons continuer à appartenir à une grande puissance, nous aimons mieux que ce soit à la France qu'à toute autre, car la France seule peut nous

protéger efficacement. *La France seule nous donne la liberté,
qui est bâillonnée chez vous ;* la France, en un mot, est notre
patrie de cœur et d'affection, depuis que nous avons reçu
ensemble le baptême de sang sur tous les champs de bataille
de l'Europe et du monde entier.

    « *Nantes, le* 16 *avril* 1846.

                    « UN STRASBOURGEOIS,
               « Parent du général KLÉBER, habitant
               Nantes depuis peu de temps. »

Le *Courrier du Bas-Rhin*, en faisant cette publication,
ajoute :

    « La lettre exprime d'une manière trop vraie les senti-
ments dont est animée la population alsacienne pour que nous
ne nous empressions pas de la reproduire. »

Louis-Philippe et ses ministres n'auraient pas dû encourir
les remontrances de M. de Metternich. Pour être agréables à
cet homme d'État, ils lui rendirent de vrais services de police,
en signalant le départ des Polonais quittant Paris, pour aller
sur les lieux où l'insurrection devait éclater (1).

    En général, la réaction était toujours sûre de l'appui de
M. Guizot et de ses collègues.

    Dans les premiers jours de mars arriva à Strasbourg le
colonel Reding (2), du canton de Schwytz, pour traiter avec le
gouvernement français de l'achat de canons et de munitions
de guerre ; en 1845 déjà les cantons d'Uri et d'Unterwalden
avaient fait acheter donze cents fusils provenant de la garde
nationale de Strasbourg, licenciée en 1834. Le colonel Reding

(1) *Courrier Français* du 19 mars 1846.
(2) *Courrier du Bas-Rhin* du 5 mars 1846.

acheta huit pièces de canons, huit caissons et une grande quantité de boulets et de mitraille.

Les petits cantons se préparaient pour la guerre du Sonderbund, qui devait éclater l'année suivante ; le gouvernement français, comme on le verra, accorda toutes ses sympathies aux cantons ultramontains, où la réaction se donnait libre carrière. En voici un exemple entre mille (1) : Un jeune Français, M. Jacques-Antoine Ehrhard, établi à Lucerne, voulant épouser une Lucernoise, appartenant aux familles patriciennes, essuya, de la part du prêtre, un refus formel de le marier, parce qu'il n'accomplissait pas exactement ses devoirs religieux. Les membres du clergé, remplissant alors encore, à Lucerne, les fonctions d'officiers de l'état civil, on pensa tourner la difficulté en faisant célébrer le mariage civil en France. La cérémonie eut lieu devant le maire, à Strasbourg, la ville natale de M. Ehrhard ; immédiatement après, les nouveaux mariés retournèrent à Lucerne. Mais dès le lendemain, M. Ehrhard fut invité, par la police, à faire bénir son mariage par l'église. M. Ehrhard pria le curé de le célébrer, mais celui-ci exigea que les époux restassent séparés jusqu'à ce qu'ils eussent reçu la bénédiction nuptiale. M. Ehrhard, naturellement refusa de se soumettre à cette condition. Quelques jours après, la police lui notifia qu'il serait expulsé de la ville et du canton de Lucerne s'il persistait dans son refus. M. Ehrhard s'adressa alors à l'ambassadeur de France, à Berne, et obtint par lui un sursis. Mais le fait ne prouve pas moins combien, dans certaines parties de la Suisse, on était encore arriéré en 1846.

-----

(1) *Courrier du Bas-Rhin*, juin et juillet 1846.

Dimanche le 2 août 1846, se livra la dernière grande lutte électorale du règne de Louis-Philippe. Ses ministres, leurs préfets et beaucoup de députés avaient eu recours à la corruption et aux manœuvres les plus scandaleuses pour le succès des candidatures officielles. Le succès fut complet : Une majorité ministérielle considérable sortit des urnes. Malheureusement, l'Alsace fournit un large contingent. A Strasbourg, MM. Alfred Renouard de Bussière et Théodore Humann, à Haguenau, M. Lemasson furent nommés, contre MM. Guillaume Lauth, Pierre Champy et Coulmann, candidats de l'opposition. A Saverne, à Séléstat, à Wissembourg, MM. Antoine Saglio, Hallez-Claparède et Cerfbeer, députés ministériels sortants, furent réélus.

Le Haut-Rhin fut moins complaisant. A Mulhouse, le maire, M. Emile Dollfus, n'eut pas de concurrent ; à Colmar, M. Struch, le candidat libéral, l'emporta avec quelques voix de majorité sur M. Marande. Mais à Colmar-campagne, M. de Golbéry, un des plus serviles ministériels, l'emporta sur MM. Andryane et de Heckeren ; à Belfort, le général Bellonet fut nommé contre M. Migeon, enfin Altkirch élut M. André Kœchlin contre M. Prudhomme. Cette élection, ainsi qu'on le verra plus loin, donna lieu, à la Chambre des députés, à quelques incidents qu'on pourrait appeler comiques, s'ils n'avaient été tristes.

Mulhouse fêta, par une illumination, l'élection de M. Emile Dollfus. Colmar offrit un banquet à M. Struch. Le premier toast, porté par M. Rossée, président de la Cour royale, fut :

« A la régénération politique de l'Alsace, à M. Struch dont les principes et la conduite politiques lui ont acquis toutes les sympathies des hommes indépendants. »

Un toast fut porté par M. Ignace Chauffour (1) : « Au
Comité qui, en peu de jours, a eu la gloire de réveiller parmi
nous l'esprit public et d'organiser une manifestation patrio-

(1) *Ignace Chauffour*, né à Colmar, le 13 janvier 1808, était
l'aîné de neuf enfants quand, en 1832, il perdit ses parents. Après
de brillantes études de droit à Strasbourg, complétées à l'Université
de Heidelberg, où il s'était familiarisé avec l'histoire du droit germanique, il fut reçu avocat le 8 novembre 1829. Pendant près de trois ans,
son père, juriste consommé, avait pu l'initier aux grandes affaires qui
étaient alors pendantes devant la Cour de Colmar. Par ses études et
par ses consciencieuses investigations aux archives municipales et
départementales de Strasbourg, Ignace Chauffour se trouvait admira-
rablement préparé à défendre les intérêts de notre ville contre Barr
et autres communes dans le litige qui les divisait, pour la propriété
de la forêt du Hautwald (voir page 91).

Perdue en première instance, la cause de Strasbourg fut gagnée
devant la Cour de Colmar, émerveillée par l'abondance du savoir, la
fécondité de l'esprit et la hauteur de jugement du jeune avocat. Dès
lors sa réputation était faite et, pendant près de quarante ans, il n'y
eut pas de cause importante devant la Cour de Colmar où Chauffour
ne fut appelé, soit pour la plaider, soit pour être consulté.

Fière du jeune avocat, qui était sa gloire, la Cour le proposa
d'office, sous le ministère Guizot, pour la décoration de la Légion
d'honneur. Mais, fidèle à ses principes de désintéressement et d'indépendance, il refusa cette distinction.

Élu représentant du peuple en 1848, il se retira de la vie politique après le Coup d'État, trop fier pour vouloir avoir le moindre
contact avec les hommes du 2 Décembre. Il ne sortit de la retraite
où il s'était confiné pendant toute la durée de l'Empire qu'en 1870,
où, après le 4 septembre, il fut appelé dans le Conseil des notables
siégeant à l'Hôtel-de-Ville de Colmar. En 1871, il se rendit à Berlin
comme délégué pour la défense des intérêts des officiers ministériels
et de ceux non moins importants des hospices. A partir de là, il rentra
dans la vie privée, après avoir encore publié un Mémoire pour le maintien de la Cour d'appel à Colmar. Il mourut dans sa chère ville natale,
le 6 décembre 1879. (Voir Ignace Chauffour, *Souvenirs d'un ami*.
Colmar, impr. Jung, 1880. Extrait des *Affiches alsaciennes*.

tique contre le système de corruption, d'égoïsme et de honte qui nous régit. »

Enfin, M. Yves, avocat, prit la parole ; montrant dans un discours magnifique combien la vie publique, que le gouvernement pensait avoir étouffée, avait été ranimée, il rappela *les paroles prononcées par le général Foy* (1) : « *Si jamais*

---

(1) Le *général Foy*, une de ces belles figures du commencement de notre siècle qui, à partir de 1815, combattirent avec tant de courage la réaction, mérite une note spéciale afin de rappeler à la postérité les grandes luttes de nos prédécesseurs pour les droits imprescriptibles de l'humanité, et qu'ils soutinrent avec un dévouement, une abnégation, dont l'époque actuelle fournit rarement des exemples. *Léon Gambetta*, lui, était une de ces belles apparitions ! Sa mort prématurée, hélas ! ne lui a pas permis de conduire à bonne fin l'œuvre qu'il avait si héroïquement entreprise à un moment où la France s'était livrée au désespoir. Les Alsaciens-Lorrains ont perdu en lui un de leurs meilleurs, un de leurs plus fidèles amis ; ils garderont de lui un souvenir reconnaissant, quoiqu'il n'ait pu les sauver de leur triste sort.

Foy (Maximilien-Sébastien), né à Ham (Somme), le 3 février 1775, était le dernier des douze enfants de son père, qu'il perdit en 1779. Élève de l'École d'artillerie de Châlons, il était en 1796, comme capitaine de cette arme, à Huningue, où il reçut dans ses bras le général Abbatucci, frappé à mort par une balle autrichienne. Il fut nommé chef d'escadron cette même année ; peu après, se trouvant en cantonnement dans la Haute-Alsace, il y devint l'hôte et l'ami de M Frédéric Hartmann, de Münster.

En 1798, recommandé par Desaix au général Bonaparte, il refusa les fonctions d'aide de camp de celui-ci.

Il prit une part active, comme adjudant-général, à la bataille de Zurich, et, en 1800, à celles d'Engen et de Biberach.

Au plébiscite de 1804, il refusa de voter pour l'Empire, et, peu agréable au nouveau pouvoir, il ne fut pas confirmé dans son grade d'adjudant-général.

Nommé colonel d'artillerie, Foy épousa, en 1806, la belle-fille du général Baraguay-d'Hilliers, de laquelle il eut sept enfants, dont Mme Piscatory seule est encore en vie.

En 1807, le colonel Foy fut attaché à la mission du général

tout ce qu'il y a de grand et de généreux venait à s'effacer du cœur des habitants de la vieille France, il faudrait qu'ils

Sébastiani à Constantinople. A partir de 1808, il était en Portugal et en Espagne, comme général de brigade d'infanterie. A l'évacuation de la Péninsule, à la bataille d'Orthez, il reçut une grave blessure qui semble avoir été la cause de l'affection organique qui, onze ans plus tard, devait l'enlever.

A peine remis, il commandait à Waterloo une division de l'aile gauche ; il y fut blessé pour la quinzième fois. Ce fut la fin de sa carrière militaire.

Élu député en 1819 par le département de l'Aisne, il commença sa carrière politique qui devait être si courte et si brillante.

Orateur distingué, prenant part à toutes les discussions importantes, le général Foy était, de plus, un des membres les plus influents de ces réunions, à peu près quotidiennes, des députés libéraux qui eurent lieu chez M. Laffite ou chez M. Ternaux, où se débattaient les questions du jour et où se partageaient les rôles pour le lendemain.

En 1821, le général *Foy* fit un voyage en *Alsace*. Arrivé à *Strasbourg* le 25 août, il y fut pendant plusieurs jours l'objet de démonstrations sympathiques telles que l'autorité crut devoir les interdire. Le 29 août, un banquet lui est offert en même temps qu'à MM. Brackenhoffer, Lambrecht, Saglio, Turckheim et Hermann, députés du Bas-Rhin. A un toast porté en son honneur, le général répond par un toast *à la ville de Strasbourg* et aux *bons Français des bords du Rhin*, et il ajoute : « C'est ici qu'il faut venir pour connaitre que l'Al-
« sace est le boulevard de la France, encore moins par la force de
« ses places que par le patriotisme et l'énergie de ses habitants, c'est
« ici qu'il faut venir pour apprendre ce que peuvent amener de bien-
« être, dans un pays, la longue habitude des droits de cité, l'égalité
« des cultes, la division des propriétés, l'absence des privilèges. C'est
« ici qu'il faut venir pour mieux aimer et mieux comprendre la liberté. »

Et le 5 septembre 1821, à Mulhouse, le général prononce ces paroles qui ont laissé un si long souvenir : « Nulle part, en France, la
« liberté constitutionnelle n'a de plus zélés défenseurs. . . . .
« . . . . . Si jamais l'amour de tout ce qui est grand et généreux s'af-
« faiblissait dans les cœurs des habitants de la vieille France, il fau-
« drait qu'ils passassent les Vosges et qu'ils vinssent en Alsace pour
« y retremper leur patriotisme et leur énergie. . . . . »

*passassent les Vosges et qu'ils vinssent en Alsace pour y
retremper leur patriotisme et leur énergie* (1). »

Ces excellents patriotes ne se seraient guère doutés que
vingt-cinq ans plus tard, l'Alsace, cette terre classique du
patriotisme français, appartiendrait à l'Allemagne. Eh bien !
je le répète, ce sont les électeurs censitaires de 1846 qui, en
votant par égoïsme pour le système politique néfaste de Louis-
Philippe et de M. Guizot, ont préparé la catastrophe de 1870.
Si dans ces élections, l'opposition avait triomphé, le roi aurait
été obligé de céder, la révolution de 1848 eût été évitée, les
Bonaparte ne seraient pas rentrés en France et l'Alsace-Lorraine ne serait pas détachée de sa mère-patrie.

L'élection de M. André Kœchlin fut contestée et lors de la
vérification des pouvoirs, dans la séance de la Chambre des
députés du 21 août 1846, le rapporteur, M. Allard, donna
lecture d'une protestation où il était dit, entre autres : « Par

La vie de député, tel qu'il l'avait prise et que la lui imposait sa
situation dans le parti libéral, était au-dessus des forces de l'illustre
général ; mais y renoncer lui aurait paru une désertion devant l'ennemi, et, aux élections de 1824, près de succomber, il accepta une
triple candidature et fut élu à Paris, à Saint-Quentin et à Vervins.
A la fin de la session de 1824, il se rendit à Cauterets chercher
quelque soulagement au mal qui le minait. La session de 1825 le vit
encore plusieurs fois à la tribune ; mais, vers la fin de l'année, l'hy-
pertrophie du cœur dont il était atteint s'aggravait avec une effrayante
rapidité, et, le 28 novembre 1825, il y succomba. Sa mort fut un deuil
national. C'était la fin prématurée d'une vie honnête et pure, consacrée
tout entière à la patrie et à la liberté, sur les champs de bataille et à
la tribune.

(Notes fournies par M. Foy, colonel du génie en retraite, à Vesoul, et représentant du peuple pour le Bas-Rhin à l'Assemblée constituante de 1848.)

(1) *Courrier d'Alsace* du 6 août 1846.

ordre de M. Kœchlin, on a logé toùs ses électeurs et le vin a
été donné en telle profusion que les repas étaient suivis de
scènes dégoûtantes. Ainsi, on a trouvé un électeur couché
ivre-mort à deux pas du collège » . . . .

Enfin, pour terminer ce tableau, on dit que les dépenses,
faites par le candidat chez six aubergistes, se sont élevées à la
somme énorme de 44,600 francs.

D'autres faits de corruption furent encore cités, mais la
majorité ministérielle était décidée à passer outre et l'admission de M. André Kœchlin, mise aux voix, fut prononcʼe dans
la séance du 21 août 1846.

Néanmoins, on ne le tint pas encore quitte. Dans la
séance du 25 août, un député de l'opposition, M. Maurat-
Ballange, discutant des faits analogues qui s'étaient passés
dans le collège de Rochechouart, fit allusion à la protestation
d'Altkirch.

M. Kœchlin eût mieux fait de se taire, mais il répondit en
parlant de déloyauté dans certaine partie de la Chambre. De là,
grand tumulte et cris : « A l'ordre ! » M. Kœchlin, pour s'expliquer, tira de sa poche une lettre de sa femme et, au milieu des
ricanements de ses collègues, en lut quelques passages,
évidemment écrits dans l'intention de le justifier, entre autres :
« Tu as eu tort de ne pas autoriser à faire boire après l'élection, puisque cela se fait toujours. » . . . .

Enfin, poussé dans ses derniers retranchements, M. André
Kœchlin ne trouva rien de mieux que de dire que M. Dollfus
en avait fait autant.

Ces paroles furent reçues avec des marques générales
d'improbation, même par la majorité, et M. Bureaux de Puzy,
un de ses membres, ne put s'empêcher de dire :

« Je croyais que M. André Kœchlin allait fournir des
explications précises et j'ai été fort étonné, au contraire, de

l'entendre porter des accusations qu'il ne justifie pas. On a demandé des explications sur la somme de 44,000 francs, chiffre qui a semblé exorbitant et qui, de l'aveu même de M. Kœchlin, a été atteint, et il se borne à reprocher à M. Dollfus, qui n'est pas ici, d'avoir dépensé davantage. Eh bien ! je dis que lorsqu'on accuse, sans fournir de preuves, on calomnie ! » (1) . . . .

La leçon fut dure ; mais elle n'empêcha pas M. André Kœchlin de garder son mandat.

Beaucoup d'autres exemples de corruption électorale furent signalés soit à la Chambre des pairs, soit à celle des députés. C'est ainsi que *le marquis de Boissy*, alors l'enfant terrible de la Chambre des pairs, accusa le ministère, dans la séance du 15 mai (2), d'avoir promu, au grade de général, M. X..., colonel des pontonniers à Strasbourg, alors que cet officier, qui, du reste, compte de bons et nombreux services, mais qui n'était porté sur aucun tableau d'avancement, n'avait plus que quatre ou cinq jours pour arriver à la retraite. Le prix de cette paire d'épaulettes avec des étoiles, dit M. Boissy, était, aux prochaines élections, *trente voix dont disposait la famille de l'officier en question*. M. *Moline de Sain-Yon*, ministre de la guerre, nia que la nomination était due à des influences électorales. M. *de Castellane*, bien que ministériel, riposta dans les termes suivants :

« M. de Boissy a dit qu'un colonel qui touchait à l'âge de la retraite, fixée à soixante ans, avait été nommé maréchal de camp. D'après la loi, on cesse à soixante-deux ans de pouvoir être en activité en qualité de maréchal de camp. Donc celui qui arrive à ce grade à soixante ans ne peut plus donner que

(1) Séance de la Chambre des députés du 25 août 1846.
(2) *Moniteur* du 16 mai 1846.

très peu de services à l'Etat. Ces sortes de nominations sont fâcheuses pour l'armée et dommageables à l'Etat, » etc.   .   .

Dans la séance de la Chambre des députés du 18 mai les mêmes faits furent portés à la tribune par MM. Ferdinand de Lasteyrie et Odilon Barrot ; le premier ajouta même : « Si je suis bien informé, et je crois l'être, ce fait ne serait pas le seul du même genre qui serait arrivé dans la carrière du même officier. Il y a déjà quelques années, aux avant-dernières élections, il n'était que lieutenant-colonel. *De nombreux élec-teurs,* qui lui tiennent de près, je ne sais de quelle façon, parents, amis, auraient au moment des élections *fait savoir au préfet que leur concours était acquis au gouvernement, à la condition qu'il accordât à l'officier en question le grade supérieur à celui qu'il avait alors* ».   .   .   .   .

M. de Schauenburg, député du Bas-Rhin, essaya de justifier la famille de l'officier, ainsi que le gouvernement ; ce dernier ne s'en émut guère ; il était sûr de sa majorité. Celle-ci déclara l'incident clos, sans que le ministère eût même pris la peine de répondre (1).

Je ne cite ces faits que le cœur attristé, non pour rappeler des scandales, mais pour prouver combien Louis-Philippe et ses adhérents étaient coupables de résister à la réforme électorale qui eût rendu ces faits presque impossibles, et qui, en donnant satisfaction au pays, eût fait éviter la révolution de 1848.

Pauvre France et surtout pauvre Alsace-Lorraine, vic-

(1) Séances de la Chambre des pairs et de la Chambre des députés. — *Courrier du Bas-Rhin* des 19 et 23 mai 1846.

Dans la séance du 19 juin, le même thème reparut et M. Crémieux dit alors carrément que c'était pour procurer à M. X... une retraite de 6,000 francs au lieu de 3,000 francs que le fait eut lieu.

times de l'égoïsme du roi et de ses électeurs qui ont abandonné les principes de probité et de moralité dont en politique, comme ailleurs, l'homme de bien ne doit jamais s'écarter !

Vers la fin de juin eurent lieu des élections municipales. Avant de se séparer, le Conseil municipal de Strasbourg eut encore à s'occuper de deux questions assez importantes : Dans sa séance du 3 février, il autorisa M. le maire à se pourvoir auprès du Conseil de préfecture, et au besoin auprès du Conseil d'Etat, pour faire reconnaître judiciairement les droits de la Ville sur l'hôtel de la préfecture, droits qui lui étaient contestés par le département.

Dans la même séance, il approuva le projet de transaction, tendant à terminer le litige entre la Ville et le département pour la propriété de la maison de Correction. La Ville en est reconnue propriétaire ; par contre, elle loue l'immeuble au département, pour quatre-vingt-dix-neuf ans, moyennant un loyer annuel de 800 francs, le bail devant toutefois être rompu si le bâtiment, par mesure gouvernementale, recevait une autre destination.

La lutte électorale commença le 21 juin ; elle ne fut vive que dans une section où M. Jules Sengenwald s'était fait porter contre M. Louis Ratisbonne, membre du Conseil depuis douze ans. Le premier l'emporta, mais la victoire ne fit guère honneur aux électeurs. M. Ratisbonne était le seul membre israélite du Conseil et, par son expérience pratique des affaires, il avait rendu de réels services. En l'écartant, la majorité des électeurs de sa section se montra intolérante et injuste envers un homme qui, dans ses relations d'affaires, avait toujours été large et généreux.

Dès son début, le nouveau Conseil (1) eut à s'occuper d'une question frisant la politique. L'arrivée du duc de Montpensier, le jeune fils du roi, était annoncée pour le 21 août. Le jeune prince, disait-on, venait assister à des exercices militaires et devait passer quelque temps à Strasbourg. On avait parlé de fêtes à lui offrir, mais le maire eut la bonne inspiration de demander simplement au Conseil, dans sa séance du 23 août, le vote de 10,000 francs pour soulager les classes indigentes.

« En vue de la position actuelle, dit le maire, et des éventualités que l'hiver nous réserve, je n'ai point voulu, même pour l'arrivée d'un fils du roi, qu'il fût dit que la Ville donnât

---

(1) Ses membres étaient :

MM. CH. BOERSCH.
BRAUNWALD.
CHAMPY.
CLOG-MERTIAN.
ET. DIETRICH.
L. F. EHRMANN.
GÉRARD, président du tribunal.
HAMMERER, maît. d'hôtel.
J. FR. HEY.

MM. PH. HUGUELIN.
TH. HUMANN.
ED. KRATZ.
G. LAUTH.
LICHTENBERGER, avocat.
LINDER, avocat.
VALENTIN SCHNEEGANS.
FR. SCHUTZENBERGER.
LOUIS STEINER.
J. J. STOTZ.

En fonctions jusqu'en 1849.

MM. BARTHOLMÉ, md de vins.
J. J. BOERSCH, meunier.
CARL, procureur du roi.
JON. GŒTZ.
J. ROD. GROSS.
F.-D. HEIM.
L'ANGE.
CH. LAUTH
J. J. LAUTH.

MM. NEBEL.
Dr RISTELHUEBER.
L. SCHERTZ.
FR. SCHMIDT.
SCHNEITER, médecin
J. SENGENWALD.
SILBERMANN.
STRIEDBECK.
FRÉD. STROHL.

En fonctions jusqu'en 1852.

des fêtes et des bals, tandis que beaucoup de ses habitants endurent des privations réelles. J'ai pensé que l'arrivée du duc de Montpensier devait être pour ces malheureux un jour de fête, etc. » .....

Dans ces conditions, le Conseil vota les 10,000 francs à l'unanimité. Le prince passa près de trois semaines à Strasbourg. Le 3 septembre, le général de division André lui offrit un bal auquel assistèrent le prince Frédéric de Bade (depuis grand-duc de Bade), le duc de Saxe-Weimar et des notabilités militaires des pays voisins. Le 4 septembre, les princes assistèrent à une petite guerre, qui eut lieu au Wacken et à la Robertsau. Le samedi, 5 septembre, les pontonniers exécutèrent devant eux une de leurs manœuvres, sur le grand Rhin, et le même soir le duc assista, avec le prince de Bade, à un bal à l'Hôtel-de-Ville. Le maire ne pensa pas pouvoir se dispenser d'offrir cette fête au fils du roi. Dimanche, il y eut grande parade ; le soir illumination et lundi, école de tir au Polygone. Mardi, le 8 septembre, le duc quitta Strasbourg pour retourner à Paris. Le *Courrier du Bas-Rhin* du 8 septembre annonça, en même temps, que le duc de Montpensier (1) épouserait l'infante dona Luisa, sœur de la reine Isabelle, et que cette dernière avait été fiancée à l'infant don François d'Assises. C'étaient ces mariages espagnols, que Louis-Philippe avait fait négocier par son ambassadeur et qui furent vus de si mauvais œil par les autres puissances, par l'Angleterre surtout ; si la reine Isabelle n'avait pas eu d'enfants, ce mariage pouvait faire passer le trône d'Espagne aux d'Orléans.

----

(1) Né à Neuilly, le 31 juillet 1824 ; le duc était alors âgé de vingt-deux ans.

A l'hiver très doux de 1845 à 1846 avaient succédé un printemps et un été magnifiques. Un vent du nord sec domina pendant près de six mois. Les vendanges furent bonnes en quantité, excellentes en qualité; par contre, les céréales et les pommes de terre eurent à souffrir de la sécheresse et, dès le mois d'août, la hausse des prix du blé prit une allure inquiétante. C'est à cette situation que le maire fit allusion, en demandant 10,000 francs à appliquer aux pauvres lors du séjour du duc de Montpensier à Strasbourg.

Un concours agricole eut lieu à Mulhouse, le 7 septembre. La ville ayant donné un grand éclat à cette fête, l'affluence du public fut énorme. Mulhouse avait encore sa belle garde nationale. Les tambours battirent le rappel de bon matin et bientôt grenadiers, voltigeurs, artilleurs et cavaliers se rendirent à leur poste devant l'Hôtel-de-Ville, qui avait été nouvellement restauré. « On s'assemble », dit le compte-rendu de la fête, « dans la grande salle de la mairie où tout vous « rappelle que Mulhouse n'est français que depuis quarante- « huit ans, quoique ce demi-siècle ait suffi pour faire des « Mulhousiens d'aussi bons Français que le sont les autres « Alsaciens. »

Parmi les prix décernés, je citerai ceux accordés aux domestiques des deux sexes qui s'étaient fait remarquer par la durée de leur service chez le même maître. Il s'en trouva une dizaine qui avaient servi de trente à quarante ans.

Le lendemain, 8 septembre, eut lieu à Colmar la fête des vignerons; l'aspect du vignoble étant splendide, la fête fut très animée. A l'exposition des produits des sociétaires-vignerons figuraient entre autres vingt-deux sortes de raisins, déjà presque complètement mûrs (1).

Les vendanges se firent partout dans le courant de

(1) *Courrier du Bas-Rhin* du 10 septembre 1846.

septembre et bien en prit aux vignerons de s'être hâtés. Au commencement d'octobre des pluies torrentielles vinrent s'abattre sur le centre de la France ; la Loire déborda et ses inondations causèrent d'immenses dégâts. Aussitôt des sous-criptions s'ouvrirent dans toute l'Alsace. Le Bas-Rhin seul, envoya aux inondés près de 60,000 francs (1).

———

L'année 1846 fut marquée par un mouvement très pro-noncé en matière d'économie politique. Une association pour la liberté des échanges s'était formée à Paris ; elle avait pour président le duc d'Harcourt, pour secrétaire F. Bastiat. L'in-dustrie cotonnière et lainière s'en émut. Le Comité de la Ligue des industriels de l'Est, pour la défense du travail national, convoqua les membres à un grand meeting, au local de la Société industrielle de Mulhouse, et sur la proposition de M. Jean Dollfus qui, sur cette question, ne trouva que quelques années plus tard son chemin de Damas, l'association résolut, *à l'unanimité* des trois cents membres présents, de *protester* vivement contre ce qu'elle appela les *tendances subversives* de l'association pour la liberté des échanges (2).

Ce fut, en effet, une bien douce chose pour les fabricants, de se sentir protégés, contre toute concurrence étrangère, par des régiments de douaniers, repoussant impitoyablement tout produit manufacturé. L'idée de défendre le travail national avait quelque chose de séduisant, pour l'industriel surtout, qui y gagnait en influence et en richesse ; mais cette défense n'eut pas dû se faire aux dépens de l'immense majorité des consommateurs, ni de ceux du paysan et du vigneron, dont

(1) *Courrier du Bas-Rhin* du 30 décembre 1846.
(2) *Industriel Alsacien* du 7 novembre 1846.

les produits ne purent s'exporter par suite des droits exorbitants que les pays voisins établirent, à titre de représailles, contre le système prohibitif de la France.

Sous le 23 novembre, le Comité de Paris, pour la liberté des échanges, adressa une longue lettre à la Ligue de défense du travail national à Mulhouse, pour protester contre les insinuations malveillantes dont elle avait été l'objet à l'Assemblée générale des industriels. « Nous ne demandons pas, y « lit-on — la destruction des tarifs de douanes, mais la levée « des prohibitions qui seraient remplacées par des droits « sagement calculés..... »

M. Nicolas Kœchlin, toujours fidèle aux idées libérales, fit publier cette lettre dans le *Courrier du Bas-Rhin*, du 27 novembre 1846 ; mais momentanément rien ne fut changé. La semence jetée par MM. Bastiat, Chevalier, etc., ne devait lever que dix ans plus tard, sous Napoléon III.

Le 18 septembre, une triste nouvelle arriva à Strasbourg. L'hôtel de la Couronne, à Tavannes, était devenu la proie des flammes dans la nuit du 15 au 16 septembre, et dans l'incendie avaient péri quatre personnes de Strasbourg. Au retour d'un voyage en Suisse, elles avaient passé la dernière nuit, avant d'atteindre Bâle, à Tavannes. Ce furent M. Kern, juge, et Mme Kern, M. Joyeux, négociant, et M. Rigaud, un jeune docteur en droit. Le fils de M. Joyeux, un jeune médecin, parvint seul à se sauver, en se précipitant d'une fenêtre du troisième étage. Il reçut, dans sa chute, de fortes blessures qui sans doute, furent pour quelque chose dans la fin prématurée de de M. Joyeux. Il mourut quelques années plus tard à la fleur de l'âge. Dans le discours de rentrée de la Cour de Colmar, l'avocat général de Sèze donna un témoignage public des regrets de la Cour aux deux magistrats, MM. Kern et Rigaud, victimes de cette terrible catastrophe.

———

Dans le cours de l'année, Strasbourg perdit encore un de ses enfants, M. Gabriel Guérin (1), peintre, qui s'était acquis un nom honorable dans le monde artistique.

Le Haut-Rhin eut à déplorer la mort du député libéral d'Altkirch, M. Pflieger; il succomba à la longue maladie qui, pendant plus d'un an, l'avait tenu éloigné du siège qu'il occupait à la Chambre, dans les rangs de la gauche. De 1842 à 1846, M. Pflieger avait été le seul député que l'Alsace comptait parmi les membres de l'opposition. Tous les autres obéissaient au mot d'ordre du ministère.

———

Quelques inventions, venues d'Amérique occupèrent l'esprit public vers la fin de cette année. Ce furent la découverte du coton-poudre, celle de l'éthérisation et les premiers essais de la télégraphie électrique. A peine la nouvelle de la découverte du professeur Schœnbein se fut-elle répandue en Europe que l'on s'empressa de traiter le coton par les plus puissants réactifs, dans le but de transformer ce corps jusque là si inoffensif, en un agent de mort. Strasbourg, place de guerre, en même temps que ville d'Université, ne resta pas étrangère aux différents essais qui se firent sur cette matière. On ne se doutait guère alors que vingt ans plus tard un chimiste suédois (2) créerait, par l'invention de la dyna-

(1) Né en 1790. — Conservateur jusqu'à sa mort du **Musée de** Strasbourg qui fut détruit, en 1870, par le bombardement.

(2) Nobell.

mite, un instrument de destruction autrement puissant que le coton-poudre.

Une découverte, plus utile au point de vue purement humanitaire et qui mit en mouvement tout le monde médical, fut celle de l'éthérisation. Elle est due à deux médecins américains, MM. Morton et Jackson de Boston, mais ce furent les docteurs Ware et Warren de Boston qui publièrent, dans la *Revue anglaise et étrangère de Londres* un exposé des faits principaux relatifs à cette découverte.

Le corps médical de Strasbourg, soucieux de maintenir à notre Faculté de médecine la haute réputation qu'elle s'était acquise, tenta de nombreuses expérimentations qui bientôt furent couronnées de résultats très satisfaisants.

Ce fut dans le cours de cette année que la première ligne de télégraphie électrique fut établie entre Paris et Rouen. Nous pensions que le ministère demanderait aux Chambres, des crédits pour l'établissement de plus grandes lignes, entre autres entre Paris et Strasbourg ; mais Louis-Philippe et ses ministres étaient peu pressés d'offrir au pays une amélioration d'une si haute utilité. Dans une des premières séances du mois d'avril 1846, le ministre de l'intérieur demanda un crédit de 400,000 francs pour l'établissement d'une ligne télégraphique entre Paris et Lille. C'est tout ce que le pays obtint alors et ce n'est que quelques années plus tard que l'Alsace fut reliée à la capitale par le télégraphe électrique.

---◆---

SOMMAIRE

Un auteur allemand, M. Ch. Biedermann, reconnaît dans un ouvrage publié par lui à Leipzig, à la suite de deux voyages en Alsace, que les Alsaciens sont fort contents de faire partie de la famille française. — *Le Journal de Saint-Pétersbourg* appuie les feuilles officieuses allemandes qui prétendent que l'Alsace-Lorraine est une sorte de Pologne subjuguée par la France. — Vigoureuse réplique de notre feuille locale. — Cherté excessive des subsistances. Moyens tardifs pour la combattre, proposés par le gouvernement. — Prix élevé du pain ; mesures prises par le Conseil municipal pour venir en aide aux classes nécessiteuses. — Testament de M. Apffel, de Wissembourg, en faveur de Strasbourg ; ses dispositions testamentaires. — Procès Teste, Cubières et consorts. — Banquets réformistes. — Dispositions favorables du gouvernement pour les cantons ultramontains de la Suisse. — Guerre du Sonderbund. — Ouverture de la dernière session des Chambres sous Louis-Philippe.

Au début de cette année, une polémique entre quelques journaux, *au sujet de l'Alsace*, attira notre attention, sans qu'on y attachât précisément beaucoup d'importance. Vers la fin de 1846, un publiciste allemand, M. Ch. Biedermann, fit paraître à Leipzig un ouvrage contenant entre autres une vingtaine de pages, intitulées : « *Quelques mots sur l'Alsace.* »

L'auteur commence par avouer franchement qu'il était venu une première fois dans notre pays, imbu de toutes les préventions d'un bon Allemand. Trompé par les rapports et les récits de toute espèce, publiés par certaines feuilles allemandes, il voyait jusqu'alors dans l'Alsace le pendant de la Pologne russe, exploitée par ses tyrans, les Français ;

violentée par eux dans sa langue et dans ses mœurs et soupi-
rant sans cesse, la malheureuse, après une réunion avec l'Allemagne. Mais, ses préjugés s'affaiblirent lorsqu'il eût vu les
choses par lui-même. Un second voyage les fit disparaître
entièrement :

« Loin de gémir de son état actuel, dit notre voyageur
allemand, c'est avec satisfaction que l'Alsace se regarde comme
partie intégrante d'une nation éclairée, puissante et qui est
parvenue à un degré d'émancipation politique justement
envié. Ses délégués siègent parmi ceux de la nation souveraine ; l'Alsace a combattu avec la France, dans cette immense
lutte des temps modernes entre l'absolutisme et les droits de
la raison humaine ; serait-elle lasse de jouir des fruits de la
victoire ? . . . .

..... « On parle trop, chez nous, du vif penchant qui
attire l'Alsacien vers l'Allemagne ; de ses regrets ; du malaise
qu'il éprouve de n'être plus avec nous, et c'est pourtant une
illusion que nourrissent non seulement les partisans rêveurs
de l'unité germanique, mais des hommes très intelligents et
d'une grande portée.

« L'Alsace, dans son affection pour l'Allemagne, irait-elle
jusqu'à renoncer volontairement à la France qui lui assure
déjà tout ce que le mouvement des esprits veut encore
conquérir ailleurs ? Nous nous mettons en quête de faits et de
raisonnements spécieux, pour nous confirmer nous-mêmes
dans une erreur qui nous sourit.

« Quoi de plus étrange, disons-nous, quoi de plus ridi-
cule que les formes et les manières françaises, greffées sur des
natures allemandes ! L'Alsacien m'a semblé, au contraire,
s'accommoder parfaitement du changement de mœurs et
d'habitudes que sa situation comporte. Ses froissements avec
le *Welsch* sont devenus moins sensibles par le contact habi-
tuel. Mille choses, que l'étranger s'imagine être antipathiques

au pays, ou avoir lieu contre son gré, ne se font que d'après le vœu et avec le concours de ses habitants. Ce sont des députés alsaciens qui ont demandé naguère à la Chambre un enseignement plus parfait et plus général de la langue française dans les deux départements du Rhin.

« L'Alsacien s'occupe de politique, mais non d'une manière théorique et spéculative. Homme du peuple ou savant, il prend part aux affaires publiques parce qu'elles touchent immédiatement à ses intérêts, à ses devoirs de citoyen.... »

« Deux conséquences nouvelles, dit le *Courrier du Bas-Rhin* (1), découlent des idées du publiciste allemand dont nous venons de présenter le résumé : c'est d'abord que les hommes d'État d'outre-Rhin ont pris à tâche de faire croire au mécontentement de l'Alsace vivant sous les lois françaises constitutionnelles ; c'est ensuite que l'étranger, qui traverse nos contrées, est surpris de nous voir en si bon accord avec les *Welschs* et dans une situation si peu conforme à ses préventions. Remercions l'auteur de cet écrit, particulièrement du témoignage qu'il rend de l'excellent esprit de nos populations, en les citant pour exemple aux absolutistes qui prétendent le despotisme nécessaire dans le gouvernement des peuples allemands ; rien de plus honorable que de servir ainsi à la démonstration de la thèse contraire. » ......

Les journaux officieux de l'Allemagne ne trouvèrent pas ces idées de leur goût. Leur polémique fut secourue par le *Journal de Saint-Pétersbourg* qui, pour justifier l'anéantissement de la Pologne et l'incorporation de Cracovie à l'Autriche, s'appropriant un article publié par une feuille allemande, ne craignit pas de comparer l'Alsace et la Lorraine à la Pologne et de prétendre qu'elles n'étaient pas plus légiti-

(1) Novembre 1846.

mement acquises à la France que la ville de Cracovie à l'Autriche. Notre feuille locale répondit dans les termes suivants :

« Nous n'avons pas besoin de protester, pour *la millième fois, au nom de l'Alsace tout entière*, contre cette assimilation et contre les arrière-pensées qu'elle dévoile de la part de l'Europe absolutiste. L'Alsace et la Lorraine ne sont pas deux malheureuses provinces, dépouillées de leur nationalité, de leurs droits et soumises au régime du knout russe ou des massacres autrichiens. L'Alsace et la Lorraine ne sont pas des esclaves enchaînées au char d'un despote et aspirant à une séparation de la France comme à l'aurore d'une ère de liberté. L'Alsace et la Lorraine appartiennent de cœur et de dévouement à la France depuis une longue série de générations ; elles sont heureuses et fières d'être admises au sein de la grande famille française, de partager ses destinées et ses travaux, ses peines et sa gloire. Elles ont envoyé leurs enfants sur tous les champs de bataille de l'Europe sceller de leur sang ce pacte d'indissoluble alliance que les puissances coalisées, maitresses en 1815, ont été obligées de respecter, qu'elles n'ont pas osé briser, tant elles étaient convaincues elles-mêmes de sa force.

« Que les cosaques du czar ou les bourreaux de M. de Metternich essaient donc de mettre la main sur l'Alsace et sur la Lorraine et ils trouveront l'Alsace et la Lorraine prêtes à verser le sang du dernier de leurs enfants plutôt que de consentir à se séparer de la grande et glorieuse patrie française (1). »

---

(1). *Courrier du Bas-Rhin* du 5 janvier 1847.

L'hiver de 1846 à 1847 fut signalé par une vraie calamité : la cherté excessive des subsistances.

Dès le mois d'août 1846, on s'était aperçu du mauvais
rendement des récoltes, mais le gouvernement de Louis-
Philippe suivit, en pareil cas, une voie tout opposée à celle
que prit l'Empire dix ans plus tard. Les deux systèmes manquent de franchise, mais les ministres de Napoléon, étant
plus rusés, obtinrent de meilleurs résultats (1).

Au moment où déjà nul doute n'était plus possible, le
ministère fit encore annoncer, par des circulaires et par ses
organes officieux, que le déficit était insignifiant. Si d'une part
l'opinion publique fut tranquillisée momentanément, d'autre
part le commerce, induit en erreur, ne se mit guère en mouvement, alors qu'il eût encore été temps de faire des achats
avantageux à l'étranger. Ce ne fut que vers l'entrée de l'hiver,
quand la hausse était déjà considérable, que le grand mouvement commença. Des centaines de voiliers se rendirent dans
la mer Noire pour y chercher du blé, mais, de retour à Marseille, le débarquement ne put se faire qu'à tour de rôle et,
une fois à quai, la marchandise ne put partir faute de moyens
de transport. La voie ferrée n'existant pas encore de Marseille
à Lyon, on n'avait le choix qu'entre le roulage et les bateaux
à vapeur du Rhône ; le roulage se montra tout à fait insuffi-
sant ; quant aux bateaux, les Compagnies voulurent profiter
de la bonne aubaine, comme elles ne se gênèrent pas de le
dire, pour, dans cette seule campagne, se faire payer leur

---

(1) Sous l'Empire, dès qu'on jugeait la récolte compromise, on
sonnait la cloche d'alarme en exagérant la gravité du mal. Le commerce s'y laissant chaque fois prendre, envoyait immédiatement
partout des ordres d'achat et les facilités des communications aidant,
il y avait des arrivages si considérables qu'à l'entrée de l'hiver déjà,
les prix descendaient plus bas qu'ils ne l'avaient été en juillet et août,
alors que la récolte venait d'être rentrée !

flottille bien au delà de ce qu'elle avait coûté ; la moyenne du prix de transport de Marseille à Lyon fut portée de 4 ou 5 francs à 15 et 20 francs pour cent kilogrammes.

Il y eut des plaintes très vives, mais le gouvernement, que ses propres rapports inexacts avaient mis dans une fausse situation, n'avait aucun moyen légal d'empêcher cette ignoble manœuvre. Ce ne fut qu'au commencement de janvier 1847 qu'il présenta un projet de loi favorisant largement l'importation des céréales. L'échelle mobile fut supprimée ; le droit fixe réduit à 25 centimes pour cent kilogrammes ; les droits de tonnage dans les ports et les droits de péage sur les canaux furent abolis pour tous bâtiments ne transportant que des grains, des farines, du riz, etc. L'effet de cette loi devait prendre fin au 31 juillet 1847.

A la séance de la Chambre des pairs du 27 janvier 1847, M. Dubouchage blâma vivement le ministère de son imprévoyance, en accusant le ministre du commerce, M. Cunin-Gridaine, d'avoir endormi le pays dans une fausse sécurité par sa circulaire présentant la France comme surabondamment approvisionnée (1).

Dans sa séance du 12 février 1847, la Chambre fut saisie de la question. Les députés MM. Darblay et Demesmay se firent les avocats des départements de l'Est ; le dernier surtout fit remarquer que le prix du blé dans nos départements s'était élevé de 15 et 20 francs à 45 et 50 francs par hectolitre ; que le sac de pommes de terre se vendait de 10 à 14 francs au lieu de 2 à 3 francs ; enfin que les bateaux à vapeur du Rhône, au lieu de 3 fr. 50, exigeaient 12 à 15 francs pour cent kilogrammes, de prix de transport de Marseille à Lyon. Il demanda que le gouvernement mît à la disposition du commerce des chevaux d'artillerie pour accélérer les arrivages à Lyon par

(1) *Moniteur* du 28 janvier 1847.

des services de halage sur le Rhône. C'était assurément un bon conseil, mais il ne leva pas les difficultés pour nos départements.

La batellerie de Strasbourg, qui, sous l'impulsion vigoureuse de son directeur général, M. Auguste Mathiss (1), avait, dès 1840, organisé un excellent service sur Lyon, ne put faire quitter Lyon à ses bateaux chargés de grains que vers fin février quand le canal se trouva dégagé des glaces qui, pendant quatre mois, l'avaient condamné au chômage.

L'Alsace souffrit cruellement de cet état de choses. En février 1847, le prix du froment avait atteint le taux de la désastreuse année de 1817 et Strasbourg dut s'imposer de lourds sacrifices pour maintenir la taxe du pain dans des limites raisonnables. Après avoir voté, en trois allocations successives, 60,000 francs pour occuper plus de mille ouvriers sans travail, alloué 20,000 francs pour faire obtenir le pain aux pauvres au-dessous de la taxe, organisé une quête à domicile qui produisit près de 40,000 francs, le Conseil municipal, sur la proposition de M. le maire, adopta les résolutions suivantes :

1° L'administration des hospices ayant dans ses magasins

(1) M. Auguste Mathiss était bien le fils de ses œuvres. Issu d'une famille de pêcheurs, le jeune Mathiss, à peine âgé de quatorze ans, alla lui-même vendre au marché de Strasbourg le poisson qu'il avait acheté la veille chez les riverains de l'Ill, près desquels il se rendait dans un petit canot. A dix-huit ans, conduisant un bateau à Besançon, sur le canal nouvellement livré à la circulation, il poussa jusqu'à Lyon. Là, de nouveaux horizons s'ouvrirent devant le jeune batelier; il conçut le projet de la navigation directe entre Lyon et Strasbourg et, de retour parmi nous, il organisa, en 1839, la compagnie de bateliers qui, sous le nom de l'*Union*, établit sur le canal du Rhône au Rhin le premier service direct pour Lyon. M. Mathiss en prit la direction avec domicile à Lyon. En 1852, il revint se fixer à Strasbourg pour monter un service direct sur Paris, par le canal de

six mille hectolitres de froment, provenant des fermages des biens ruraux, M. le maire est autorisé à emprunter aux hospices trois mille hectolitres, que la Ville s'engage à rembourser en nature dans un délai à déterminer. Ces trois mille hectolitres seront exposés en vente, répartis sur une série de marchés et devront servir à la consommation locale ;

2° M. le maire est invité à solliciter du gouvernement l'autorisation de faire un pareil emprunt, et dans les mêmes conditions, aux magasins militaires.

Bien d'autres mesures durent encore être prises pour combattre, d'une part l'esprit d'accaparement d'individus, ne dédaignant pas de s'enrichir aux dépens de la misère publique, de l'autre, l'inquiétude, qui s'emparait surtout des classes pauvres à ces époques de cherté excessive. Sauf Mulhouse (1), où, le 26 juin encore, il y eut une échauffourée parce que la baisse du prix du pain ne se fit pas assez vite au gré des ouvriers, l'Alsace put être maintenue dans un calme relatif, tandis que des émeutes, parfois sanglantes, éclatèrent dans l'intérieur. Cet état de choses dura jusque vers la fin de mai où des arrivages importants commencèrent à peser sur les

la Marne nouvellement ouvert ; mais, à partir de 1853, il eut à lutter contre la concurrence écrasante des chemins de fer. Il se rendit à Paris et obtint, à la suite d'incessantes démarches et par l'influence de quelques députés, qu'une réduction considérable des droits de péage sur le canal fût décrétée et qu'un projet de rachat des canaux appartenant à des Compagnies fût présenté par le gouvernement et voté par les Chambres. C'étaient des palliatifs, mais ils ne purent rendre la prospérité à notre pauvre batellerie. M. Mathiss succomba à peine âgé de cinquante ans, à une maladie de langueur. Pendant une dizaine d'années, il avait été conseiller municipal et membre de la Chambre de commerce de Strasbourg, où, par sa grande aptitude aux affaires, il rendit d'excellents services.

(1) *Récit des événements de Mulhouse, du 26 juin,* par M. Emile Dollfus, maire de Mulhouse.

prix. Le 14 mai 1847, le prix moyen de l'hectolitre de froment était encore à 49 fr. 15 ; le 21 mai, il descendit à 45 fr. 10 ; le 28 mai, à 39 fr. 02 ; le 4 juin 1847, à 27 fr. 75 !

Des faillites considérables, dans le commerce des blés, furent naturellement la conséquence de cette baisse ; Marseille surtout en reçut le contre-coup. A la date du 21 juin, on y évaluait le stock en froment à plus d'un million d'hectolitres, sans demande, bien qu'on offrit la charge payée 50 francs un mois auparavant, à 25 francs et même au-dessous (1).

————

Si la fortune de la Ville se trouva quelque peu ébréchée par les sacrifices que la cherté des subsistances lui imposa, nous fûmes, par contre, agréablement surpris à la nouvelle du testament d'un M. Apffel, qui institua la ville de Strasbourg légataire universelle de la fortune considérable qu'il délaissait.

M. Apffel, ancien magistrat, mourut à Wissembourg, sa ville natale, le 11 mars 1847. Sa fortune était évaluée à près de 2 millions de francs. Selon le vœu du testateur, les intérêts devaient, pendant huit ans, être ajoutés au capital qui, au bout de cette période, pourrait s'élever à près de 3 millions dont les revenus étaient principalement destinés au théâtre, sans que la Ville fût dispensée de sa subvention annuelle.

« Déjà, est-il dit dans le testament, Strasbourg a fait élever et a fait consacrer aux arts dont s'agit, un bel édifice, le théâtre, à la suite de la promenade du Broglie ; j'y joins la présente dotation dont le but principal est la perfectibilité et un plus ample développement de l'art dramatique et

(1) *Courrier du Bas-Rhin* du 23 juin 1846. La charge équivaut à 160 litres à peu près et pèse de 120 à 125 kilogrammes.

musical, tel qu'il convient à l'antique métropole, siège permanent de tant et si divers établissements publics et industries privées pour lesquels le théâtre et la musique sont, surtout dans l'état de notre civilisation progressive, un besoin indispensable et, sous la plupart des rapports, une source de prospérité qui se déverse sur la Ville et de là sur la province entière. »

Suivent ensuite diverses dispositions ; entre autres celle que chaque année on prélèvera 1 pour 100 sur les revenus, en faveur du bureau de bienfaisance ; 1 pour 100, en faveur de l'hospice des orphelins et toutes les années bissextiles 2 pour 100 en faveur de pauvres étudiants. Dans le cas d'une grande calamité publique, le *Conseil municipal* sera autorisé à prélever une certaine somme sur les revenus pour venir en aide aux classes laborieuses ; enfin, le *Conseil municipal* pourra également disposer d'une partie de ces revenus pour récompenser quelque grand acte de courage ou de vertu, pour honorer, par une médaille commémorative, les services distingués qu'un citoyen aurait rendus à la Ville. »

Le testament de M. Apffel, entièrement écrit de sa main, en double expédition, est daté du 26 janvier 1839 ; il porte le cachet de la plus complète lucidité d'esprit.

M. Apffel n'avait plus ni ascendants, ni descendants ; il était complètement libre de disposer de sa fortune. Son testament, rédigé dans la meilleure forme possible, était parfaitement valable ; néanmoins des appétits surgirent. Une nièce du défunt, une demoiselle Apffel, habitait Paris et y donnait des leçons de piano. Un neveu par alliance de M. Apffel, habitait Wissembourg ; fils d'un baron de l'Empire, il s'appelait, comme son père, le baron Roséy. D'après la loi française, la Ville ne pouvait accepter le legs que sous l'autorisation du gouvernement. Celui-ci se trouvant entre des mains avides et corrompues (1), on craignit, non sans raison, que toutes sortes d'influences seraient mises en œuvre pour, sinon empêcher, du moins retarder fort longtemps cette autorisation. Enfin, la Ville, après une longue mais inutile résistance, ayant égard à la situation digne d'intérêt de Mlle Apffel à Paris, prenant en considération l'état de fortune du baron Rosey que, pour les besoins de sa cause, il représenta comme très peu brillant, transigea avec les parties moyennant un quart de la fortune, qui leur fut abandonné (2).

Je ne scruterai pas la vie privée de M. Apffel, ni le mobile qui l'a déterminé à faire ce testament. Je n'examinerai pas s'il n'eût pas mieux fait de perpétuer son nom par une œuvre destinée au soulagement des classes pauvres. Je ne retiens que le fait : M. Apffel a voulu donner à la ville de Strasbourg une fortune de 2 millions. Elle a été réduite d'un quart ; mais, ce qui restait était encore assez beau pour que Strasbourg dût respecter les dernières volontés et garder un souvenir reconnaissant de la libéralité de M. Apffel.

Malheureusement, l'homme le plus méticuleux n'est jamais assez prévoyant. Par une étrange ironie du sort, le Conseil municipal élu de Strasbourg, n'ayant pas voulu se plier aux idées bonapartistes, fut brutalement dissous par le gouvernement despotique de Napoléon III, en 1854, au moment même où la Ville allait entrer en jouissance des revenus de la dotation Apffel. Une Commission municipale, composée de MM. Amedée Caillot, Coumes, Destraits, Maurice Ehrmann, Hasenclever, Hirsch, Laugel, professeur Oppermann, profes-

(1) Voir plus loin : Procès Cubières, Teste et cons.

(2) Ce ne fut que le 20 juin 1849 qu'un décret présidentiel, contre-signé Dufaure, ministre de l'intérieur, autorisa la Ville à accepter le legs de M. Apffel, « mais jusqu'à concurrence des trois quarts seulement. » (Séance du Conseil municipal du 10 juillet 1849.)

seur Stoltz, — avec MM. Fréderic Strohl, Laporte, Lippmann
et Traut pour adjoints du maire M. Coulaux (1) — ne craignit pas de se mettre en lieu et place des trente-six conseillers municipaux et des adjoints révoqués.

L'intérieur du théâtre, fort convenable encore, puisqu'il
ne datait que de vingt-cinq ans, fut complètement bouleversé.
Dans sa séance du 3 janvier 1855, la Commission municipale vota
la création du Conservatoire de musique, avec des professeurs, pour l'époque d'alors, largement rétribués, le tout aux
frais de la fondation Apffel. Ce fut principalement l'œuvre de
M. Lippmann, adjoint. Il n'accepta de personne, ni conseils,
ni simples remarques (2).

(1) La Commission municipale devait être de douze membres,
mais trois des personnes qui, dans le principe, avaient accepté, refusèrent, prises d'un scrupule tardif, mais encore honorable, de siéger.
La Commission, ainsi réduite à neuf membres, n'en délibéra pas moins
sur les questions les plus importantes et prit des décisions qui enga-
geaient gravement les intérêts de la Ville.

Cela dura jusqu'en août 1855, où, d'après la loi, un nouveau
Conseil fut élu. Inutile d'ajouter que les membres de la Commission
en furent exclus par le suffrage populaire.

(2) Il est probable que la création d'un Conservatoire de musique
n'est jamais venue à l'idée de M. Apffel. Qu'une ville établisse des
classes de chant, des classes d'instruments à cordes ; cela se conçoit.
Mais dans un orchestre, où l'on emploie vingt, trente et même quarante violons, violoncelles et contrebasses, accompagnant cent et plus
de chanteurs, il n'y a de place que pour deux hautbois, deux pistons,
deux flûtes, etc. Ces emplois une fois occupés, il n'y a aucune place
pour d'autres artistes. En instituant des cours de clarinette, de flûte,
de basson, de trompette, de hautbois, etc., Strasbourg s'attachait bien
quelques artistes de grand talent et offrait à quelques jeunes gens
l'occasion de se faire une carrière, soit dans les musiques militaires,
soit dans les orchestres d'autres villes ; mais notre théâtre et notre
public musical ne pouvaient plus profiter de ces élèves qui, arrivés à
vingt ans, quittaient Strasbourg pour ne plus y remettre le pied. Le

« Je prie le Conseil municipal — dit le testament — de joindre pareillement à ce dépôt (titres, instructions, etc.), mes documents et papiers privés et de famille ; mes cahiers de correspondance, la brochure cartonnée en vert, intitulée : *Mémorial*; le carton intitulé *Carnet*, avec les feuilles qu'il

traitement considérable des professeurs qui les avaient formés était ainsi, en partie, perdu.

M. Apffel avait certainement en vue de doter le théâtre de Strasbourg de 100 à 150,000 francs de revenus annuels pour que des artistes dramatiques hors ligne pussent y être attachés et non pour faciliter l'existence à quelques jeunes gens, qui préféraient jouer d'un instrument à vent plutôt que de choisir une autre carrière.

Quand on voit si souvent les intentions des donateurs peu suivies on est étonné qu'il y ait encore des âmes charitables qui veuillent faire de ces donations.

Sans remonter à 1855, nous en trouvons un exemple tout près de nous : En 1879, mourut M. Auguste Ehrmann, léguant, entre autres, aux hospices civils 1,200,000 francs pour la fondation d'un asile pour les convalescents, c'est-à-dire pour offrir aux pauvres, sortant de l'hôpital, guéris de la maladie mais pas encore remis au point de pouvoir reprendre le travail, un séjour à la campagne de quelques semaines.

Les hospices achetèrent un domaine à la Robertsau, près de Strasbourg, et y installèrent parfaitement cet asile sous le nom de *Hospice Lovisa* selon les vœux du donateur. D'après la pratique constante, les sœurs congréganistes furent chargées de la direction. Dès lors l'esprit clérical dut dominer dans un établissement fondé par un protestant, qui a été assez large, assez tolérant pour ne faire aucune distinction de religion, et, comme si on avait voulu porter un défi à ces principes de tolérance, la Commission administrative des hospices permit que dans le règlement il fut dit que *le vendredi on jeûne.*

Malheureusement, M. Weiss, l'exécuteur testamentaire de M. Ehrmann, était déjà mort au moment de l'ouverture de l'hospice Lovisa, autrement il aurait certainement fait comprendre que dans cet établissement, fondé par un bon protestant, le paragraphe du règlement, portant que le vendredi on fait maigre, est au moins déplacé.

renferme ; mon Album ou « Stammbuch », en reliure rouge ;
les quatre petits portraits, encadrés de noir, dont l'un mon
père, l'autre ma mère, le troisième mon estimable ancien
secrétaire, Jean Graff, et le quatrième, moi, vêtu de blanc,
tous quatre faits en 1809 et les deux têtes de femmes en pastel
et cadres noirs qui datent d'environ un siècle. »

M. Lippmann a-t-il eu au moins soin de se conformer à
ces vœux du testateur ? Renseignements pris, il y a lieu d'en
douter. Les livres furent remis à la bibliothèque de la Ville et
devinrent, pendant le siège, la proie des flammes. Une partie
des objets mobiliers fut placée dans les combles de l'Hôtel-de-
Ville et, le bombardement ayant passé là-dessus, M. l'administrateur municipal aura de la peine à en former un ensemble
un peu convenable si, comme on me l'a dit, il a l'intention de
les réunir.

« Je propose, — dit une notice, datée du 18 novembre
1844 et annexée au testament de 1839, — *au Conseil municipal* d'ordonner que les portraits de mon père, de ma mère
et de moi-même soient placés dans une modeste petite niche,
à établir au mur interne du grand foyer du théâtre.....

« Je pense qu'ainsi ces portraits seraient, pour les temps
futurs, *plus sûrement conservés intacts* »..... (1).

---

(1) M. Apffel avait peut-être perdu de vue cette dernière disposition, autrement il aurait probablement changé d'idée. En effet, peu
de jours avant son décès, nous reçumes la nouvelle de l'incendie du
théâtre de Carlsruhe, où plus de cent personnes trouvèrent la mort :
Le spectacle devait commencer à six heures ; dès cinq heures, les
galeries supérieures s'étaient remplies. A cinq heures et demie, on
alluma le gaz près des loges ; une porte étant restée ouverte, le vent
agita la draperie qui décorait une loge et en poussa l'extrémité vers
le bec de gaz. Elle prit feu et, en moins de cinq minutes, les flammes,
serpentant le long des loges et des boiseries, avaient fait le tour de
l'enceinte en l'envahissant tout entière. Les spectateurs se précipitè-

Hélas ! même ce modeste vœu n'est pas accompli. En 1870 , pendant le bombardement, après que notre vaste et célèbre bibliothèque, le Temple-Neuf, le palais de Justice, une partie de la cathédrale et des centaines de maisons, et des plus belles, fussent devenues la proie des flammes, le tour du théâtre ne pouvait manquer de venir. La salle de spectacle était devenue le refuge de nombreuses familles qui, privées par l'incendie de leur logement et de leur mobilier, s'y étaient abritées dans les loges, les couloirs, les sous-sols, là enfin où elles espéraient être à l'abri des bombes. Cet asile devait leur être enlevé. Le 10 septembre, à onze heures du matin, les bombes incendiaires

rent vers les issues ; *mais, par une fatale inspiration*, dès que le feu fut aperçu *on ferma le robinet du gaz* et les corridors étaient plongés dans une obscurité profonde, pendant que l'intérieur et la scène brûlaient. Le théâtre entier, avec tout ce qu'il contenait, devint la proie des flammes. (*Gazette de Carlsruhe* du 2 mars 1847.)

L'incendie du théâtre de Nice, le 23 mars 1881, eut, par la même faute, les mêmes conséquences terribles, la mort de près de cent personnes. Dès que le feu avait pris dans les décors de la scène, on eut la fatale idée d'éteindre le gaz ; l'obscurité des corridors détermina la chute de quelques personnes et bientôt de véritables blocs d'êtres humains barraient le passage à ceux qui se trouvaient derrière. C'est du dehors que des citoyens courageux arrivèrent à tirer, de dessous ce rempart épouvantable, quelques corps respirant encore ; mais, la plupart des malheureux étaient écrasés ou asphyxiés.

Ainsi qu'à Carlsruhe, c'est avant le commencement du spectacle que le feu s'est déclaré ; on pense que l'extrémité d'un décor aura touché un bec de gaz. Les loges n'étaient pas encore garnies, mais les galeries supérieures étaient bondées de spectateurs qui formaient ce contingent considérable de victimes. L'écrivain de ces lignes, passant les hivers à Nice, a été témoin oculaire de ce désastre.

Pour que les corridors des théâtres ne soient pas, au cas où le gaz serait éteint, plongés dans une complète obscurité, ils devraient toujours être éclairés, en dehors du gaz, par quelques lampes à huile.

l'atteignirent en si grand nombre (1) que, malgré les efforts désespérés des braves pompiers, notre magnifique théâtre, un des plus beaux de la France, ne fut bientôt plus qu'un monceau de ruines. Des centaines de malheureux, parmi lesquels beaucoup de femmes, d'enfants, de malades même, furent obligés de se sauver une seconde fois devant l'élément destructeur.

On maudit la Commune; mais, ceux qui, pour le seul plaisir d'exercer une ignoble vengeance, portaient l'incendie dans Paris, sont-ils plus coupables que ceux qui, le cœur léger, allumèrent ou votèrent cette guerre atroce dont la Commune ne fut qu'une des conséquences? Est-elle moins coupable la fanatique impératrice Éugénie, qui, pour avoir « sa guerre à elle » contre la Prusse hérétique et pour assurer à son rejeton le trône chancelant de Napoléon III, n'hésita pas à faire commencer cette boucherie humaine qui coûta la vie à plus de trois cent mille soldats, qui porta le deuil dans des centaines de mille de familles, qui couvrit Strasbourg, par le bombardement, de cadavres et de ruines et qui fit le malheur de quinze cent mille Alsaciens-Lorrains, victimes expiatoires de fautes commises par la France entière?

De tous les monuments détruits, le théâtre de Strasbourg fut un de ceux qui furent le plus promptement reconstruits. Les nouveaux maîtres de Strasbourg avaient hâte de rouvrir le temple des Muses à une troupe allemande. Et voilà que M. Apffel, l'ami du général Hoche, le camarade de chambre au collège de Strasbourg (2) du prince Eugène Beauharnais, fils adoptif de Napoléon Ier, contribua par sa libéralité, à la germanisation de l'Alsace par le théâtre. Et comme Strasbourg,

(1) On a remarqué, pendant tout le siège, que dès que les assiégeants voyaient qu'un feu s'était déclaré, ils dirigeaient une véritable pluie de projectiles sur ce point, dans le but, probablement, d'empêcher qu'on n'arrivât à éteindre l'incendie.

(2) Testament Apffel, troisième paragraphe.

depuis dix ans, n'a plus de Conseil municipal, ni de maire de son choix et que c'est à un fonctionnaire, imposé par l'autorité allemande, qu'est confiée la gestion de tous nos établissements municipaux ; il s'en suit que les recommandations de M. Apffel, qui, dans son testament, ne désigna pas moins de *dix-huit fois le Conseil Municipal*, pour l'exécution des clauses de son testament, restent à l'état de lettre morte.

Loin de moi l'idée de critiquer la gestion de la fondation Apffel, par l'administrateur actuel ; les comptes qu'il publie annuellement sont clairs et paraissent conformes à la teneur du testament. Si les volontés du testateur n'ont pas été religieusement suivies, c'est aux années néfastes de l'Empire qu'il faut remonter ; c'est à la Commission et à l'Administration municipale de 1855 qu'incombe la plus grande part de responsabilité.

———————

Le système gouvernemental de corruption, pratiqué par les ministres de Louis-Philippe, devait conduire à des scandales. De ce nombre fut le procès intenté devant la Chambre des pairs à M. Teste, ancien ministre des travaux publics, au général Cubières, ancien ministre de la guerre, à un des plus riches receveurs généraux, M. Pellaprat et à un M. Parmentier. Ce dernier était l'adversaire du général Cubières dans une concession de mines de houille et de sel gemme, à Gouhenans, et lors d'un premier procès civil qu'ils avaient entre eux, M. Parmentier joignit à son dossier une lettre du général Cubières, datée du 22 janvier 1842, dans laquelle il l'invite « d'aviser aux moyens de s'assurer d'un appui intéressé, dans le sein même du Conseil des ministres. » Cette lettre se termine par les mots : « N'oubliez pas que le *gouvernement est dans des mains avides et corrompues* ». Dans une autre lettre, il parle de quatre-vingts actions, exigées pour la concession, etc.

Bientôt on sut que c'était M. Teste (1) qui les avait exigées alors qu'il avait les travaux publics à diriger. Par arrêté de la Cour des pairs, du 17 juillet 1847, M. Teste fut condamné à trois années d'emprisonnement, au versement au fisc des 94,000 francs, qu'il avait reçus comme pot-de-vin et à 94,000 francs d'amende. Les autres furent condamnés à 10,000 francs d'amende et tous à la dégradation civique.

D'autres faits de concussion, pour obtenir des directions de théâtre, des privilèges d'imprimerie, des concessions de lignes ferrées, etc., furent portés à la tribune ; M. Duchâtel, ministre de l'intérieur, s'efforça de pallier tous ces faits, ou de les nier et la majorité, docile aux volontés ministérielles, en étouffa la discussion par ses cris et par ses votes. Dans la séance du 25 juin 1847, le ministère obtint même, par 225 voix contre 102 le vote suivant : « *la majorité, satisfaite* des explications données par le gouvernement, » etc. Sur les onze députés de l'Alsace, deux seulement, MM. Emile Kœchlin et Struch, votèrent contre. Les neuf autres firent partie de la légion des « *satisfaits* ».

Pour résister à cet aveuglement fatal, qui devait conduire le pays à sa perte, l'opposition pensa qu'une pression sur le gouvernement le déterminerait peut-être à renoncer au refus systématique qu'il opposait à toutes les demandes de réformes par le mot, devenu légendaire, de M. Guizot : « RIEN » (2).

On organisa les *banquets réformistes*. Le premier eut lieu à Paris, le 9 juillet 1847. Les toasts furent portés par MM. de Lasteyrie, Odilon Barrot, Recurt, de Maleville, Gustave de

---

(1) Ce même M. Teste qui, en 1842, vint en Alsace, pour l'inauguration du chemin de fer de Strasbourg à Bâle et qui suscita toutes sortes de difficultés à M. Nicolas Kœchlin, celui-ci n'ayant pas voulu entrer dans les vues du ministre.

(2) *Moniteur*, mai 1847.

Beaumont, etc. MM. Arago et Ledru-Rollin n'y assistèrent pas. C'était, comme on le voit, une réunion qui n'avait rien de subversif ; le gouvernement n'en resta pas moins sourd et indifférent.

Les départements suivirent l'exemple de Paris. En Alsace ce fut le Haut-Rhin qui prit l'initiative. Le 8 août 1847, un banquet réunit à Colmar deux cent cinquante électeurs du Haut-Rhin, sous la présidence de M. Rossée, premier président de la Cour d'appel. Aucune loi n'interdisant alors ces réunions, le gouvernement ne put que les contrarier en pesant sur certaines personnes, pour les déterminer à ne pas y prendre part. Des démarches, dans ce sens, auraient été faites auprès de M. Rossée, « mais celui-ci, dit le *Courrier d'Alsace*, a cru, sans doute, que le moment était arrivé où il fallait donner au pouvoir, dans son propre intérêt, un enseignement salutaire... »

Après le toast officiel, au roi et aux autorités, divers discours furent prononcés par MM. Ignace Chauffour, Gérard, Yves, Fleurant, avocats ; par MM. le docteur Jænger, Kœnig, propriétaire, MM. Coulmann ancien député du Bas-Rhin et Ch. Bœrsch, membre du Conseil municipal de Strasbourg. Le premier toast au roi, par M. Rossée, fut d'abord accueilli par un profond silence, puis suivi du cri de « la Marseillaise » dont l'air exécuté par l'orchestre fut couvert d'une triple salve d'applaudissements.

Une pétition pour la réforme électorale, lue par M. Gérard, rédacteur en chef du *Courrier d'Alsace*, fut signée séance tenante par tous les convives.

———————

Strasbourg eut son banquet réformiste, le dimanche, 5 septembre, à la halle aux blés (1), convertie en salle de

---

(1) Transformée plus tard en entrepôt des douanes.

banquet. De nombreux trophées de drapeaux tricolores, ornés des armes des différentes villes d'Alsace, étaient appendus aux piliers et aux arcades de la grande allée centrale. A droite, se trouvait une tribune, richement décorée et surmontée de l'écusson de la ville de Strasbourg ; vis-à-vis de cette tribune étaient groupés, en un faisceau, le drapeau de la Pologne en deuil et les drapeaux de la Suisse et de l'Italie. Au fond s'élevait l'orchestre, entouré de trophées aux couleurs nationales. De chaque côté, on voyait une grande toile, peinte à l'huile par MM. Haffner et Beyer, dont l'une représentait la France, l'autre la liberté. Sept tables, de plus de cent couverts chacune, remplissaient la vaste salle et plus de sept cents électeurs et citoyens y avaient pris place.

De nombreuses députations de Colmar, de Mulhouse, de Sainte-Marie-aux-Mines, de Ribeauvillé, de Sélestat, etc., étaient arrivées pour fraterniser avec les patriotes de Strasbourg et joindre leurs voix à la leur dans cette manifestation solennelle. Parmi les convives se trouvèrent MM. Edouard Martin, Nicolas Kœchlin et Coulmann, anciens députés, M. Guillaume Lauth, président du tribunal de commerce, plusieurs membres de ce tribunal et la grande majorité du Conseil municipal de Strasbourg. Le banquet était présidé par M. Lichtenberger, bâtonnier de l'ordre des avocats.

Des discours furent prononcés par MM. Lichtenberger, Edouard Gloxin, Steiner, Martin, Ch. Bœrsch, de Bancalis, maire de Gerstheim. Ce dernier porta un toast aux honnêtes gens de tous les partis « qui venaient par leur présence à ce banquet, protester contre le monopole électoral qui a engendré cette corruption que nous déplorons, » etc.

M. Martin dit : « C'est par la réforme électorale que nous voulons attaquer et détruire la corruption. » Il rappela ensuite que M. Duvergier de Hauranne, qu'on savait plutôt modéré qu'avancé, avait dit que le gouvernement faisait toujours

appel aux intérêts privés contre les intérêts généraux, aux
passions cupides et basses contre les passions nobles et généreuses. M. Martin finit ainsi : « Dans un temps où j'étais bien
jeune encore, le général Foy ne craignit pas de dire que *c'est
en Alsace qu'il fallait venir se retremper en fait de patriotisme et de liberté !* Faisons en sorte qu'on puisse y retrouver
aujourd'hui le même exemple d'union en fait de moralité et
de probité. »

L'impulsion était donnée ; sur tous les points de la France
on organisa de ces banquets. Réforme électorale était le mot
d'ordre et la presque unanimité avec laquelle le pays se
prononça, eût dû ouvrir les yeux aux plus aveugles. Les avertissements d'une autre nature ne manquèrent pas. Aux dénonciations pour faits de dilapidation, de concussion, d'accaparement, produites officiellement à la tribune des pairs et des
députés, au procès scandaleux Teste-Cubières vint se joindre
l'assassinat, dans la nuit du 17 au 18 août, de la duchesse de
Choiseul-Praslin par son mari, membre de la Chambre des
pairs. Déjà la haute assemblée s'était constituée en Cour criminelle quand on apprit que le noble duc s'était fait justice
lui-même en s'empoisonnant avec de l'arsenic.

Bien que la politique ne fût pour rien dans ce drame (1),
qui prenait sa source dans un ménage troublé par l'inconduite
du mari et peut-être par le caractère irascible de la femme,

(1) Ce ne fut pas le seul scandale de ce genre dont le grand
monde de l'époque fournit l'exemple. Vers la fin d'octobre, le comte
Bresson, ambassadeur de France à Naples se suicida. Peu de temps
auparavant, un pair de France, le prince d'Eckmühl (descendant du
maréchal Davoust), fit une tentative d'assassinat sur sa maîtresse et
le comte Mortier, ambassadeur de France à Turin, également pair de
France, essaya de tuer ses enfants et puis de se suicider. Des procès
scandaleux s'ensuivirent ; les deux pairs furent déclarés malades
et conduits dans une maison de santé.

la presse ne s'en empara pas moins pour le rattacher à la corruption et à la dégradation des esprits ; tristes effets du système gouvernemental de Louis-Philippe et de ses ministres. Mais ceux-ci restèrent sourds à tous les av's ; le vieux roi comptant sur sa majorité servile, dans le Parlement, s'avança de plus en plus vers l'abîme qui l'engloutira quelques mois plus tard.

Dans sa politique extérieure, le gouvernement ne suivait pas une voie moins déplorable. Il était humble et soumis envers l'Angleterre, à tel point que lord Palmerston osait dire qu'il ferait passer M. Guizot par le trou d'une aiguille. Alors que le ministère n'avait pas un mot de blâme pour les tortures que le czar infligeait aux Polonais, pour le despotisme que l'Autriche exerçait en Italie, pour les exécutions en masse qu'ordonnait le Bourbon de Naples, il se montrait non seulement arrogant envers notre plus proche voisine, la Suisse, mais il fournit même des armes aux jésuites, pour la guerre civile qu'ils fomentaient. Nous avons déjà vu, qu'en 1846, le gouvernement avait vendu aux cantons ultramontains des armes de l'arsenal de Strasbourg ; en 1847, il leur en fit délivrer par la place de Besançon (1). Le journal officieux *Les Débats*, pour justifier cet acte déloyal, dit « que l'Etat a dans ses arsenaux des armes réformées qu'il vend à qui veut les acheter ; » il n'arriva pas à donner le change à l'opinion qui, en Alsace, si rapprochée du théâtre de ces préparatifs, se prononça vivement contre cette injure au bon sens public.

L'exécution militaire contre les cantons rebelles fut décidée dans les séances de la Diète des 18, 22 et 29 octobre, après que tous les moyens de conciliation eussent été épuisés. Sous la direction du colonel Ochsenbein, président de la Diète et du colonel Dufour, nommé général en chef de l'armée fédérale,

(1) *Helvétie* du 7 octobre 1846.

la campagne, vivement conduite, prit fin après quelques
semaines de lutte par l'écrasement du Sonderbund.

C'était un bonheur pour la Suisse, car déjà M. Guizot, en
vrai jésuite protestant, prenait fait et cause pour ses confrères
catholiques et, désireux de plaire aux puissances absolutistes,
il avait fait remettre une Note à ces dernières pour les inviter
à « adresser au gouvernement suisse une sommation de suspendre les hostilités et d'envoyer des députés à une confé-
rence où l'on jetterait les bases d'un arrangement » (1).

Dans la séance de la Chambre des Communes du
30 novembre 1847, Lord Palmerston, interpellé à ce sujet,
répondit : « L'intention primitive du gouvernement de Sa
Majesté était de s'abstenir de toute intervention ; cependant
à la pressante requête de la France il a consenti, d'accord
avec les quatre autres puissances, à offrir sa médiation. » .....

Enfin, les choses n'allant pas assez vite au gré de
M. Guizot et de ses amis les jésuites, il adressa directement à
la Diète une note où il l'invitait à désarmer et à s'en remettre
au Saint-Siège pour obtenir le rappel des jésuites, en indem-
nisant les révérends pères s'ils consentaient à quitter la
Suisse.

Dans une réponse longuement motivée, mais ferme et
digne, la Suisse remercia les puissances, et particulièrement
la France, de leurs bonnes intentions dont, au reste, elle n'avait
plus que faire (2).

Ce fut encore de Londres que M. Guizot reçut une
leçon. Le jour même où son journal *Les Débats* glorifiait
l'accord entre les deux pays pour la médiation, Lord Palmerston déclara à la Chambre des Communes « que la guerre

(1) *Times* du 24 novembre 1847.

(2) Berne. Séance de la Diète du 6 décembre 1847. Lecture de
la réponse de la Suisse aux grandes puissances.

en Suisse étant terminée, il n'y avait plus de lutte et il ne pouvait plus y avoir de médiation. »

Mais ni les vœux presque unanimes du pays pour une réforme électorale, ni les scandales de toute nature qui jetaient une lueur sinistre sur la dernière année du règne de Louis-Philippe, ni l'échec piteux qu'il venait de subir dans la question Suisse, ne pouvaient faire sortir le vieux monarque de sa quiétude. Le 30 décembre 1847, il ouvrit en personne la session des Chambres — la dernière de son règne — avec le cérémonial d'usage. La majorité servile était tout entière à son poste et accueillit Louis-Philippe par le cri de : « Vive le roi ! » trois fois répété ; mais ces cris mouraient au seuil de la Chambre. Si le discours du trône avait contenu la moindre allusion à une concession aux vœux de la nation, le roi aurait vite regagné une partie de son ancienne popularité, mais « *rien ! pas de concession !...* » C'était la devise favorite de M. Guizot et probablement aussi de son royal maitre.

1848

— ◆ —

SOMMAIRE

Dernière session des Chambres sous Louis-Philippe. — Suspension
du cours de M. Michelet. — Débats orageux à la Chambre. —
Vote des députés de l'Alsace. — Banquet réformiste projeté; le
gouvernement le défend. — Manifestations des Ecoles. — Démission du ministère Guizot. — Les rassemblements continuent.
Fusillade sur le boulevard des Capucines. — Soulèvement général. — Louis-Philippe appelle M. Molé, puis M. Thiers; enfin
M. Odilon Barrot. — Abdication du roi; nomination de la
duchesse d'Orléans comme régente. — Il est trop tard. — Fuite
du roi et de sa famille. — Proclamation de la République. —
Les premières nouvelles de la révolution arrivent à Strasbourg.
— Convocation du Conseil municipal; il décide de demander la
réorganisation immédiate de la garde nationale. — Arrivée du
courrier de Paris annonçant la fondation de la République. —
Le Conseil municipal se constitue en Commission municipale;
elle nomme une Commission départementale pour remplacer le
préfet. — Le préfet du Haut-Rhin est remplacé par une Commission départementale. — Réception de MM. Struch et Dollfus,
à Colmar et à Mulhouse, à leur retour de Paris. — Désordres
dans le Sundgau, à Brumath et à Marmoutiers. — M. Guillaume
Lauth est nommé maire de Strasbourg, en remplacement de
M. Schützenberger. — Élection des représentants pour une
Assemblée constituante. — Départ pour Paris des représentants
du Bas-Rhin. — Ouverture de l'Assemblée constituante. —
Mouvements révolutionnaires à l'étranger. — Réfugiés allemands
en Alsace. — Troubles à Paris; le général Cavaignac est nommé
chef du pouvoir exécutif. — Élections municipales. — Élection
des membres de la Chambre de commerce. — Programme pour
la réforme des institutions protestantes de la Confession d'Augsbourg en France. — Réforme postale. — Autres projets de
réforme. — Deux centième anniversaire de la réunion de l'Alsace à la France. — Rapport du maire au Conseil municipal. —

Fêtes grandioses à Colmar (toast remarquable de M. Ig. Chauffour), à Mulhouse, à Strasbourg. — Réaction. — Expédition de Rome. — Discussion sur l'élection du Président de la République. — Vote de la Constitution et sa proclamation à Strasbourg et en Alsace. — Louis-Napoléon Bonaparte est élu Président de la République.

La récolte et les vendanges de 1847, ayant été bonnes, les souffrances de l'année précédente étaient à peu près oubliées. On aurait regardé l'avenir avec quelque confiance, n'eût été la marche du gouvernement.

Dès les premières séances des Chambres, on s'aperçut de la même résistance à toute idée de réforme. Le 3 janvier 1848, le ministère, pour donner un semblant de satisfaction aux intérêts matériels, présenta deux projets de loi. L'un fixait à 30 centimes par kilogramme le prix de vente du sel, à partir du 1er janvier 1850. L'autre abaissait — à partir du 1er janvier 1850 — à 50 centimes la taxe des lettres, mais en maintenant l'ancien poids, 7 grammes et demi au lieu de 15 grammes admis plus tard.

Ces demi-mesures ne satisfirent personne ; elles n'eurent pas l'honneur de la discussion.

Des débats d'une nature plus grave signalèrent l'approche de la tempête. Le cours de M. Michelet, au collège de France, fut suspendu, après que les cours de MM. Mickievicz et Quinet eussent déjà été supprimés. On destitua M. Bérard, le doyen de la Faculté de médecine de Montpellier, pour avoir, par une lettre rendue publique, adhéré à la réforme électorale. Ces faits furent portés à la tribune ; en même temps, une discussion des plus irritantes s'engagea sur la réponse à faire au discours du trône. La majorité ayant voulu intercaler une approbation des mauvais procédés du gouvernement envers la Suisse, MM. Thiers et Odilon Barrot attaquèrent vivement M. Guizot qui, dans sa réponse, osa dire : « J'appellerai ce qui se passe en Suisse (la lutte contre les jésuites) du nom de *mauvaises cupidités* et de *mauvaises passions*. »

Quelque désobligeante qu'eût été la conduite du gouvernement à l'égard de nos voisins, la majorité l'approuva par 206 voix contre 126 (1). Pressé de s'expliquer sur la réforme électorale, M. Guizot déclara qu'il la repoussait pour le moment, et qu'il refusait de prendre un engagement pour l'avenir dans une question qui n'était que le produit de *passions ennemies* et *d'entraînements aveugles*. Il fut approuvé par 228 voix contre 185 (2).

Après ce défi, jeté à l'opposition, l'ensemble de l'adresse fut voté par 241 voix sur 244 votants; la gauche s'était abstenue.

Sur les onze députés de *l'Alsace*, huit votèrent pour le ministère. Ce furent MM. Alfred Renouard de Bussière, Théodore Humann, Cerfbeer, Antoine Saglio et Lemasson du Bas-Rhin. MM. de Golbéry, André Kœchlin, le général de Bellonet, du Haut-Rhin. — MM. Emile Dollfus et Struch du Haut-Rhin et Hallez-Claparède, député de Sélestat, votèrent contre. Le vote de ce dernier fut d'autant plus méritoire que M. Hallez était maître des requêtes et, comme tel, pouvait être destitué. Ce fut un acte d'indépendance, bien rare parmi les fonctionnaires.

Les débats avaient été orageux. Les avertissements n'avaient pas manqué : « Ce sont Polignac et Peyronnet, » s'écrie M. Odilon Barrot, dans la séance du 9 février, en désignant de son doigt accusateur le banc des ministres... Rien ne servit... Douze jours plus tard, royauté, ministère, majorité, tout était balayé !

---

(1) Séance de la Chambre des députés du 3 janvier 1848.
(2) Séance de la Chambre des députés du 11 février 1848.

Un banquet réformiste avait été fixé au 22 février ; le gouvernement ayant fait annoncer qu'on occuperait militairement les lieux où devait avoir lieu la réunion, pour la rendre impossible, les commissaires du banquet, d'accord avec les députés de l'opposition — ces derniers au nombre de quatre-vingt-quinze, parmi eux MM. Emile Dollfus et Struch — prirent la résolution de renoncer au banquet. Cependant Paris s'était alarmé. Les jeunes gens des écoles, au nombre de trois mille, se rendirent processionnellement du quartier Latin chez M. Odilon Barrot, le cortège se grossissant en route d'ouvriers et de gardes nationaux. Les groupes criaient : « A bas le ministère ! Vive la réforme ! » La garde municipale les dispersa, mais ils se rassemblèrent plus loin. Quelques barricades furent construites. Cela se passait le 22. Le 23, de nombreux détachements de soldats sillonnèrent les rues de Paris, des pièces d'artillerie stationnèrent au Carrousel et sur la place de la Concorde ; la garde nationale était sur pied, mais des cris de : « A bas Guizot ! » sortaient souvent de ses rangs, et le gouvernement n'osa plus compter que sur l'armée.

Vers trois heures de l'après-midi, un immense rassemblement de gardes nationaux et de bourgeois sans armes s'avança vers la Chambre des députés ; là, M. Guizot, qui, la veille encore, avait déclaré d'un air hautain que le gouvernement ne céderait pas, annonça que, le ministère ayant donné sa démission, le roi avait chargé le comte Molé de composer un nouveau cabinet. La Cour montra ainsi que la résistance venait autant d'elle que de M. Guizot, celui-ci n'étant pas beaucoup plus impopulaire que M. Molé.

Les rassemblements continuèrent ; une foule énorme, chantant la *Marseillaise*, montait le boulevard, dans la soirée du 23 au 24, quand, arrivée à la hauteur du ministère des affaires étrangères, boulevard des Capucines, tout à coup, sans aucune sommation, sans la moindre formalité légale, une décharge à bout portant fut dirigée contre cette masse désarmée. Cinquante-deux personnes tombèrent mortellement blessées. Un cri d'horreur et de vengeance partit de toutes les poitrines. Un tombereau rempli de cadavres fut promené dans les quartiers populeux, à la lueur des torches. Le lendemain matin deux cent mille hommes descendirent dans la rue ; la révolution était faite. Le roi comprit enfin que le flot montait et qu'il allait tout emporter si on ne lui faisait place. Dans la nuit, après M. Molé, il avait fait appeler MM. Thiers et Odilon Barrot. Le premier n'était rien moins que populaire et déjà le dernier n'avait plus d'ascendant sur les esprits. Cependant il se rendit encore au ministère de l'intérieur, dans l'espoir de réunir les éléments d'un cabinet réparateur, et, de là, aux Tuileries. Il en revint avec l'abdication du roi et la nomination de la duchesse d'Orléans comme régente. Celle-ci arriva à la Chambre, accompagnée du duc de Nemours et du jeune comte de Paris ; mais il était trop tard. Ses propositions furent rejetées ; la majorité, si hautaine la veille encore, s'était sauvée par toutes les portes devant les gardes nationaux et le peuple envahissant la salle. A une heure déjà le roi avait quitté les Tuileries sous un déguisement. Bientôt le reste de la famille le suivit. La République fut proclamée.

Bien que ces détails ne concernent qu'indirectement l'histoire de l'Alsace, je tenais, d'une part, à montrer le rôle qu'y ont joué nos députés ; de l'autre, à combattre, dans l'intérêt de la vérité, cette légende de regrets pour le bon roi Louis-Philippe, qui s'est un peu répandue chez nous, surtout depuis que nous avons été violemment séparés de la France. Louis-Philippe n'était pas méchant ; mais, dans maintes occasions, il a sacrifié l'intérêt du pays à celui de ses enfants. Pour être reçu dans le cénacle des monarques de l'Europe, il se

montra ingrat envers les hommes auxquels il devait la royauté.
La guerre implacable qu'il livra à la révolution, dont il était
sorti, lui coûta finalement le trône.

Napoléon I⁰ˢ s'était emparé de la France par un coup d'État ;
les Bourbons avaient été ramenés et imposés au pays, en 1815,
par l'étranger. Louis-Philippe, par contre, était devenu roi par
l'acclamation presque unanime de la nation. Il ne dépendait
donc que de lui de conserver le trône. Il avait une belle
mission à remplir ; son égoïsme l'a aveuglé ; et si l'Alsace-
Lorraine n'est plus à la France, c'est bien Louis-Philippe et
les hommes qui, par intérêt, le soutenaient, que tout d'abord
il faut en rendre responsables.

Ce ne fut que dans la journée de vendredi, 25 février (1),
que nous reçûmes les premières nouvelles des graves événements qui se passaient à Paris. Le maire convoqua immédiatement le Conseil municipal ; celui-ci décida la réorganisation
de la garde nationale et nomma pour chefs provisoires :
M. Louis Steiner, colonel ; MM. Hey, Bartholmé, Silbermann
et Heim, chefs de bataillon (2).

Dans la soirée, le préfet, M. Sers, reçut et publia une
dépêche annonçant un ministère composé de MM. Dupont de
l'Eure, Arago, Lamartine, Crémieux, Ledru-Rollin. La journée

(1) Il convient de ne pas perdre de vue que le courrier mettait
alors encore trente-six heures pour aller de Paris à Strasbourg, et
qu'on n'avait que le télégraphe aérien réservé uniquement au gouvernement.

(2) M. Louis Steiner, agent de la Compagnie d'assurances *La
Nationale*, né à Ribeauvillé (Haut-Rhin), excellent républicain qui, en
1830 déjà, avait pris une part active à la politique libérale. MM. Frédéric Hey, marchand de fer et F.-D. Heim, marchand de vins, comp-
taient parmi les meilleurs républicains de la cité. La droiture de leur

du samedi, 26, se passa dans l'inquiétude ; le courrier de
Paris n'était pas arrivé et le télégraphe ne fonctionnait plus.
Néanmoins, comme la dépêche au préfet ne pouvait laisser de
doute sur un changement complet de gouvernement, le
Conseil municipal décida de se constituer en Commission
municipale, en s'adjoignant des citoyens dont les noms avaient
été désignés par une partie de la population. C'étaient
MM. Fr. D. Bernhardt, Emile Küss, Ed. Eissen, Chrétien
Ott, Ed. Gloxin, Maurice Engelhard, Ch. Bayer, Daniel Wolff,
Eugène Heim, Jules Engelbach, Victor Chauffour, Sarrus,
Fargeaud, Heimburger ; les quatre derniers professeurs à
l'Académie. La décision ayant été adoptée à l'unanimité, ces
citoyens furent invités à se rendre dans la salle du Conseil où
la Commission entra immédiatement en fonctions. Elle décida
qu'il était urgent, dans l'intérêt de la tranquillité publique, de
confier l'autorité départementale à des citoyens délégués à cet
effet par la Commission municipale, et, à l'instant même, elle
procéda par voie de scrutin à la nomination de cette Commission. L'unanimité des suffrages désigna : MM. Lichtenberger,
bâtonnier de l'ordre des avocats ; Guillaume Lauth, président
du tribunal de commerce ; Chrétien Ott, tanneur ; Edouard
Gloxin, négociant ; E. Eissen, docteur en médecine.

M. Schützenberger, maire, déclara ensuite que, dans
l'état des choses, il ne se croyait plus la mission de rester à la
tête de l'administration de la Ville, et que c'était aux délégués

caractère, la fermeté de leurs principes, unies à un esprit généreux et
conciliant, leur avaient valu l'estime de tous leurs concitoyens, même
de ceux qui ne partageaient pas leurs opinions politiques.

M. Bartholmé, au Kohlenhof, ruelle de l'Ancre, marchand de
vins retiré des affaires, républicain convaincu, fut bientôt remplacé
dans son commandement par M. Guillaume Hatt, brasseur.

M. Silbermann était l'imprimeur, propriétaire du *Courrier du
Bas-Rhin*.

des citoyens à choisir ceux qu'ils voulaient investir de leur mandat. La Commission décida qu'il serait nommé une administration municipale provisoire. Le scrutin désigna, pour maire, M. Schützenberger et, pour adjoints, MM. Ed. Kratz, Ch. Bœrsch, Chauffour et Engelbach.

Le courrier parti de Paris jeudi soir, arriva enfin à Strasbourg dans la nuit de samedi au dimanche, à une heure du matin. Il était porteur d'un placard ainsi conçu :

PLUS DE BOURBONS !

VIVE LA RÉPUBLIQUE !

Membres du gouvernement provisoire :

MM.

ARAGO, DUPONT, LAMARTINE, LEDRU-ROLLIN, MARIE, MARRAST,

LOUIS BLANC, FLOCON, ALBERT.

Le courrier ajouta que sur tout son parcours, où il avait distribué les placards dont il était porteur, les populations étaient soulevées et que l'allégresse et l'élan patriotique étaient universels (1).

On ne saurait nier que toute l'Alsace libérale accueillit avec enthousiasme la proclamation de la République. Le Haut-Rhin, à son tour, remplaça le préfet par une Commission départementale, composée de MM. Struch, président ; Nicolas Kœchlin ; Rossée, premier président de la Cour d'appel et Ignace Chauffour. Ce dernier fut, en outre, nommé commissaire du gouvernement par décision du gouvernement provisoire.

Mulhouse et Colmar firent une réception brillante à

---

(1) *Courrier du Bas-Rhin* du dimanche 27 février 1848.

leurs députés, MM. Emile Dollfus et Struch. Leur retour de Paris, coïncidant avec le jour fixé pour la proclamation solennelle de la République, ils furent reçus aux cris mille fois répétés de : « Vive la République ! » (1) Cette belle journée, dit le *Courrier de l'Alsace*, fut terminée par la plus splendide illumination dont Colmar ait jamais été témoin.

A Mulhouse, la fête ne fut pas moins brillante. Malgré la pluie, une foule immense attendait les députés qui furent, en quelque sorte, portés en triomphe à la mairie où la Commission municipale les reçut. A trois heures, on se rendit au nouveau quartier où la garde nationale et la troupe de ligne étaient rangées en bataille. « N'oublions pas, dit l'*Industriel alsacien*, de mentionner un petit corps de jeunes volontaires qui, bien que non armés, sont venus témoigner de leur désir de servir la patrie s'il en était besoin. »

Des fêtes analogues eurent lieu dans presque toutes les villes d'Alsace : Münster, Cernay, Thann, Wissembourg, Sélestat, Saverne, Barr, Bischwiller, etc., proclamèrent la République par des revues de la garde nationale et des illuminations (2). La joie était universelle ; malheureusement elle fut bientôt troublée par des désordres qui éclatèrent dans quelques localités, où des scènes de pillage durent être réprimées par la force armée :

« Depuis longtemps, dit le *Courrier d'Alsace*, du 10 mars 1848, il couve dans les localités, habitées par des israélites, un mécontentement sourd contre eux ; cette irritation n'attendait qu'une occasion pour se donner carrière. On a saisi celle qu'offrait la révolution de Février. Le mouvement commença dans la ville d'Altkirch, alors qu'arrivèrent les premières nouvelles sur la journée du 24 février. Après avoir

(1) *Industriel alsacien* et *Courrier d'Alsace* du 4 mars 1848.
(2) *Courrier du Bas-Rhin* des 2 et 7 mars 1848.

attaqué et pillé quelques maisons d'israélites, on se porta sur la synagogue qui fut saccagée. Pendant que ces actes de brutale violence se commettaient au chef-lieu d'arrondissement, des scènes plus déplorables encore eurent lieu dans quelques villages du Sundgau, habités par des israélites ; juifs, riches et pauvres, y virent leurs maisons dévastées »....

Dans le Bas-Rhin, de semblables attaques étaient dirigées, presqu'au même moment, contre les israélites de Brumath et de Marmoutiers, et ce ne fut que grâce aux mesures promptes et énergiques, prises par les Commissions départementales, que l'ordre put être immédiatement rétabli. M. Edouard Gloxin (1), membre de la Commission départementale du Bas-Rhin, marcha à la tête du bataillon d'infanterie qui fut dirigé sur Brumath et Marmoutiers pour rétablir l'ordre.

---

(1) Paul-Édouard Gloxin, né à Strasbourg le 16 septembre 1804, fut certainement un des caractères les mieux trempés de l'époque. Ardent patriote, il avait pris part aux agitations politiques sous la Restauration et acclama avec le plus vif enthousiasme la révolution de Juillet. Mais la politique réactionnaire du gouvernement lui enleva bientôt ses illusions sur la royauté constitutionnelle et libérale de Louis-Philippe. Gloxin passa alors dans le camp des républicains ; élu représentant du peuple à la Constituante de 1848, il fut écarté, malgré ses titres incontestables, de la députation de 1849, par les ultra-radicaux aux yeux desquels il n'était plus assez avancé. Le Coup d'État le rendit complètement à la vie privée. Ne voulant jamais pactiser avec les hommes du Deux-Décembre, il ne sortit de sa retraite que vers les dernières années de l Empire où, sans se laisser intimider par les menaces des agents de M. le préfet Pron, il organisa chez lui des réunions électorales pour faire triompher la candidature de M. de Laboulaye (de l'Institut), contre celle du candidat du gouvernement, M. Renouard de Bussière. Ce dernier fut nommé ; mais le mérite d'avoir relevé, le premier à Strasbourg, le drapeau de l'opposition, n'en appartient pas moins à Gloxin. Il mourut dans sa ville natale, le 15 juillet 1870, le jour néfaste où Bonaparte et ses députés serviles firent déclarer la guerre.

M. Schützenberger, n'ayant pas voulu rester maire, la
Commission municipale, dans sa séance du 2 mars, nomma à
sa place M. Guillaume Lauth. En acceptant ces fonctions,
M. Lauth prononça les excellentes paroles suivantes :

« Peu familiarisé avec les affaires administratives, je sens
combien la mission que vous voulez bien me donner est au-
dessus de mes forces et de mon mérite et j'aurais hésité à
l'accepter si, en ce moment, je ne considérais *comme un
devoir impérieux, pour tout Français*, de contribuer, autant
qu'il dépend de lui, au maintien et à la consolidation du gouvernement que viennent de nous conquérir si glorieusement
nos magnanimes frères de Paris. »

Le 5 mars 1848, le *Moniteur* publia le décret relatif à la
réunion des collèges chargés d'élire les représentants du
peuple à l'Assemblée nationale qui décrèterait la Constitution.
Le nombre total des représentants, y compris l'Algérie et les
colonies, était fixé à neuf cents. Le chiffre de la population
servait de base à l'élection. Le Bas-Rhin y figura *pour quinze*
représentants; le Haut-Rhin *pour douze*. Furent déclarés
électeurs *tous* les Français âgés de vingt et un ans; et éli-
gibles tous les Français âgés de vingt-cinq ans, non judiciairement privés ou suspendus de l'exercice des droits civiques.
Les électeurs votant au chef-lieu de leur canton par scrutin
de liste et au scrutin secret.

Un bouleversement aussi complet de l'ancien système
électoral offrit beaucoup de difficultés et il fallut tout le
dévouement des vrais républicains pour rester maîtres de la
situation. Les élections furent définitivement fixées au
23 avril et chacun sentant qu'il importait d'envoyer à l'Assemblée constituante des hommes choisis parmi les citoyens
les plus honnêtes, les plus éclairés et les plus indépendants,
les patriotes se mirent de suite, à l'œuvre pour former des
comités électoraux.

Les ennemis de la République firent, de leur côté, des efforts inouïs pour le triomphe de leurs candidats. Au lieu de se borner à son rôle de pasteur, ce fut encore le clergé qui montra le plus d'activité. Entre autres M. Ahlfeld, curé de Saint-Pierre-le-Vieux, adressa, sous la date du 8 avril 1848, aux ecclésiastiques une circulaire que le *Courrier du Bas-Rhin* du 18 avril publia avec des réflexions appropriées à la circonstance.

La tactique des ennemis des nouvelles institutions consistait surtout à émettre plusieurs listes. Sur chacune d'elles figuraient les mêmes noms, chers aux cléricaux, entremêlés par ci par là du nom d'un républicain, non admis sur la liste du Comité central. C'est ainsi que M. F. D. Heim, porté sur une liste cléricale, protesta contre cette tactique par la lettre suivante, adressée au rédacteur en chef du *Courrier du Bas-Rhin :*

« Citoyen,

« J'ai vu avec peine mon nom porté sur une liste de candidats à l'Assemblée nationale ; je viens protester contre cet abus des noms propres dans un but que je ne veux pas qualifier. Dans ma conviction, les citoyens qui se portent d'eux-mêmes à la Constituante, ou ceux qui s'y font porter par un petit nombre de personnes agissant dans l'ombre, sont des ambitieux ou des vaniteux. Les vrais républicains dans cette circonstance solennelle, ceux qui veulent la liberté avec l'ordre, ceux qui veulent le triomphe de la République, ceux qui ne veulent pas arriver à l'anarchie avec le masque de la liberté, ceux-là doivent, au contraire, protester contre les candidatures qu'on leur impose à leur insu. » . . . . . .

. . . .

Les élections eurent lieu le 23 avril. Six jours plus tard,

on publia le résultat, à tous égards favorable aux républicains. Les élus étaient :

MM.

1. LICHTENBERGER, père, avocat.
2. KLING, juge, à Sélestat.
3. CULMANN, colonel.
4. SCHLOSSER, de Sélestat.
5. MARTIN, avocat.
6. FOY, capitaine du génie.
7. LAUTH (Guillaume).
8. DORLAN, de Sélestat.
9. GLOXIN (Edouard).
10. CHAUFFOUR (Victor).
11. CHAMPY (Pierre).
12. BOUSSINGAULT, professeur.
13. ENGELHARDT, de Niederbronn.
14. WESTERCAMP, de Wissembourg.
15. BRUCKNER, capitaine d'artillerie.

La lutte dans le Haut-Rhin fut tout aussi vive ; mais la réaction n'y eut pas plus de succès. Les républicains l'emportèrent à de grandes majorités. Furent nommés :

MM.

1. A. STRUCH, propriétaire, à Lutterbach.
2. RUDLER, commissaire en retraite, à Hüsseren.
3. STOECKLÉ, curé, à Rouffach.
4. E. DOLLFUS, maire, à Mulhouse.
5. R. YVES, procureur-général.
6. KESTNER, fabricant, à Thann.
7. BARDY, juge d'instruction, à Belfort.
8. PRUD'HOMME, propriétaire, à Horbourg.
9. CH. KOENIG, propriétaire, à Colmar.
10. I. CHAUFFOUR, avocat, à Colmar.
11. HEUCHEL, docteur en médecine, à Cernay.
12. HECKEREN, propriétaire, à Soultz.

Les représentants du Bas-Rhin quittèrent Strasbourg le 1er mai, dans l'après-midi. Un nombreux cortège, qui s'était formé au Broglie, en diverses colonnes, chacune avec une musique en tête, les escorta jusqu'à la porte Nationale, où ils montèrent en voiture. .

Avant de quitter, M. Lichtenberger qui, depuis deux mois, remplissait les fonctions de commissaire du gouvernement, nomma MM. Eissen, Ott, Bœrsch et Kratz pour gérer les affaires du département. Pendant l'absence du maire M. Lauth, MM. Bœrsch et Kratz, avec M. Engelbach, restèrent chargés de l'administration municipale de Strasbourg. Le 4 mai 1848, l'Assemblée nationale ouvrit ses séances aux cris mille fois répétés de : « Vive la République ! Vive le gouvernement provisoire ! »

———————

Je ne m'arrêterai pas aux difficultés sans nombre que rencontra la seconde République dans sa trop courte existence. Passer en vingt-quatre heures, d'un système monarchique, qui comprimait toute velléité de réforme, à la République avec la liberté illimitée, c'était plus que la pauvre nature humaine ne pouvait supporter. D'une part, les bas-fonds de la société avaient été remués ; d'autre part, les anciennes classes dirigeantes, dépossédées d'un jour à l'autre des grandes influences dont elles avaient usé et abusé durant tant d'années, voyaient avec plaisir les difficultés que de vrais ou de faux patriotes préparaient à la jeune République : les uns par un zèle exagéré en faveur de ce qu'ils croyaient utile au peuple, les autres par un calcul honteux et intéressé. A ces derniers surtout, tout ce qui pouvait nuire au nouvel état de choses parut bon ; on ne dédaigna ni les plus infâmes mensonges, ni les plus honteuses calomnies.

L'Alsace aussi fut agitée. Aux scènes de pillage, déjà relatées, suivirent dans les villes quelques désordres, provoqués par des meneurs de la classe ouvrière. Cependant, le bon esprit de la population et la tenue de la garde nationale, appuyée par la troupe, eurent toujours le dessus.

Des agitations d'une autre nature vinrent augmenter chez nous l'effervescence générale.

La révolution de Février avait eu son retentissement dans toute l'Europe. L'Allemagne, l'Autriche, la Hongrie, la Pologne, l'Italie, le Schleswig-Holstein, etc., etc., se réveillèrent comme d'un sommeil léthargique. Les Polonais, disséminés sur tous les points de la France, retournèrent dans leur pays au secours de leurs frères. Ils passèrent tous par l'Alsace et y reçurent un accueil d'autant plus sympathique qu'on se trouvait encore sous cette impression patriotique qui avait suivi les journées de Février. Il en fut de même des libéraux allemands qui, après l'échec de leur révolution en avril 1848, étaient venus, sous la conduite de Hecker (1), de Struve et de Heinzen, chercher un refuge à Strasbourg où ils se constituèrent en Comité central des républicains allemands (2). Leur but avait été d'arriver à l'unité de l'Allemagne par la république; ils sentaient fort bien que cette unité n'était guère possible tant qu'il y aurait une vingtaine de petits États, chacun constitué en monarchie. Dans leur pensée, le mouvement devait commencer par le pays de Bade, puis s'étendre

(1) Fried. Hecker ne séjourna pas à Strasbourg. Il se rendit en Suisse et de là émigra en Amérique déjà avant la fin de 1848, désespérant de voir se réaliser son rêve d'une saine république allemande. Un monument, inauguré en 1883, lui fut érigé à Cincinnati par ses compatriotes américains. Sur un des côtés se trouve l'inscription suivante : *He lived and died a true patriot, able statesman, brave soldier, good citizen and noble character* (Il vécut et mourut en vrai patriote, homme d'État capable, brave soldat, bon citoyen et noble caractère).

(2) *Courrier du Bas-Rhin* du 1er mai 1848.

peu à peu vers l'Est et le Nord ; mais les populations n'étaient nullement préparées ; cette première tentative échoua complètement.

L'essai d'un grand parlement allemand, réuni à Francfort-sur-le-Mein, parut, au début, avoir de meilleures chances de réussite. Là aussi les discussions à perte de vue sur les sujets les moins importants montrèrent bientôt qu'aucun résultat pratique ne pouvait en être espéré. Les princes laissèrent le parlement discuter à loisir ; ils avaient pour eux la force armée, et les décisions de l'Assemblée restèrent lettre morte. L'Allemagne retira néanmoins quelque bénéfice de tous ces mouvements. Sous la pression des événements, ses princes donnèrent à leurs peuples des Constitutions, ou élargirent celles qui existaient déjà. C'est positivement grâce aux révolutions de Juillet 1830 et de Février 1848 que l'Allemagne a pu faire ses premiers pas vers la liberté. Elle n'a jamais voulu s'en souvenir. La reconnaissance n'est pas plus une vertu dominante chez les peuples que chez les individus.

———

L'Assemblée nationale, sentant que le gouvernement devait être entre des mains plus fermes, nomma, dans sa séance du 28 juin, le général Cavaignac chef du pouvoir exécutif.

L'état de Paris était profondément troublé. Depuis le 24 février, l'aristocratie de naissance et celle d'argent se tenaient à l'écart. La haute finance avait fermé ses coffres ; que cela ait été dicté par la peur ou par esprit de vengeance, il n'importe : c'était mauvais et impolitique. Beaucoup d'établissements industriels étaient condamnés au chômage. Privés de salaire, les ouvriers descendirent dans la rue en demandant du travail. On imagina les ateliers nationaux qui bientôt devinrent de véritables foyers d'émeutes. Utopistes, révolutionnaires, ultraradicaux, monarchistes, bonapartistes (1), sous le masque du démagogue, y trouvèrent un champ tout préparé pour fomenter des troubles.

L'Assemblée nationale, au milieu du formidable bouillon- nement d'idées, produit par la révolution de Février, ne mar- chant pas assez vite au gré de tous les mécontents, devait être envahie et renversée. Le mouvement éclata le 22 juin ; bientôt il dégénéra en une épouvantable insurrection qui transforma Paris pendant quatre jours, du 22 au 26 juin, en un vaste

(1) L'admission de Louis-Bonaparte (plus tard Napoléon III) fut prononcée par l'Assemblée nationale, dans sa séance du 13 juin 1848. Le rapporteur avait conclu à la nullité de l'élection du prince Louis ; la loi de 1832, qui exilait la famille Bonaparte, n'étant pas abrogée, la Commission du pouvoir exécutif, par l'organe de MM. Ledru-Rollin et de Lamartine, appuyait ces conclusions :

« Une instruction a été commencée au sujet de cette admission, » disait M. Ledru-Rollin. « Il a été reconnu que des embauchages ont « eu lieu, que de l'argent a été distribué. On connaît la maison d'où « partait cet argent ; du vin avait été répandu sur les places publi- « ques. Ces faits sont assez graves pour qu'on les prenne en consi- « dération. »

L'éloquence de M. Ledru-Rollin échoua contre les utopies de M. Louis Blanc :

« L'Assemblée ne doit pas repousser de son sein le citoyen Louis « Bonaparte, » dit M. Blanc ; « continuer à proscrire un homme sans « importance, c'est lui donner un prestige qu'il ne pourra conserver « un seul instant dans l'Assemblée. Au reste, la force des monarchies « c'est la corruption, la force des républiques c'est la justice. »

Un autre bon républicain, M. Louis Favre, vint se joindre à M. L. Blanc. Après son discours, l'admission fut prononcée. La ma- jorité se composait de tous les éléments réactionnaires, assez nom- breux dans l'Assemblée, et d'une partie des républicains. Hélas! ces derniers se laisseront-ils donc constamment duper par leurs ennemis, ou entraîner au delà des bornes de la raison par des amis aux prin- cipes exagérés? Faudra-t-il donc d'eux aussi répéter à tout jamais : « Ils n'ont rien appris!... »

champ de bataille. La République en sortit victorieuse, mais au prix d'énormes sacrifices (1).

Tandis que dans d'autres départements il y eut, à ce moment, des troubles assez sérieux, l'Alsace resta relativement tranquille. Dimanche, le 30 juillet, eurent lieu les élections municipales d'après la nouvelle loi électorale, au scrutin de liste. La lutte fut partout ardente, mais elle ne donna lieu à aucun incident particulier et la composition des Conseils n'en fut guère modifiée.

Il n'en fut pas de même pour les élections des membres de la Chambre de commerce, qui eurent lieu le 24 septembre 1848. Depuis de longues années, et malgré de nombreuses réclamations, ces corps étaient élus par des négociants notables dont la liste (2) devait être dressée ou révisée chaque année par la préfecture. Celle-ci ordinairement invitait la Chambre de commerce elle-même à faire ce travail et ce système avait naturellement pour conséquence que les fonctions de membres de la Chambre et du Tribunal de commerce étaient devenues l'apanage de quelques familles qui se partageaient entre elles ces honneurs.

Ainsi que cela se passa pour les élections des députés, là

(1) Parmi les victimes figurent plusieurs représentants du peuple, sept généraux, l'archevêque de Paris, M. Affre, tué sur une barricade au moment où il prêchait la conciliation, et une grande quantité de gardes nationaux, de gardes mobiles et de soldats. Les pertes des insurgés furent énormes tant en tués et blessés qu'en prisonniers ; la majeure partie de ces derniers fut déportée.

(2) Sur les soixante à quatre-vingts privilégiés inscrits sur cette liste, il n'en venait parfois pas la moitié aux élections, et, pour les rendre valables, l'homme de service de la Chambre était envoyé par celle-ci prier quelques-uns des négligents de venir voter !!

aussi on alla d'une extrémité à l'autre. En vertu d'un décret du pouvoir exécutif, du 19 juin 1848, *tous les patentés* devinrent électeurs. A Strasbourg, il y en avait sept mille, mais sur çe nombre deux cent dix-neuf seulement vinrent exercer leurs droits (1). C'étaient en grande partie des citoyens qui s'intéressaient aux questions commerciales, mais que l'ancienne Chambre n'avait pas jugé dignes d'être inscrits sur la liste de ses privilégiés. Quand aux abstentionnistes, c'étaient tout simplement de braves artisans qui, payant patente, étaient devenus tout d'un coup électeurs d'un corps dont beaucoup d'entre eux ignoraient même l'existence.

A cette époque si agitée, si tourmentée, on était saturé d'élections. Après les élections générales et municipales, vinrent celles pour les officiers de la garde nationale, celles pour le renouvellement des Conseils généraux et d'arrondissement, celles pour les prud'hommes, etc. Le privilège et le monopole qui, sous le gouvernement monarchique, s'étaient introduits dans toutes les sphères, dans toutes les institutions devaient, sous un gouvernement républicain, céder à l'égalité et au droit commun. La communauté protestante ne pouvait rester étrangère à ce mouvement. M. Schattenmann, directeur des mines de Bouxviller, toujours sur la brèche quand il s'agissait de réformes utiles, ouvrit la campagne. Un Comité central, formé

(1) Furent élus :

MM. J. SENGENWALD.
      L.-F. EHRMANN.
      G. BERGMANN.
      CH. STÆHLING.
      J. PREIS.
      G. EMMERICH.

MM. RENOUARD DE BUSSIÈRE.
      EXEL fils.
      J. ERCKMANN.
      L. BICARD.
      DÉBENESSE.

par son initiative, élabora un programme dont voici les principaux passages du préambule :

« Les vices et l'insuffisance de la loi du 18 germinal an X, qui a complètement faussé les institutions de l'Eglise protestante, sont généralement reconnus; tout le monde est d'accord sur ce point.

« La *communauté* protestante est la base fondamentale du protestantisme, et dans les temps primitifs les pouvoirs ont été exclusivement exercés par l'autorité *laïque*. La loi de germinal an X a introduit l'élément ecclésiastique en lui donnant même la présidence de droit des Consistoires locaux. Le clergé a su s'emparer du pouvoir et dominer l'élément laïque à la faveur de dispositions mal définies, obscures et souvent insuffisantes de ladite loi. . . . .

« Depuis fort longtemps, ces abus sont sentis, tout le monde reconnait l'urgence d'une réforme. . . . . . .

« L'avènement de la République est enfin venu changer cette situation déplorable, et le gouvernement actuel est appelé à rétablir le protestantisme dans son essence véritable par l'adoption du principe du suffrage universel déjà appliqué à toutes les institutions politiques et administratives du pays.

. . . .

« Le concours de toutes les lumières est indispensable, lorsqu'il s'agit d'asseoir sur une base nouvelle, l'organisation d'une confraternité religieuse à laquelle doivent participer près d'un million de Français.

« Le terme de confraternité ne se trouve point ici jeté au hasard, c'est à resserrer les liens de la communauté protestante, que tendra la nouvelle loi constitutive ; elle sera l'expression sincère des vœux de tous les fidèles, en les admettant à la discussion des intérêts de l'Eglise, à l'élection des pasteurs, des anciens et des administrateurs laïques.

« Alors seulement aucune tentative, aucune opinion ne

pourra se dire négligée ou écrasée ; elles trouveront toutes
leur expression légale ; les votes ne seront plus le privilège
de quelques notables ; les choix ne seront point des choix de
coterie ou de faveur. » .....

Mais au-dessus de toutes ces questions, plutôt locales,
planaient les innombrables projets de réformes générales dont
l'Assemblée constituante était vraiment inondée, mais qui,
pour la plupart n'arrivèrent pas à être discutés.

La création des comptoirs nationaux d'escompte et celle
des magasins de dépôt contre warrants est due à 1848. La
révolution de Février avait causé aux classes riches une peur
inimaginable ; la Banque de France se voyant assaillie de
toutes parts pour le remboursement de ses billets, n'escomp-
tait plus que les valeurs de premier crédit et beaucoup de
maisons de banque furent obligées de suspendre leurs paye-
ments. Les affaires s'en trouvèrent paralysées et les embarras
cruels que cet état de choses causait à des négociants,
d'ailleurs parfaitement honorables, firent naître l'idée de la
création des comptoirs nationaux d'escompte qui serviraient
d'intermédiaires entre la Banque de France et le commerce.
L'Etat garantissait à de certaines conditions un minimum
d'intérêt aux actionnnaires ; il s'en trouva encore assez facilement grâce à cette garantie, et surtout grâce à la peur qui
déterminait maint capitaliste à ouvrir son coffre-fort pour
payer quelques actions. La confiance étant peu à peu revenue,
les comptoirs nationaux d'escompte prospérèrent généralement. Cette prospérité donna naissance, insensiblement, à cette
masse d'établissements de crédit tout à fait disproportionnée
aux besoins réels du commerce et de l'industrie ; pour les faire
fructifier on imagina des créations vraiment chimériques,
qui, l'agiotage et la bêtise humaine aidant, aboutirent à ces

débâcles financières dont les principales places commerciales de l'Europe donnèrent, dans ces dernières années, le hideux et triste spectacle.

La réforme postale, qui réduisit le port des lettres à la taxe uniforme de 20 centimes, fut votée le 25 août 1848. M. Goudchaux, le ministre des finances qui la proposa, dit à cette occasion à la tribune : « Je remercie la monarchie d'avoir bien voulu laisser à la République l'honneur de cette réforme. »

Un projet d'impôt sur le revenu mobilier, présenté à l'Assemblée, dans sa séance du 23 août, par M. Goudchaux, ministre des finances, eut moins de succès. Suivant le ministre ce projet n'avait pas seulement pour objet de créer une ressource nouvelle au Trésor, il devait être le premier essai d'un système dont le résultat serait *d'introduire dans le régime financier de la France les principes d'équité et de justice distributive qui doivent présider aux lois fiscales comme aux lois politiques*.

Trente-cinq années ont passé là-dessus ; la France est de nouveau en République, avec un budget de dépenses autrement formidable que celui de 1848. Aura-t-elle enfin le courage d'aborder cette question de l'impôt sur le revenu, qui doit introduire dans son régime financier les vrais *principes d'équité et de justice distributive?* Cet impôt existe déjà en Angleterre, en Autriche, en Allemagne, en Italie, en Suisse, etc.

Si la France, à titre d'essai, le décrétait à 1 pour 100, sur tous les revenus dépassant 3,000 francs, elle aurait une base pour les évaluations futures. Les préfets et les sous-préfets nommeraient, avec le concours des maires, des commissions chargées de dresser la liste des contribuables et de les taxer. Ce travail terminé, les contribuables seraient invités à prendre connaissance, sur un registre *ad hoc* ouvert pendant un certain délai, de la taxe qui leur sera imposée, et de faire leurs réclamations, s'il y a lieu. Le délai expiré, la taxe est

exigible pour l'année ; le rôle en est envoyé au percepteur,
qui le perçoit dans la forme ordinaire, avec la différence que
l'impôt est payable en une fois dans un délai de. . . . .
au lieu de l'être par douzièmes. Il est clair que cet impôt à
1 pour 100, simplement proportionnel et non progressif, devra
être superposé à tous les autres ; qu'il sera pris sur le revenu
entier, sans égard aux impôts déjà existants. Ce ne serait
qu'au bout d'une seconde année, quand on en connaîtrait le
produit, qu'on pourrait dégrever l'un ou l'autre des impôts
existants. Parmi ces derniers devraient figurer, en première
ligne, les impôts indirects frappant plus particulièrement les
classes pauvres. Ce serait la meilleure réplique à donner à
tous ces utopistes, prêchant certaines réformes sociales, dont
la réalisation est impossible tant que durera l'inégalité native
des hommes ; tant qu'il y aura des forts et des faibles, des
intelligents et des bornés, etc. Enfin, tant que les hommes
n'auront pas tous les mêmes inclinations et les mêmes talents.

Je demande pardon de cette digression aux personnes
qui voudront bien me lire. Mais, d'une part, j'ai toujours
traité avec prédilection la question d'une taxe sur le revenu
comme étant l'impôt le plus rationnel ; d'autre part, mes
souvenirs de 1848 me retracent toutes les insanités débitées
alors à propos de socialisme. Elles provoquèrent naturellement la réaction ; celle-ci eut pour conséquence l'Empire
qui entreprit la guerre de 1870, et qui plongea le pays dans
le malheur.

Toutes ces agitations n'empêchèrent pas l'Alsace de se
préparer à de belles et nobles fêtes ; celles du deux centième
anniversaire de sa réunion à la France. Voici le rapport que
M. Ed. Kratz, maire de Strasbourg, fit à ce sujet au Conseil
municipal dans sa séance du 9 octobre 1848 :

« Citoyens, nous sommes à la veille d'un anniversaire

séculaire dont la haute signification·a déjà frappé nos concitoyens dans les deux départements du Rhin. Le traité de
Westphalie qui a mis fin à une lutte européenne de trente années, a été conclu il y a précisément deux siècles. Depuis
lors l'Alsace a suivi les destinées de la France, et si Strasbourg a tardé pendant trente-trois ans à se fondre dans cette
imposante nationalité, on peut dire qu'à partir d'octobre 1648
elle gravitait vers le centre qui a fini par l'absorber.

« Citoyens, vous savez tout ce que nous devons à cette
réunion avec un grand et noble pays. Si jamais solennité
publique doit trouver de l'écho dans l'ancienne capitale de
l'Alsace, c'est celle que je vous propose de célébrer, en vous
associant officiellement à une fête de famille dans laquelle les
trois cités de l'Alsace s'uniront, comme trois bonnes sœurs,
pour faire en commun cette manifestation nationale.

« Je vous dirai sans arrière-pensée pourquoi je crois
devoir insister davantage encore dans le moment actuel sur
la célébration de cet anniversaire mémorable.

« L'Allemagne n'a pas vu sans regrets échapper à la
Confédération de ses États multiples l'une des plus belles
provinces, disons-le sans fausse modestie, le jardin méridional de son empire. Elle a subi la loi de la destinée, mais, au
fond de son cœur, elle ne l'a jamais acceptée, et elle espère
toujours que le sort des batailles ramènera un jour au sein
de l'unité, encore problématique d'un empire allemand, cette
rive gauche du Rhin qu'elle convoite de ses yeux et de ses
désirs. Après les campagnes malheureuses de 1814 et de 1815,
peu s'en est fallu que la diplomatie ne vint au secours de la
lance du cosaque, et que les deux départements du Haut et
du Bas-Rhin ne fussent détachés de la France au profit de
quelque prince de la Confédération germanique. *Mais alors
déjà les rois de l'Europe ont pu acquérir la conviction
qu'on ne séparerait pas l'Alsace de la France sans de longs*

déchirements, sans une longue résistance ; ils nous ont laissés
à notre patrie française, parce qu'ils nous ont trouvés Fran-
çais par le cœur et par la volonté, par une longue commu-
nauté de luttes et d'épreuves, par le sang que nos pères et
nos frères avaient versé sur tous les champs de bataille du
monde, et qui avait à jamais consacré une nationalité dont
nous sommes heureux et fiers.

« Les révolutions de Juillet et de Février nous ont trouvés
de plus en plus associés à tous les sentiments politiques de la
nation française, et le lendemain de chacune de ces grandes
commotions, nous éprouvions un légitime orgueil d'être placés comme des sentinelles avancées au seuil de la France, et
d'être le boulevard de notre patrie d'adoption. Nous n'avons
plus besoin sans doute de faire une profession solennelle
et publique de notre inviolable dévouement à la France. La
France ne doute pas de nous ; elle a foi dans l'Alsace ; mais si
l'Allemagne se berce encore d'illusions chimériques, si elle
croit trouver dans la persistance de la langue allemande
au sein de nos campagnes et de nos cités, un signe de sympathie irrésistible et d'attraction vers elle, qu'elle se détrompe !
L'Alsace est aussi française que la Bretagne, la Flandre et
le pays des Basques, et elle veut le rester. C'est ce qu'elle
proclamera sans aigreur, mais hautement par la bouche
de tous ses habitants, le 24 octobre 1848.

« L'administration municipale de Strasbourg n'a donc
été que l'interprète des vœux unanimes de la population, elle
n'a donc fait que devancer vos propres idées, lorsqu'elle
a pris l'initiative de la manifestation éclatante qui se prépare,
lorsqu'elle a invité les cités de Colmar et de Mulhouse, lorsqu'elle invitera toutes les communes de l'Alsace à s'associer,
pour célébrer l'anniversaire de la réunion de l'Alsace à la
France. »

Les fêtes commencèrent à Colmar le dimanche 22 octobre.
Un convoi officiel de trente-six voitures amena les invités
du Bas-Rhin, vers huit heures du matin ; ils avaient été précédés par le convoi venu de Mulhouse, amenant les invités
du Haut-Rhin.

A dix heures, un cortège se forma pour se diriger vers le
Champ-de-Mars, où devait être posée la première pierre d'un
monument destiné à perpétuer le souvenir de la réunion de
l'Alsace à la France. Partout les maisons étaient pavoisées de
guirlandes et de fleurs et une foule énorme encombrait les
rues. A midi, eurent lieu huit banquets répartis dans différents locaux. Voici quelques-uns des toasts portés, au banquet
central (hôtel des Deux-Clefs) :

Par M. Chappui, maire de Colmar :

A l'union des peuples !

. Par M. Ignace Chauffour, représentant du peuple :

« *Au patriotisme !*

« *A la foi politique !*

« ***A** ce sentiment profond et indomptable du but
des sociétés humaines !*

« Citoyens, l'homme n'est grand que par sa foi, son
cœur et sa pensée ! Les sociétés humaines ne sont grandes et
glorieuses que par leur dévouement et leur constance à lutter
pour le droit et à étendre de plus en plus le domaine de la
justice et de la vérité.....

« A toi, chère et noble France, qui a marché la première
et la plus infatigable dans cette voie douloureuse de la
recherche du juste et du vrai !

« A toi, invincible soldat, toujours armé pour le progrès
et pour le droit de l'humanité !

« A toi, nation enthousiaste et croyante! qui as prodigué ta pensée, tes trésors et ton sang pour l'émancipation des peuples!

« Intrépide initiatrice! que n'ont pu décourager ni la corruption du matérialisme, ni les menaces de l'Europe coalisée, et qui trois fois abattue, t'es redressée enfin pour déployer aux yeux du monde la devise sacrée de ton immortel étendard!

« A toi aussi, bonne et noble Allemagne! doux pays de mœurs calmes, de la vie contemplative, de la pensée sereine et profonde. L'humanité te doit le grand dogme de la liberté religieuse et de l'émancipation de la raison, que tu as scellée sur le grand livre de l'histoire du plus pur de ton sang. Et ce n'est pas une de tes moindres gloires d'avoir inscrit le droit nouveau dans le traité même qui enrichissait la France d'une de tes provinces, et d'avoir ainsi, avec une prévoyance maternelle, stipulé au nom de la justice et de la tolérance, pour une population qui se séparait de toi à jamais, pour suivre l'attraction invincible d'une nationalité plus énergique et plus unitaire. Noble pays! puisse la conquête de la liberté et de l'égalité politique ne pas te coûter les flots de sang et le long martyre de ton épouvantable guerre pour la liberté religieuse! Puissent les sentiments fraternels de tes fils, la douceur de tes mœurs, et aussi les enseignements austères de notre propre histoire te préserver de ces extrémités terribles, de ces étreintes lugubres qui chez nous ont assombri l'enfantement de la liberté.

« Puisse enfin cette douloureuse fraternité d'idées, de souffrances et de triomphe, *unir à jamais la France et l'Allemagne!* C'est encore la foi politique qui resserrera cette alliance.

« Non, la fraternité des peuples n'a pas sa racine dans ce fait brutal et matériel de l'identité des races.

« Elle a sa source dans l'identité des croyances, dans la parenté des âmes, dans l'affinité des aspirations....

« A 1648, à la grande date de la liberté religieuse !

« A 1848, à la grande date de l'avènement de la démocratie européenne !

« A la foi politique ! à la force immatérielle, persévérante et infatigable qui, à deux siècles de distance, a consommé ces immenses résultats.

« A la République démocratique, une et indivisible, l'organe impérissable de l'affranchissement des peuples. » (Bravos prolongés.)

Cet admirable discours, prononcé d'une voix où respiraient la conviction profonde et le plus pur patriotisme, a été fréquemment interrompu par les acclamations de l'assemblée et a produit une vive impression.

Le plus fraternel enthousiasme n'a cessé de régner pendant la durée des banquets comme pendant la fête entière qu'un temps magnifique a favorisée.

A deux heures, le convoi officiel partit pour Mulhouse où la fête allait se prolonger pendant le reste de la journée.

Tandis que ces cérémonies avaient lieu à Colmar et à Mulhouse, la ville de Strasbourg tout entière avait revêtu dès le matin ses habits de fête ; toutes les maisons étaient pavoisées de drapeaux tricolores, l'étendard national flottait sur les tours de la cathédrale ; des étrangers en grand nombre affluaient dans nos rues, que remplissait une foule animée.

A neuf heures, des services étaient célébrés dans les églises des divers cultes, en présence des autorités civiles et militaires, de détachements de la garde nationale et de la troupe de ligne.

En même temps, un fort détachement de la garde nationale, sous la conduite de M. Silbermann, commandant du

4ᵐᵉ bataillon, se dirigeait hors de la ville, vers Kœnigshoffen, pour aller au devant des délégués de la garde nationale de Nancy, dont l'arrivée avait été annoncée dans la matinée, et qui avaient fait un trajet de quarante lieues pour fraterniser au nom des départements de la Lorraine avec les départements de l'Alsace.

Vers onze heures, quatre diligences s'arrêtèrent à Kœnigs-hoffen, et quatre-vingt-dix gardes nationaux de Nancy s'en élancèrent, armés et équipés, commandés par le chef de bataillon Dumas, et ayant avec eux le citoyen Marchal fils, adjoint au maire de Nancy, et un des drapeaux de la légion nancéenne. Le détachement se rangea en bataille vis-à-vis des gardes nationaux de Strasbourg, et le commandant Silbermann adressa à ses hôtes bienvenus une cordiale et chaleureuse allocution, qu'il termina par les cris de *vive la garde nationale de Nancy! vive la France! vive la République!*

Un cri unanime partit de tous les rangs, pour répéter avec enthousiasme ces derniers mots, auquel le commandant de la garde nationale de Nancy répondit par des paroles tout aussi bien senties et qui furent saluées par de vives acclamations.

Après cet accueil fraternel, la colonne, que le lieutenant-colonel de la légion strasbourgeoise était venu rejoindre, se mit en marche vers la ville. Les tambours et la musique des sapeurs-pompiers marchaient en tête; puis venaient deux pelotons de gardes nationaux de Strasbourg, les quatre pelotons de la garde nationale de Nancy, suivis par de nouveaux pelotons de la garde strasbourgeoise.

A la porte Nationale, les citoyens Heim et Hatt, chefs du 2ᵐᵉ et du 3ᵐᵉ bataillon, accompagnés de nombreux officiers de notre légion, attendaient la députation nancéenne, et après lui avoir fait un cordial accueil, ils se joignirent au cortège et entrèrent avec lui en ville.

22

Une population immense suivit la colonne, la saluant de ses acclamations réitérées, et la conduisit jusqu'à la place Kléber où siégeait la Commission des logements, et de là à l'Hôtel-de-Ville où la députation nancéenne déposa son drapeau.

Dans la journée, des députations de Metz et de Blâmont arrivèrent. L'animation la plus vive ne cessa de régner un seul instant dans la ville.

A Mulhouse, la fête ne fut pas moins belle ; dans la soirée, un banquet de douze cent soixante-quinze personnes eut lieu dans une vaste halle à marchandises, transformée en une magnifique salle destinée à la fois au festin patriotique et au bal. Parmi les toasts, celui de M. Emile Kœchlin, maire de Mulhouse, est à citer ; il se termina par les paroles suivantes :

« Citoyens de l'Alsace ! si nous avons saisi avec empressement l'occasion de l'anniversaire que nous célébrons aujourd'hui par une fête patriotique, *c'est surtout pour proclamer, par une manifestation éclatante, notre attachement à la France, à son gouvernement et aux institutions qui la régissent.*

« VIVE LA RÉPUBLIQUE ! »

A Strasbourg, la fête dura trois jours.

Dans la journée de lundi, la ville se réveilla de nouveau au son des cloches et au bruit du canon.

Dès neuf heures, la population empressée se dirigea vers le débarcadère. On savait que le cortège officiel devait revenir deux ou trois fois plus nombreux, et ramener avec lui les députations officielles et les détachements des gardes nationales du Haut-Rhin.

Pendant la matinée entière, les convois ordinaires se succédaient dans la station ; des milliers de citoyens en descendaient, accourant de toutes les parties de l'Alsace pour se joindre à la grande manifestation nationale. Enfin, vers dix heures et demie, la première partie du convoi officiel s'arrêta dans le débarcadère, avec la députation de Strasbourg, le préfet du Haut-Rhin, M. I. Chauffour, représentant du peuple, le maire de Colmar et quelques autres personnes. Un demi bataillon de la garde nationale de Strasbourg se tenait à l'entrée de la station pour les recevoir.

La deuxième partie du convoi officiel, qui n'avait quitté Mulhouse qu'après huit heures, n'arriva à Strasbourg qu'après midi. Elle amena de nombreux détachements des gardes nationales du Haut-Rhin, parmi lesquels nous citerons ceux de Colmar, de Belfort, de Mulhouse, de Sainte-Marie-aux-Mines, de Ribeauvillé, d'Altkirch, de Beblenheim (1), etc. Ils furent escortés jusqu'à la place Kléber par la garde nationale de Strasbourg. Là on leur distribua des billets de logement et les instructions nécessaires pour la fête du jour et pour celle du lendemain.

Un détachement de la garde nationale de Saverne, arrivé par la porte Nationale, y fut accueilli par un détachement de Nancy et par un détachement de Strasbourg.

D'autres détachements de Saint-Dié, de Blâmont, de Lunéville, de Wissembourg, de Bouxviller, de Haguenau, de Barr, de Schiltigheim, Bischheim, Hœnheim, d'un grand nombre de communes, arrivaient en même temps et se dirigeaient vers le Broglie où devait avoir lieu la cérémonie du monument commémoratif.

. A midi, les différents bataillons de la garde nationale se réunirent sur leurs places de rassemblement pour aller prendre, aux avenues du Broglie, avec les députations du dehors, les corps de l'armée et les écoles, les positions qu'on leur avait assignées.

(1) Ce village, si pittoresquement situé au pied des Vosges, où Mlle Vérenet avait fondé, avec le concours de M. Jean Macé, aujourd'hui sénateur, ce pensionnat de demoiselles qui avait acquis une si haute réputation, lorsque les événements de 1870 obligèrent les fondateurs à le transférer à Monthiers (Aisne).

A deux heures, toutes les autorités civiles et militaires, les députations et les maires d'un grand nombre de communes, qui s'étaient réunis dans les salons de l'Hôtel-de-Ville, se formèrent en cortège pour traverser le Broglie et procéder à la pose de la première pierre du monument (1) commémoratif de cet heureux événement.

Arrivé à l'endroit où la pierre devait être scellée, le cortège s'arrêta et se rangea autour des fondations.

M. le maire de Strasbourg s'exprima en ces termes :

« Citoyens, compatriotes, gardes nationaux,

« Vive la France ! Que ce cri, répété par la voix de l'Alsace tout entière, s'élance de nos poitrines pour saluer l'anniversaire séculaire que nous célébrons en ce jour, *comme la pierre que nous allons sceller dans cette terre française sera le symbole de notre inébranlable attachement à la grande patrie dont le nom seul fait vibrer nos cœurs !*

« Ce n'est pas une cérémonie banale qui vous a appelés dans notre cité, ce n'est pas pour une fête de commande que vous êtes venus vous associer à nous, vous tous, chers concitoyens, accourus avec tant d'enthousiasme de toutes les parties de l'Alsace, accourus avec un élan sympathique, de ces départements si brûlants de patriotisme dont nous séparent les Vosges, mais auxquels nous unit la chaîne vivante de nos communs sentiments de dévouement à la France. Non ; ce qui vous a amenés parmi nous, c'est le vif désir que vous éprouvez comme nous de glorifier l'anniversaire d'un événement historique qui a exercé *une si féconde influence* sur notre Alsace,

---

(1) Il ne fut jamais exécuté. A l'entrée de l'hiver, les travaux ne pouvaient être commencés ; dans l'intervalle, Bonaparte arriva à la Présidence. Sous lui, la réaction releva la tête ; l'Assemblée constituante dut faire place à la Législative, et les agitations continuelles qui suivirent retardèrent l'exécution du projet qui, sous l'Empire, fut à peu près oublié.

qui a relié à jamais nos destinées à celles de la France. Nous sommes réunis ici, à deux pas de la frontière, à deux pas de l'étranger qui nous entend, pour nous féliciter, à ce moment solennel, d'être compris au sein de la grande famille française, d'être comptés parmi les enfants de cette jeune République ; et nous nous retrouverions tous ici, chers compatriotes, si le tocsin du danger venait à sonner pour la France, si la France faisait un appel à nos bras et à notre dévouement.

« Le monument dont nous confions les premières assises à cette terre intimement soudée au sol français, dira à nos arrière-neveux *que leurs pères ont béni en ce jour, à la face du ciel, la destinée qui, depuis deux siècles, leur a donné une grande et noble patrie !*

« Et à leur tour, lorsque cent années encore auront ajouté de nouvelles pages glorieuses aux annales de la France, lorsque cent années encore auront porté aux dernières limites de l'Europe civilisée les principes républicains auxquels appartient l'avenir du monde, à leur tour nos descendants viendront à cette place, déposer des couronnes de chêne aux pieds de ce monument, dont nous cimentons la première pierre, et répéter à un siècle de distance, ce cri qui part aujourd'hui de nos cœurs : *Vive la France! Vive la République!* »

A l'issue de la cérémonie il y eut deux grands banquets à la halle aux blés et à la halle couverte, et un grand nombre d'autres banquets fraternels dans les différents hôtels et restaurants de la ville.

Le banquet de la halle aux blés fut, sans contredit, le plus solennel. Environ deux mille convives avaient pris place à six immenses tables occupant toute la longueur du vaste édifice. On y voyait confondus, dans un même sentiment de fraternité, bourgeois et militaires, cultivateurs et ouvriers, gardes nationaux de tous grades et de toutes armes, autorités civiles et militaires et simples citoyens. Dans cette affluence immense de convives figuraient surtout en grand nombre ces citoyens-soldats accourus de tous les points de l'Alsace et des départements voisins. Cette multitude d'uniformes et de costumes donnait à l'ensemble de cette réunion un aspect aussi varié qu'imposant.

La plus franche cordialité régna aux deux banquets, interrompus fréquemment par des cris de : « *Vive la République ! Vive la France démocratique !* » Les musiques de l'artillerie et de la ligne, qui avaient bien voulu prêter leur fraternel concours à cette solennité, exécutèrent des airs patriotiques, et des centaines de voix vinrent chaque fois mêler leurs mâles accents aux sons harmonieux des instruments.

Parmi les toasts, je citerai les suivants :

Par un membre de la députation de Nancy :

« *A l'union des départements frontières de l'Est, dans un sentiment commun de patriotisme et de dévouement à la République française !* »

Par M. Decamp, capitaine adjudant-major du 7me bataillon de chasseurs à pied :

« Citoyens,

« Permettez à un de vos frères de l'armée de mêler ses accents aux vôtres. C'est avec orgueil et fierté que nous foulons le sol de l'Alsace ; tous enfants de la même et grande patrie, nos cœurs s'épanchent aussi dans cette même et sainte communion : *la défendre ou mourir avec elle* . . . . . .

« Les eaux du grand fleuve sont pour l'Alsace une limite

sacrée ; honneur à vous toutes, nobles cités, sentinelles
avancées qui gardez si fidèlement le sol de la patrie ! Que les
échos de vos montagnes aillent redire à l'étranger qu'à tout
jamais ces deux cris se confondent en un seul : « *Vive
l'Alsace ! Vive la France !* »

Après ces discours, dont chaque phrase avait été accueillie
par les acclamations les plus chaleureuses, le colonel Steiner,
se rendant l'organe de la garde nationale de Strasbourg et de
l'Alsace tout entière, alla donner l'accolade fraternelle au capitaine aux applaudissements réitérés de toute l'assemblée, qui
répondit par une santé universelle à l'armée française.

La fête du mardi, 24 octobre, couronna dignement ces
solennités. Ce fut surtout une fête de la garde nationale et de
l'armée réunies. Le *Courrier du Bas-Rhin* du 25 octobre la
décrit en ces termes :

« Dans la matinée de dimanche, les détachements de
gardes nationales accourus à Strasbourg de tous les points de
l'Alsace, ont vu grossir encore leur nombre par l'arrivée de
deux fortes colonnes, venant de Sélestat et de Brumath. Des
détachements de la garde nationale de Strasbourg, musique en
tête, étaient allés pour les recevoir hors des portes Nationale
et de Pierre, et les ont ramenées en ville.

« A dix heures le rappel a été battu dans toute la ville.
Les différents corps et détachements vinrent, depuis la rue
de la Marseillaise (1) jusqu'aux quais et à gauche du théâtre,

(1) Aujourd'hui rue de la Mésange. Elle avait reçu le nom de
rue de la *Marseillaise*, parce que M. de Dietrich, le maire de Strasbourg, y demeurait, et ce fut dans une soirée donnée chez lui, en 1792,
que Rouget de Lisle y chanta, pour la première fois, son hymne immortel. (Voir page 96.)

Déjà, sous Napoléon III, la rue dut reprendre son nom primitif

se réunir aux troupes de la garnison pour se masser, en colonne serrée.

« Vers midi, la colonne se mit en marche. . . . .

. . . .

« Après avoir traversé la place Kléber, les rues des Arcades et du Vieux-Marché-aux-Poissons, le pont du Corbeau, les rues d'Austerlitz, des Orphelins et de la Krutenau, le quai des Pêcheurs, où le passage des gardes nationales étrangères a été salué sur toute la ligne par des acclamations, la colonne a pénétré dans l'allée de la Robertsau jusqu'à l'Orangerie.

« Arrivés là, tous les corps se sont serrés en masse par grandes lignes de bataille sur les deux pelouses et le rond-point devant l'Orangerie, où avait été élevé un grand trophée allégorique représentant la France et l'Alsace se tenant enlacées par les bras, l'Alsace prête à défendre la France. Le piédestal était orné d'une guirlande de chêne, des écussons des principales villes de l'Alsace et des noms de toutes les communes qui avaient concouru à la fête. Ce trophée, conçu et exécuté en moins de huit jours par notre habile statuaire Grass (1), a excité une admiration générale. C'est qu'en effet l'idée en est aussi heureuse que l'exécution.

« Toutes les autorités civiles et militaires, les députations officielles et un nombreux état-major s'étaient réunis sur la terrasse devant l'Orangerie, et dès que tous les escadrons et bataillons eurent pris leur place, la revue a commencé. Puis, il a été donné une demi-heure de repos, pendant laquelle la garde nationale de Strasbourg a fraternisé avec les corps de gardes nationaux étrangers à la ville et les troupes

de rue de la Mésange. Naturellement, les fatales conséquences de la guerre de 1870, entreprise par Napoléon III et son triste entourage, n'ont pu lui rendre le nom glorieux qu'elle tenait de la première Révolution.

(1) L'auteur du monument de Kléber.

de la ligne. *Il est impossible de décrire l'enthousiasme qui a éclaté en ce moment* (1) *de toutes parts* et qui n'a pas peu contribué à donner à cette grande fête un caractère des plus imposants.

« Après trois heures, un roulement général a rappelé tout le monde sous les armes, et en peu d'instants toutes les lignes de bataille étaient réformées comme par enchantement. Le défilé s'est fait avec un ordre et une précision remarquables et aux cris mille fois répétés de : « *Vive la République ! Vive la France !* »

« Les autorités étaient placées à l'entrée de la grande allée de Tilleuls, et les bataillons sont rentrés en ville, soit par la grande allée donnant à la porte des Pêcheurs, soit par un chemin latéral aboutissant à un pont de bateaux, construit exprès près de l'ancien Wasserzoll.

« Pendant tout le trajet, les divers corps chantaient avec enthousiasme nos airs patriotiques et faisaient encore retentir des cris de fraternisation.

« Chacun s'est ensuite rendu aux différents banquets aux halles, dans des hôtels ou dans des locaux particuliers. Ces banquets ont été aussi animés que ceux de la veille.

« A six heures a recommencé l'illumination générale, et la flèche de notre magnifique cathédrale a été illuminée en feux tricolores d'après un système très ingénieux imaginé par le citoyen Lips. Le coup d'œil de cette illumination était vraiment féérique.

---

(1) En vue de cette fraternisation, les diverses compagnies de la garde nationale, chacune selon ses ressources pécuniaires, avaient fait dresser sur la vaste pelouse de la Robertsau de grands buffets amplement garnis de viandes froides et de boissons de toute espèce. Pendant le repas, les gardes nationaux du dehors et les troupes de ligne y furent largement traités, et l'on comprendra l'enthousiasme provoqué par ces largesses, auxquelles les simples troupiers surtout se montrèrent très sensibles.

« Ainsi s'est terminé cette grande et solennelle manifestation qui laissera de profonds souvenirs à tous ceux qui y
ont assisté.

« L'Alsace a suivi avec le plus vif empressement cette
occasion, que de mémorables anniversaires historiques lui
offraient pour se réjouir de faire partie de cette belle France,
foyer de civilisation et de liberté. »

Ce furent les derniers beaux jours de l'Alsace.

Pour les républicains, l'année 1848 finit tristement. Dans
les premiers jours de novembre nous reçûmes la nouvelle que
Vienne, après une résistance opiniâtre, s'était rendue le
30 octobre à l'armée impériale, commandée par Windisch-
Grætz. Les meilleurs patriotes y perdirent la vie, entre autres
l'héroïque Robert Blum (1), fusillé avec plusieurs de ses amis.

Robert Blum était membre du Parlement allemand, siégeant à Francfort ; celui-ci, dans sa séance du 16 novembre,
protesta contre l'arrestation et la mise à mort d'un de ses
membres... mais ce fut tout !

A Berlin, la réaction dominait également. Dans la soirée
du 15 novembre 1848, l'Assemblée prussienne discutait le
refus de l'impôt ; deux cent vingt-six représentants étaient
présents. Au moment où le président, M. Unruh, allait procéder au vote, la salle fut occupée par des soldats, ayant
l'ordre du général Wrangel de la faire évacuer.

(1) En 1870, après les premières victoires des Allemands et l'envahissement de l'Alsace, un fils de Robert Blum, le docteur Hans
(Jean) Blum écrivait dans un journal : « Il faut que les Alsaciens
« restent nos ilotes. » [Die Elsæsser müssen unsere Heloten (esclaves)
bleiben, etc.] — La pomme, comme on le voit, était tombée loin de
l'arbre.

Les nouvelles d'Italie ne furent pas meilleures. Venise et Rome seules étaient encore entre les mains des patriotes ; mais la France elle-même s'apprêtait à étouffer la république romaine. Le gouvernement avait dirigé des troupes sur Civita-Vecchia pour assurer la liberté du pape, et l'Assemblée nationale, malgré les protestations énergiques de MM. J. Favre, Edgard Quinet, Ledru-Rollin, etc., approuva cette expédition par un ordre du jour motivé.

Enfin, ce qui préoccupa le plus l'opinion ce fut l'élection du Président de la République. Le projet de Constitution avait été présenté à l'Assemblée nationale au cours de l'été. L'article 1er disait :

« Les devoirs de l'homme en société se résument dans le respect de la Constitution, dans l'obéissance aux lois, dans la défense de la patrie, dans l'accomplissement des devoirs de famille et dans la pratique fraternelle de cette maxime : « Ne faites pas à autrui ce que vous ne voudriez pas qu'on vous fit ; ce que vous voulez que les hommes fassent pour vous, faites-le pour eux. »

Paroles fort belles, assurément ; mais il faudrait une race d'hommes autrement élevée et instruite pour les mettre en pratique.

L'article 43 de cette Constitution disait que le « peuple français déléguerait le pouvoir exécutif à un citoyen qui recevrait le titre de Président de la République, » et l'article 45 proposait « que le Président serait nommé par le suffrage direct universel, au scrutin secret et à la majorité des votants. » Ce dernier article donna lieu à une vive discussion dans la séance de l'Assemblée nationale du 7 octobre, M. *Martin*, *de Strasbourg*, comme s'il avait prévu les malheurs que cet article appellerait un jour sur sa terre natale, adjurait vainement ses collègues, dans un magnifique discours, de ne pas créer, à côté de l'Assemblée, un pouvoir qui serait plus fort qu'elle, parce que le Président serait l'élu de plusieurs millions de voix.

M. Grévy, aujourd'hui le Président de la République française, présenta un amendement tendant à ne pas nommer de Président de la République, mais à maintenir l'autorité dans l'Assemblée, qui choisirait un président du Conseil des ministres. Cet amendement fut rejeté par 643 voix contre 168.

Un autre amendement, de M. Leblond, disant que le Président de la République serait nommé par l'Assemblée nationale, eut le même sort ; il fut rejeté par 602 voix contre 211. Les votes de nos députés se partagèrent comme suit :

Pour, Bas-Rhin : MM. Bruckner, Champy, V. Chauffour, Culmann, Foy, Gloxin, Lichtenberger, Martin ;

Haut-Rhin : MM. Bardy, Kestner, Kœnig.

Contre, Bas-Rhin : MM. Boussingault, Dorlan, Engelhardt de Niederbronn, Lauth, Westercamp ;

Haut-Rhin : MM. Dollfus, Heckeren, Heuchel, Prudhomme, Rudler, Stœcklé, Struch, Yves.

Absents par congé ; MM. Kling, Schlosser, I. Chauffour.

Un troisième amendement, visant plus spécialement M. Louis Bonaparte, dont les menées électorales, en faveur de sa candidature à la présidence, n'étaient plus un secret pour personne, fut présenté par M. A. Thouret, dans la séance du 3 novembre. Il proposa d'ajouter à l'article 43 les mots : « Aucun membre des familles qui ont régné en France ne peut être nommé Président de la République. » Il fut rejeté après un discours du chef du pouvoir exécutif, le général Cavaignac, qui déjà antérieurement s'était prononcé pour la nomination du Président par le suffrage universel.

La majorité des députés étant toute dévouée au général

Cavaignac, celui-ci aurait été sûr de sa nomination, si
l'Assemblée se l'était réservée; mais la délicatesse et la loyauté
exagérées du général lui firent combattre tous les amende-
ments, présentés par ses amis dans l'intention de le maintenir
au pouvoir.

Le 4 novembre 1848, l'Assemblée nationale adopta la
Constitution par 739 voix contre 30; elle ordonna qu'elle
serait promulguée à Paris le 12 novembre, et le dimanche
19 novembre, dans les autres communes de la France. Elle
décida, en outre, que l'élection du Président de la République
aurait lieu le 10 décembre 1848.

A Strasbourg, la promulgation de la Constitution fut
annoncée le samedi soir et le dimanche matin par le son
des cloches et par le canon. A neuf heures du matin, un
Te Deum fut chanté à la Cathédrale et des cérémonies religieuses eurent lieu dans les églises des différents cultes;
les autorités civiles et militaires y assistèrent. Enfin, à midi,
eut lieu la promulgation par M. le maire, qui, placé sur une
estrade élevée devant le perron de la mairie, donna lecture de
la Constitution, en présence des autorités, de détachements de
la garde nationale, de l'armée et de délégations de toutes
les écoles, occupant au Broglie la place qui leur avait été
assignée. La lecture de la Constitution fut encore suivie par
le son des cloches et par des détonations d'artillerie.

Les mêmes cérémonies eurent lieu dans les autres villes
de l'Alsace; mais, nulle part elles ne prirent ce caractère
d'expansion, de joie populaire, particulières aux fêtes républicaines. C'est que partout, depuis le vote fatal de l'Assemblée nationale du 3 novembre, on était dominé par des
pressentiments au sujet de la prochaine élection du président.
De nombreux émissaires napoléoniens étaient arrivés en
Alsace. Si leur influence était presque nulle dans les villes,
elle était d'autant plus à craindre à la campagne, moins

accessible à la propagande des Comités formés pour la candidature Cavaignac. Le paysan ne s'était nullement familiarisé avec ce dernier nom, tandis que celui de Napoléon se trouvait encore dans toutes les bouches. Les sottes et mauvaises équipées de Louis Bonaparte, de 1836 et de 1840, étaient ou ignorées, ou oubliées à la campagne, tandis qu'à cette époque chaque village possédait encore quelque vieux militaire qui, par ses récits des dernières guerres de l'Empire ou des campagnes de 1814 et de 1815, entretenait la légende napoléonienne. A ces voix vinrent se joindre celles de tous les ennemis de la République, et ils étaient nombreux dans les rangs des anciens légitimistes, dans ceux des orléanistes et dans ceux du clergé. Dans leur pensée Louis Bonaparte ne devait servir que de planche pour retourner à la monarchie des Bourbons.

Enfin, le 10 décembre arriva. Le résultat des élections fut tel qu'il dépassa les espérances des plus fougueux antirépublicains, et qu'il remplit de tristesse le cœur des vrais patriotes. Bien que n'ayant jamais été sûrs du vote, ils ne s'attendaient pas, — après leurs efforts considérables en faveur de la candidature Cavaignac, — à une pareille défaite.

A Strasbourg, malgré les militaires dont les votes étaient plus ou moins acquis à Louis Napoléon, celui-ci n'obtint que 7410 voix contre 8275 données à Cavaignac. Par contre, le canton de Mulhouse donna 4540 voix à Bonaparte et 2412 seulement à Cavaignac.

Le canton de Colmar : 2023, Bonaparte ; contre 1410, Cavaignac.

Le Haut-Rhin, en total : 65,026, Bonaparte ; contre 19,736, Cavaignac.

Le Bas-Rhin : 60,255, Bonaparte ; contre 46,505, Cavaignac.

Dans la séance de l'Assemblée nationale du 20 décembre,

M. Louis Napoléon Bonaparte fut proclamé Président de la République ; il prêta immédiatement serment à la Constitution (1).

En tout, il avait réuni 5,434,226 voix, contre 1,448,107 voix, données au général Cavaignac, et 370,119, données à M. Ledru-Rollin.

(1) Voici la formule de ce serment :

« En présence de Dieu et devant le Peuple Français, je jure de
« rester fidèle à la République démocratique et de défendre la Cons-
« titution. » — « Un silence profond, » dit M. Taxile Delord, dans
, son *Histoire du second Empire*, « règne dans la salle. Louis Bona-
« parte, l'œil baissé, étend le bras et, d'une voix légèrement voilée,
« répond : « Je le jure. » Une émotion profonde règne dans tous les
« cœurs, lorsque le président de l'Assemblée nationale ajoute d'une
« voix plus solennelle : « Je prends Dieu à témoin du serment qui
« vient d'être prêté. » — Louis Bonaparte est désormais Président
« de la République. L'Assemblée attend ses premières paroles ; il tire
« un papier de sa poche et lit une déclaration dont les passages les
« plus saillants sont les suivants : « Je regarderais comme ennemis
« de la patrie tous ceux qui tenteraient par des voies illégales de
« changer la forme du gouvernement que vous avez établie. » . . .

On sait comment ce serment a été tenu.

1849

Le vote fatal du 3 novembre (1) devait avoir des conséquences funestes. Élu par plus de 5 millions de voix, Louis-
Napoléon Bonaparte se sentit fort. Les conflits avec l'Assemblée
furent inévitables. Sans tenir compte de l'esprit de la majorité, il remplaça peu à peu les anciens ministres par des
hommes notoirement connus comme antirépublicains. Mais
cela ne suffit pas à la réaction. Se débarrasser de l'Assemblée
nationale devint son mot d'ordre. M. Rateau en prit l'initiative
par sa proposition tendant à ce que l'Assemblée nationale se
séparât et que les électeurs fussent convoqués le 14 mars 1849,

(1) Rejet par l'Assemblée de l'amendement qui excluait de la présidence les membres des familles ayant régné en France; il visait
surtout Louis-Napoléon Bonaparte.

pour élire une nouvelle Assemblée. Vainement combattue par tous les républicains sincères, la proposition fut votée, avec quelques modifications, dans la séance du 7 février. Tous les députés du Bas-Rhin, à l'exception de M. Culmann (1), malade, votèrent contre. Le Haut-Rhin fut plus divisé. Votèrent *contre :* MM. Bardy, Fawtier, Kestner, Kœnig, Rudler, Yves. *Pour :* donc, pour la dissolution : MM. Emile Dollfus, Heckeren, Heuchel, Prudhomme, Stœcklé et Struch.

Le 23 mai 1849, l'Assemblée constituante céda sa place à l'Assemblée législative, élue quinze jours auparavant. Des douze députés que le Bas-Rhin avait envoyés à la Constituante, on n'en réélut que trois : MM. Bruckner, Chauffour et Westercamp ; les neuf autres furent remplacés par MM. Ennery, Jehl, Charles Boch, Goldenberg, Eugène Beyer, Emile Kopp, Bandsept, Anstett, Commissaire. Le parti avancé avait si bien travaillé, que M. Lichtenberger, père, élu en 1848, premier sur la liste générale, par 118,000 voix, n'arriva en 1849, que dix-septième avec 28,148 voix. M. Martin ne fut même que le vingt-quatrième, avec 19,980 voix seulement.

---

(1) Frédéric-Jacques Culmann, né à Anweiler (Mont-Tonnerre), aujourd'hui Bavière rhénane, le 16 septembre 1789, mort à Paris, le 6 avril 1849. Entré à l'Ecole polytechnique en 1806, il en sortit officier d'artillerie et fit, en cette qualité, les campagnes de 1809 à 1815.

Retiré du service sous la Restauration, il y rentra en 1830 et avança jusqu'au grade de colonel-directeur d'artillerie à Strasbourg ; peu avant 1848, il dut prendre sa retraite. Patriote éprouvé, il fut nommé à l'Assemblée constituante par 107,000 suffrages.

A la même époque, un frère de M. Culmann défendit, comme député à l'Assemblée nationale allemande, à Francfort, les grands principes de 1789, dans lesquels ils avaient été élevés par leur famille. Pour avoir pris une part active à la révolution de 1848, ce dernier Culmann fut même condamné à mort, puis grâcié. Il habite en ce moment encore la Bavière rhénane, mais comme Français, ayant repris la nationalité dans laquelle il était né.

En refusant ses votes à deux de nos concitoyens les plus estimés pour leur haute capacité et leur intégrité à toute épreuve, qui pendant plus de vingt ans s'étaient entièrement dévoués à la cause républicaine, le suffrage universel fournit une triste preuve de son savoir-faire. C'était une arme mise entre les mains d'un peuple encore politiquement mineur et qui était loin de savoir s'en servir. Généralement on reproche au suffrage universel de ne pas exclure, au moins, les personnes ne payant aucun impôt direct du droit d'élire des députés dont une des principales attributions est le vote de l'impôt. Cette exclusion ne serait pas équitable, bien qu'elle paraisse logique. Le jeune citoyen, auquel la fatalité a donné des parents entièrement pauvres, n'en peut rien si, arrivé à l'âge de vingt-un, voire même de vingt-cinq ans, il n'a pu amasser de quoi acheter un lopin de terre qui le fasse inscrire sur la liste des contribuables. L'exclure serait d'autant plus le traiter en paria, qu'à vingt-un ans, il est forcé de payer l'impôt du sang, et que, par cela même, il a, certes, autant de droits que celui que le hasard a fait naître au sein de la fortune. La société, cependant, a le devoir d'empêcher, autant que possible, que l'électeur ne devienne l'instrument aveugle de quelque intrigant. Un moyen bien simple serait d'exiger que le bulletin de vote soit *écrit* par l'électeur lui-même dans *l'enceinte du collège électoral*. Avec l'instruction obligatoire ce système, même par scrutin de liste, serait d'une application facile. Au besoin, on tiendrait le scrutin ouvert pendant huit jours, par exemple d'un dimanche à l'autre, afin que le travailleur ne pût prétendre qu'on lui rende trop difficile l'accès de l'urne. Le reste ne serait qu'une question d'organisation et de dévouement pour les citoyens chargés de surveiller le vote. Probablement, on réduirait ainsi le nombre des votants, mais, du moins, ceux qui écriraient une liste par exemple de douze noms, ne le feraient pas en aveugles. En même temps ce serait un excellent stimulant pour la jeunesse d'apprendre à écrire.

Dans le Haut-Rhin, quatre seulement des anciens députés : MM. Kœnig, Fawtier, de Heckeren et Prudhomme furent réélus. Vinrent ensuite : MM. Cassal, Burgard, Mühlenbeck, Hofer, Savoye et Pflieger, tous portés par le parti avancé.

Dans leur ensemble, les élections de 1849 ne furent pas favorables à la République telle que l'avaient rêvée ses fondateurs, en 1848. Les candidats de la réaction et ceux des ultra-radicaux l'emportèrent, mais la majorité appartint à la coalition des partis monarchiques. Ces élections, fruits de votes ou aveugles ou intéressés, durent avoir des conséquences fatales?

L'ancienne Assemblée, après des débats orageux, avait encore approuvé l'envoi d'un corps d'armée en Italie, sous le prétexte, disait le ministère, de défendre les Italiens contre des démonstrations hostiles de la part des Autrichiens. Par ce vote, sans s'en douter, elle avait signé l'arrêt de mort de la République romaine, car l'Assemblée législative, où la réaction dominait, trouva ainsi un instrument tout prêt pour réintégrer le pape à Rome, et Louis-Napoléon, désireux de flatter les passions cléricales de ceux dont l'appui lui paraissait nécessaire, s'empressa de donner au général Oudinot, commandant du corps d'armée, l'ordre de faire le siège de Rome.

Jamais le droit des gens n'avait été plus outrageusement violé et les républicains ne pouvaient accepter la solidarité du fait monstrueux de la République française, détruisant la République romaine à laquelle elle avait donné le jour.

Le 11 juin, M. Ledru-Rollin, au nom de la gauche de l'Assemblée déposa une demande de mise en accusation du Président de la République et de ses ministres. Elle fut naturellement rejetée par la majorité réactionnaire. Cet avis donné aux républicains exaltés ne leur servit pas. Un essai de révolutionner Paris, tenté par Ledru-Rollin avec vingt-cinq de ses collègues, échoua complètement ; preque tous furent arrêtés le 13 juin aux Arts-et-Métiers, où ils s'étaient cantonnés ; parmi eux, M. Boch (1), un des députés du Bas-Rhin. Deux autres de nos députés, MM. Emile Kopp et Eugène Beyer, également compromis dans l'affaire, réussirent à s'échapper.

Les événements de Paris eurent leur contre-coup en province ; à côté de manifestations légales et pacifiques, il y en eut de turbulentes. Strasbourg aussi devait fournir son contingent à la réaction qui brûlait du désir de sacrifier quelques républicains à ses rancunes. On répandit le bruit

(1) Charles Boch, né à Strasbourg, le 24 mars 1823, était un des plus jeunes membres de l'Assemblée législative de 1849 Condamné par la Haute-Cour à la détention, il fut incarcéré à Doullens et de là à Belle-Isle-en-Mer. Lorsqu'il comparut devant ses juges, l'un d'eux, M. Baroche, aux questions duquel il refusait de répondre, lui dit : « — Quoi ! si jeune et déjà si corrompu ! » « — L'avenir dira de quel côté est la corruption, » lui répondit Boch. En juillet 1852, il fut gracié, sans conditions. En 1854, en butte aux vexations de la police napoléonienne, il se décida à quitter la France et alla s'établir à Buenos-Ayres. Après seize années d'absence, Boch revint en Alsace vers la fin de 1869, amenant avec lui son jeune fils pour lui faire faire ses études à Strasbourg. Il en repartit dans les premiers mois de 1870. A peine de retour à Buenos-Ayres, il y reçut coup sur coup les accablantes nouvelles des désastres de l'armée française et du bombardement de Strasbourg. N'écoutant que son patriotisme, il se rembarqua de nouveau pour venir au secours de la patrie en danger. Mais arrivé à Bordeaux, après une traversée des plus pénibles, vers la fin de décembre 1870, il eut la cruelle déception de voir la France presque agonisante, l'Alsace entière occupée par l'armée allemande. Il revint néanmoins à Strasbourg ; mais la vue de sa pauvre ville natale brûlée, ruinée par le bombardement, porta un dernier coup à sa santé, autrefois si robuste. En février 1871, il mourut à Bâle de désespoir, à la pensée que quinze cent mille de ses compatriotes seraient les victimes expiatoires de la faute commise par la France entière, de s'être livrée pendant vingt années au despotisme napoléonien.

que l'autorité était sur la trace de menées révolutionnaires et des mandats d'amener furent décernés, le 21 juin, contre M. Küss (1), professeur à la Faculté de médecine et membre de la rédaction du *Démocrate du Rhin*, contre MM. Dannbach, imprimeur, Toulgouët, ancien officier, et Laboulaye, ancien maître d'études au lycée.

------

(1) Küss, né à Strasbourg, le 1er février 1815, fut un des professeurs les plus distingués de notre Faculté de médecine. Ardent patriote, républicain convaincu, il fut mêlé aux agitations politiques de l'époque, quoique foncièrement homme d'ordre. Le Coup d'Etat le rendit à la vie privée ; il n'en sortit que vers les dernières années de l'Empire, pour fonder, avec quelques amis, le *Volksblatt* (journal du peuple), feuille hebdomadaire destinée principalement à combattre, dans les campagnes, le bonapartisme. En septembre 1870, pendant le bombardement, Küss fut prié par ses concitoyens de prendre les fonctions de maire, que M. Humann, après que la déclaration de la République fut connue dans la ville assiégée, ne crut pas devoir garder. Homme du devoir avant tout, l'austère et intègre patriote accepta ce poste périlleux entre tous ; ce fut, de sa part, une immense preuve de dévouement. — Mis à la tête d'une ville exténuée par un siège de près de deux mois et ruinée par quarante jours de bombardement continu ; — obligé, comme maire français, d'assister à l'entrée dans Strasbourg de l'armée allemande, qui allait prendre la place de tout ce qui avait été occupé par la France ; — forcé de répondre aux exigences sans cesse renouvelées de l'autorité militaire allemande ; — c'étaient des tortures morales auxquelles sa santé ne put résister.

Aux élections du 8 février 1871, faites par l'Alsace-Lorraine, encore pour la France, Küss fut nommé député du Bas-Rhin, avec Léon Gambetta, Kablé, etc. Toujours l'esclave du devoir, il se rendit à Bordeaux, quoique malade et ne se faisant aucune illusion sur son état de santé ; en effet, peu de jours après son arrivée, il succomba à la maladie de cœur qui l'avait miné. Ramené à Strasbourg, son enterrement y eut lieu le 8 mars 1871 ; la ville entière y prit part. Sur tout le parcours du funèbre cortège, les magasins avaient été fermés. C'était un grand deuil pour le pauvre Strasbourg, déjà tant éprouvé. Küss repose au cimetière Sainte-Hélène ; en reconnaissance de son dévouement à la patrie, ses concitoyens lui ont fait ériger un monument qui perpétuera sa mémoire.

L'Autriche, après avoir vaincu le Piémont, par l'armée de Radetzky, régnait de nouveau en Lombardie. La réaction était maîtresse partout. Venise qui, sous l'énergique impulsion de Manin, se défendait en désespérée, devait bientôt succomber sous les bombes autrichiennes, et la Hongrie, envahie par cent mille Russes, que le czar Nicolas envoya au secours de l'empereur d'Autriche, était près de sa perte. L'Assemblée nationale, siégeant à Francfort, fut dissoute après une année de perdue en discussions oiseuses ; un tronçon en voulut continuer ses séances à Stuttgart, mais bientôt le gouvernement wurtembergeois fit fermer militairement leur salle.

En Prusse, en Saxe, dans le Hanovre, dans l'électorat de Hesse, etc., tous les mouvements libéraux furent violemment étouffés. Enfin, tout près de chez nous, le pays de Bade eut une deuxième convulsion révolutionnaire qui mit fin, pour de longues années, aux aspirations libérales de ses habitants.

Ni l'écrasement général de tous les mouvements populaires, ni l'échec piteux de l'essai d'une Assemblée nationale à Francfort, ni l'insuccès de son équipée de 1848, sous Hecker, Struve, Heinzen, etc., ne purent déssiller les yeux du parti avancé dans le pays de Bade. Le 12 mai, il proclama la république. Le grand-duc Léopold, ne pouvant plus compter sur son armée, qui, sauf la plupart des officiers, avait passé tout entière aux révolutionnaires, se réfugia, par Germersheim, à Haguenau. L'Alsace devint ainsi de nouveau l'asile de nombreux émigrants fuyant devant l'exaspération populaire et, comme tous les exilés, ils y reçurent l'accueil le plus hospitalier. Au bout de deux mois, ils purent rentrer dans leur pays, les troupes révolutionnaires ayant été hors d'état de résister au corps d'armée que la Prusse dirigea sur le grand-duché de Bade et le Palatinat, pour y rétablir l'ordre ; elles furent successivement refoulées de Manheim jusqu'à Constance d'où, le 11 juillet, elles passèrent sur le sol neutre de la Suisse.

La forteresse de Rastadt se rendit à discrétion le 23 juillet.

Alors commença pour l'infortuné grand-duché et pour le Palatinat une réaction épouvantable. Les prisons du pays, depuis Manheim jusqu'à Constance, les casemates de Rastadt et de Landau furent bourrées de malheureux, les uns pris les armes à la main, les autres simplement accusés d'avoir trempé dans l'insurrection. Les Conseils de guerre se mirent à leur lugubre besogne. Sur les républicains faits prisonniers, vingt-huit furent fusillés et des centaines condamnés jusqu'à dix années de détention. Un plus grand nombre s'était soustrait aux représailles, par la fuite.

A cette époque, Strasbourg devint un véritable asile pour toutes les victimes de la réaction, non seulement du pays de Bade, mais de l'Allemagne entière. Tous les réfugiés y reçurent un accueil sympathique, souvent fraternel. Beaucoup d'entre eux s'y fixèrent et y vécurent sinon heureux, du moins tranquilles, à l'ombre du drapeau de la France qui, même sous le règne despotique de Napoléon III, les protégea contre les poursuites de leurs irréconciliables ennemis.

Mais la race humaine résiste difficilement à l'enivrement quand le bonheur arrive trop vite. Les succès inouïs de l'armée allemande, en 1870, convertirent les plus farouches révolutionnaires, les républicains les plus fougueux de 1849 en admirateurs du nouvel empire. Et hélas! faut-il l'ajouter? Beaucoup d'entre eux se tournèrent contre ceux-là même dont, pendant vingt ans, ils avaient reçu l'hospitalité ou accepté les bienfaits.

———

La vengeance brutale, impitoyable, est certes un des traits caractéristiques du fanatisme politique ou religieux.

Aux fusillades du pays de Bade et du Palatinat succédèrent les exécutions sanglantes des malheureux Hongrois dont tous les chefs qui n'avaient pu se sauver par la fuite (1) furent ou fusillés ou pendus. En France aussi la réaction se donna libre carrière, depuis qu'elle disposait d'une majorité compacte à la Chambre et qu'elle avait l'appui du président Louis-Napoléon Bonaparte. Si elle n'obtint pas de condamnations plus sévères, ce n'est certes pas qu'elle ne les eût point désirées.

L'affaire dite « de Strasbourg », au lieu de paraître devant le jury du Bas-Rhin, fut portée, pour cause de suspicion légitime, devant les assises de Metz. La requête du procureur général de la Cour de Colmar, pour demander le renvoi devant le jury de la Moselle, se fonda, entre autres considérations, sur ce que les complices de Louis-Napoléon Bonaparte, lors de sa tentative d'insurrection en 1836, avaient été acquittés par le jury alsacien !!.....

L'affaire parut le 17 octobre 1849. Les accusés étaient au nombre de six :

MM.

1° Emile Küss, âgé de trente-huit ans ;

2° Toulgouët, ancien lieutenant d'infanterie, né à Quimper, âgé de trente-deux ans ;

3° Albert Dannbach, imprimeur, âgé de trente ans ;

4° Auguste Laboulaye, né à la Martinique, âgé de trente-cinq ans ;

5° Jules Erckmann (2), âgé de quarante ans ;

6° François Silberling, âgé de quarante ans.

---

(1) A cette occasion, il convient de signaler un beau trait de la Turquie ; elle refusa noblement l'extradition des chefs hongrois qui s'y étaient réfugiés, malgré les demandes du jeune empereur d'Autriche, appuyées par les sommations hautaines du czar Nicolas qui, en 1849 déjà, cherchait un prétexte à la guerre que, cinq ans plus tard, il fit à la Turquie. Celle-ci, même sous les menaces moscovites, respecta les droits sacrés de l'hospitalité.

(2) Le frère d'Erckmann (Chatrian).

Ils étaient accusés de complot, pour changer le gouvernement de la République, et d'excitation à la guerre civile, en portant les citoyens à s'armer les uns contre les autres, etc.

M. Küss eut pour défenseur Mᵉ Jules Favre; Mᵉ Maurice Engelhard (1) défendit M. Silberling; les autres avocats furent du barreau de Metz.

Les débats durèrent six jours et se terminèrent par l'acquittement de tous les accusés. Je ne m'arrêterai ni à l'acte d'accusation excessivement long, ni aux plaidoyers brillants des défenseurs, j'ajouterai seulement que lorsqu'au cours des

(1) Maurice Engelhard, né à Strasbourg en 1821. Après de fortes études au Gymnase protestant et à la Faculté de droit de notre ville, il se destina au barreau. Le nom d'Engelhard était déjà avantageusement connu, lorsque éclata la révolution de Février. Il reçut avec enthousiasme la nouvelle de la proclamation de la République et fut de ceux que l'acclamation populaire fit entrer dans la Commission municipale (page 309). La réaction ayant repris le dessus, Engelhard se voua principalement à son état d'avocat et, comme tel, alla souvent défendre les républicains poursuivis pour délits politiques. — Sous l'Empire, son cercle d'activité s'élargit. On le savait républicain et, par cela même, il était tenu en suspicion par la magistrature; mais on savait aussi que personne n'étudiait plus consciencieusement un dossier et ne tirait meilleur parti des moyens de défense qu'il offrait. Plusieurs grands procès pour affaires financières, gagnés par lui, firent du cabinet de M. Engelhard un des plus importants du ressort de la Cour de Colmar.

En 1868, s'étant rendu à Paris pour assister aux débats du procès intenté aux manifestants sur la tombe de Baudin, il entendit le fameux plaidoyer de Gambetta. La parole entraînante du jeune et fougueux tribun avait fait vibrer de nouveau dans le cœur d'Engelhard la corde politique ; encore sous le charme de cette voix puissante, il revint à Strasbourg nous prédire que la chute de l'Empire ne serait pas éloignée ; et lorsqu'en 1870, la guerre éclata, il partit de nouveau pour Paris. Le gouvernement de la Défense nationale, après l'avoir nommé maire de Strasbourg assiégé, mission qu'il n'arriva pas à remplir, lui confia la préfecture de Maine-et-Loire, et c'est grâce aux

débats l'accusation reprocha aux accusés d'avoir proclamé
la Constitution violée, M. Küss répondit (1) :

« Je sais bien qu'on soutient que la *majorité* de l'Assemblée nationale *seule* peut décider si la Constitution est violée
ou non. Mais s'il plaisait, par exemple, à la majorité de
l'Assemblée de *distraire l'Alsace de la France* et de
l'échanger contre une autre province, croyez-vous que nous
devrions nous courber devant la volonté de la majorité ? Certes
non ; nous résisterions ».

Dans le Haut-Rhin la réaction ne fut pas moins ardente
et implacable. Beaucoup de républicains furent arrêtés après
le 13 juin, puis relaxés, sauf quatorze qui parurent, le
5 novembre 1849, devant la Cour d'assises du Doubs, désignée
par arrêt de la Cour de cassation en place de celle de Colmar,
où, dit l'exposé des motifs, l'acquittement serait certain, les
accusés ayant dans le pays un parti très nombreux.

Ce furent MM.

Jænger, docteur en médecine, à Colmar ;
Xavier Mossmann, ex-archiviste, à Colmar ;
Liblin, journaliste, à Colmar ;

mesures de défense prises par le préfet improvisé que la région a
été préservée de l'invasion allemande (*).

Après la conclusion de la paix, Engelhard reprit sa robe d'avocat ; mais le bouleversement politique complet subi par la pauvre
Alsace-Lorraine y avait brisé sa carrière ; il quitta la belle situation
qu'il s'était acquise à Strasbourg au prix de vingt-cinq années de
travail et se fit inscrire au barreau de la Seine. Paris l'en récompensa
en le nommant, en 1875, membre du Conseil municipal. Réélu en
1878 et en 1881, il a été nommé en 1878, par ses collègues, président
du Conseil général de la Seine et du Conseil municipal de Paris.

(1) *Courrier du Bas-Rhin* du 20 octobre 1849.

(*) Extrait de la brochure *Maurice Engelhard*, par Lucien Delabrousse. —
Paris, Berger-Levrault et Cie, 1881.

Meyer, rédacteur du journal *Le Rhin*, à Colmar ;

Adolphe Beyser, capitaine de la garde nationale, à Hunavihr ;

François-Joseph Kenzinger, capitaine de la garde nationale, à Saint-Hippolyte ;

Frédéric Sigrist, capitaine de la garde nationale, à Riquevihr ;

Joseph Gillet, cafetier, à Ingersheim ;

Davin, instituteur, à Mulhouse ;

Alfred Pellerin, à Mulhouse ;

Jean-Pierre Gautherat, aubergiste, à Mulhouse ;

Pierre Danner, brasseur, à Mulhouse ;

Henri Bertschy, fils, ouvrier, à Mulhouse ;

Nicot, père, à Mulhouse.

De même que leurs concitoyens du Bas-Rhin, ils étaient accusés de complot pour changer le gouvernement de la République, etc., etc.

Malgré le réquisitoire du procureur général Souef, qui chargeait les accusés d'une manière excessive, ils furent acquittés, après les brillants plaidoyers de MM. Chauffour, Yves, etc. ; les jurés du Doubs, pas plus que ceux de la Moselle, ne voulurent se faire les instruments de cette réaction féroce, contre des hommes que l'exaltation, provoquée par la guerre faite à l'idée républicaine, a pu conduire en de faux chemins, mais dont, pour la plupart, le dévouement au bien général n'était pas mis en suspicion.

A la même époque se déroulait devant la Haute-Cour de justice à Versailles, le procès des députés, arrêtés pendant, ou à la suite de l'affaire du 13 juin. A la date du 28 juin, la majorité de l'Assemblée autorisa la poursuite de dix de ses membres, parmi lesquels MM. Anstett, Beyer, Kopp, du Bas-Rhin, Hofer et Pflieger, du Haut-Rhin. Le 16 juillet, nouvelle autorisation de poursuites, entre autres de MM. Kœnig,

du Haut-Rhin ; Commissaire, du Bas-Rhin. Sauf MM. Prudhomme et de Heckeren, députés du Haut-Rhin, les autres
députés de l'Alsace votèrent toujours contre.

Les débats commencèrent le 14 octobre 1849 et se
terminèrent le 13 novembre par la condamnation à la peine
de la déportation de dix-sept députés, parmi lesquels
MM. Boch et Commissaire, du Bas-Rhin, et tous solidairement
aux dépens. Les autres députés de l'Alsace, compromis dans
l'affaire, furent condamnés par coutumace à la même peine.

Mais on ne se borna pas aux poursuites judiciaires,
il fallut encore que toute l'administration, nommée par les
hommes de 1848, fût remaniée.

Le docteur E. Eissen, que M. Lichtenberger, lors de
son départ pour la Constituante, avait désigné pour le
remplacer comme chef provisoire de l'administration départementale, résigna ses fonctions, en décembre 1848, entre les
mains de M. Renauldon, nommé préfet du Bas-Rhin sous
le gouvernement du général Cavaignac. Ce fut un excellent
choix ; mais, en vrai républicain, M. Renauldon ne put se
plier aux tendances rétrogrades. Il donna sa démission et
nous quitta le 1er juillet 1849. La veille de son départ,
beaucoup de citoyens de toutes les opinions se rendirent
auprès de lui, pour lui exprimer leurs regrets de le voir
quitter des fonctions où il s'était acquis tant de titres à la
reconnaissance publique. M. Chanal, ancien officier d'artillerie, le remplaça et bientôt on nous donna un avant-goût
du système napoléonien.

Jusqu'à cette époque, Strasbourg, divisé en quatre cantons, avait quatre commissaires de police placés sous la
direction de l'un des adjoints délégués à cet effet. Le 7 juillet,
le nouveau préfet invita par dépêche le maire, M. Kratz,
à faire délibérer le Conseil municipal sur la création d'un
cinquième commissariat de police. Le Conseil se réunit le

10 juillet et nomma, séance tenante, une Commission chargée d'examiner le projet, en s'éclairant avant tout sur les exigences du service et sur la législation régissant la matière. La loi donnait au gouvernement le droit de nommer un commissaire de police de plus à Strasbourg, en raison de sa population ; il fallut donc céder, mais on décida que le traitement ne dépasserait pas les limites prescrites par la loi, et qu'il serait similaire à celui des autres commissaires, soit au total de 4,200 francs par an, frais de bureaux et gratification compris. Le rapport allait être déposé. Cependant, sans attendre le vote du Conseil, un décret du 23 juillet créa un cinquième commissariat de police et en nomma titulaire M. Comte, ancien commissaire de police à Mulhouse et à Nîmes. La pièce fut remise par M. Comte lui-même au maire, qui lui fit observer qu'il ne pourrait l'installer aussi longtemps que le budget n'émargerait pas les fonds relatifs à son traitement. En réponse, le maire reçut le 16 août un second décret du 10 août portant que M. Comte prendrait le titre de *commissaire central*.

On comprendra facilement l'effet qu'ont dû produire ces faits. MM. Charles Bœrsch, Striedbeck, F. D. Heim, Heimburger, Lichtenberger, Zimmer, etc., constatèrent que jamais le Conseil n'avait été traité avec aussi peu d'égards alors que rien dans son attitude et dans sa conduite ne pouvait motiver le procédé dont il avait à se plaindre (1). La proposition du maire, de nommer M. Comte délégué pour la police municipale dans les quatre cantons *extra-muros* et de placer sous ses ordres les quatre officiers de police, chargés du service hors ville, ayant été votée, le maire reçut du préfet, sous la date du 22 août, *l'injonction de procéder, dans le plus bref délai possible, à l'installation de M. Comte comme commissaire*

(1) Séance du Conseil municipal du 17 août 1849.

central, chargé de diriger, sous l'autorité du maire, les opérations de ses collègues.

L'installation se fit le 23 août 1849 (1), elle eut pour première conséquence la retraite de M. Pfister, commissaire de police, qui, durant trente-quatre ans, avait rendu de bons et loyaux services. En proposant de fixer sa pension, le maire ajouta, qu'au nom de l'administration actuelle, ainsi qu'au nom de ses prédécesseurs, il devait déclarer que M. Pfister, en remplissant ses fonctions avec honneur et probité, avait toujours été l'homme du devoir et qu'il emportait dans sa retraite les regrets de tous les bons citoyens, qui avaient su apprécier ses excellentes qualités (2).

Au cours de l'été 1849, le choléra fit sa première apparition chez nous ; la maladie avait d'abord éclaté à **Paris** où, entre autres le 10 juin, elle enleva le maréchal Bugeaud. Le terrible fléau visita à peu près toute l'Alsace ; à Strasbourg, il fit près de deux cents victimes ; relativement plus fort dans quelques petites villes, comme Wasselonne, Barr, Ribeauvillé, il y enleva beaucoup de monde surtout pendant les mois d'août et de septembre. A partir du mois d'octobre, la maladie diminua d'intensité et à l'entrée de l'hiver elle avait disparu.

---

(1) Séance du Conseil municipal du 25 août 1849.
(2) *Idem*, du 29 novembre 1849.

1850

De jour en jour les fatales conséquences de la nomination à la présidence de Louis-Napoléon Bonaparte devinrent plus sensibles. La majorité réactionnaire de l'Assemblée s'était donnée pour tâche de défaire tout ce que sa devancière, la majorité républicaine de 1848, avait décidé. Dans cette manie elle alla jusqu'à changer la taxe des lettres.

L'Assemblée de 1848 l'avait fixée à 20 centimes ; celle élue en 1849 la porta à 25 centimes.

Une loi beaucoup plus importante sur l'instruction publique fut votée, sous l'inspiration de M. de Falloux; loi essentiellement favorable aux congrégations religieuses, et dont la France, même aujourd'hui, subit encore les conséquences funestes. Une autre loi, dirigée contre le suffrage universel,

24

retrancha près de trois millions d'électeurs de la liste générale. Le Président de la République se prêta volontiers à tout ce qui était hostile à l'idée démocratique ; il réservait ses plans pour plus tard. Dans le moment, il avait besoin d'argent, pour se débarrasser de quelques créanciers intraitables. A la majorité de 354 voix contre 308, l'Assemblée lui vota un crédit extraordinaire, sur le budget de 1850, de 2,160,000 francs pour frais de la présidence de la République.

La députation du Bas-Rhin, à l'exception de M. Goldenberg, souvent absent, vota toujours contre ; il n'en fut pas de même de celle du Haut-Rhin. Sur ses dix représentants, MM. E. Dollfus, de Heckeren, Migeon, Prudhomme, votèrent constamment avec la majorité.

Il est vrai que les agissements des ultra-radicaux étaient, à cette époque, encore de nature à ébranler chez maint patriote la foi en une saine république. Le 10 mars 1850, on procéda à l'élection de cinq représentants du Bas-Rhin, en remplacement des cinq déchus de leur mandat, à la suite des affaires de juin 1849.

Dans un but de conciliation patriotique et pour ne pas provoquer une division fatale dans le vote des républicains, l'ancien Comité électoral avait accepté quatre noms sur cinq, portés par le Comité radical. La liste républicaine, ainsi arrêtée, se composait de MM. *Carnot*, ancien ministre de l'instruction publique ; *Gérard*, ancien sous-préfet à Saverne (1) ; *Valentin*, sous-lieutenant de chasseurs (2) ; *Laboulaye*, ancien professeur au lycée de Strasbourg ; *Vidal*, homme de lettres à Paris.

(1) Révoqué quelques mois auparavant comme républicain.

(2) C'était M. Valentin, mort sénateur à Paris, le 31 octobre 1879. Né à Strasbourg, en 1823, Edmond Valentin passa sa première jeunesse à Blodelsheim, grand village près de Neuf-Brisach, où son père, chargé d'une nombreuse famille, avait été nommé percepteur. A

M. Carnot étant porté en même temps par plusieurs autres collèges, le parti radical désigna, à sa place, M. Alph. Hochstuhl, instituteur à Strasbourg. L'ancien Comité accepta ce dernier, en donnant ainsi un nouveau gage de son esprit conciliant. La liste entière passa. M. Hochstuhl vint le dernier avec 54,406 voix. La liste opposée portait MM. Sadoul, Grün, Daru, Coulmann, Menneval; le premier obtint 50,114 et le

quatorze ans, il fut mis au collège de Thann pour y faire ses études. Présenté dans la famille Kestner, on l'engagea à entrer dans les affaires, mais la vie de bureau n'allait pas au bouillant jeune homme. Pendant l'été de 1840, alors que la France était menacée par la quadruple alliance, il s'engagea au 29ᵐᵉ de ligne, en garnison à Metz; de là, il passa dans un bataillon de chasseurs, en garnison à Strasbourg, où il fut nommé sous-lieutenant.

Le jeune député alla siéger à l'extrême gauche et dans la nuit sinistre du 2 Décembre 1851, il fut arrêté un des premiers. Incarcéré à Mazas, puis exilé, il se réfugia en Belgique ; mais l'Empire ne pouvait tolérer le voisinage d'hommes de cette trempe. Il obtint son expulsion. Privé de toutes ressources par la suppression de son traitement, trop fier pour recourir à ses amis ou à sa famille, Valentin dut passer par des souffrances cruelles, jusqu'à ce qu'il fut appelé par la protection d'un Lord, à la chaire d'histoire militaire à l'école d'artillerie de Woolwich.

Après la déclaration de guerre de 1870, il accourt à Paris, et prévoyant les dangers de la patrie, il s'offre au ministre de la guerre, dans une lettre datée du 16 juillet, de rentrer comme simple volontaire au 6ᵐᵉ chasseur où il avait servi comme officier au moment de son élection en 1850. — La lettre resta sans réponse. — Le 6 septembre, le gouvernement de la Défense nationale, le nomma préfet du Bas-Rhin. *Le gouvernement*, disait le décret, *se rapporte à votre énergie et à votre patriotisme pour aller occuper votre poste.* — Edmond Valentin accomplit sa mission en héros. — Strasbourg, assiégé par soixante mille hommes, entouré d'un cercle de feu est inabordable. Après mille prodiges d'audace, Valentin, le 20 septembre 1870, arrive à la nage, sous le feu croisé des Allemands et de la place, dans la ville assiégée. Conduit devant le général Uhrich, il présente sa commission, se fait reconnaître et prend possession de la Préfecture. —

dernier 49,954 voix. La réaction et l'Elysée n'avaient cependant rien négligé pour faire triompher leurs candidats. Sous le prétexte de surveiller les réfugiés allemands, le gouvernement avait envoyé à Strasbourg deux agents: un sieur Romieu qui, d'ancien préfet, avait passé rédacteur du nouveau journal *Le Napoléon*, et un sieur Suau de Varennes, agent spécial de la Présidence. Leurs efforts échouèrent grâce à l'entente des républicains, due à l'abnégation du Comité de 1848. Le parti radical cependant ne lui en tint aucun compte. Le 9 juin, il y

Hélas ! ce ne fut pas pour longtemps. — Le matin même de son arrivée, la Préfecture, bombardée sans relâche depuis plusieurs jours, devint la proie des flammes, et le nouveau préfet n'avait échappé aux balles que pour être témoin de la chute de sa ville natale.

Au mépris de la capitulation, Valentin est fait prisonnier de guerre et détenu jusqu'à la fin de la guerre à Ehrenbreitstein. C'était un hommage rendu à sa vaillance. On craignit de voir porter ailleurs son sang-froid et son courage indomptable au service de la patrie en danger. En 1871, Valentin est nommé préfet du Rhône, avec la mission périlleuse de combattre l'émeute qui gronde à Lyon. — Il y réussit sans effusion de sang; mais sous la pression de la majorité réactionnaire de l'Assemblée de Versailles, il résigna ses fonctions en 1872. Le 10 février, M. Thiers, le nomme au grade de commandeur de la Légion d'honneur et lui offre le poste de trésorier général à Orléans. — Avec un rare désintéressement Valentin refuse et rentre dans la vie privée. Il est élu député de Seine-et-Oise en 1875. — et sénateur du Rhône en 1876. Il siégea dans les rangs de l'Union républicaine. — Valentin ne fut pas seulement un des plus purs caractères de la démocratie française de cette époque. Bon et généreux il rendit d'innombrables services. Jamais un compatriote ne frappa vainement à sa porte. Sa mort laissa un vide immense parmi ses amis et parmi sa famille.

Le Conseil municipal de Paris, pour honorer la mémoire de Valentin, vota la concession à perpétuité du terrain au cimetière de Montparnasse. Les cendres du préfet de Strasbourg reposent non loin de celles d'Edgard Quinet, collègue de Valentin à l'Assemblée de 1850, son ami et son compagnon d'exil.

eut une élection pour remplacer M. Goldenberg, démission-
naire. Le Comité de 1848, dans un appel pressant à tous
les électeurs du Bas-Rhin, recommanda comme candidat
M. *Lichtenberger*, avocat, notre ancien député à la Constituante, le vieux lutteur qui, pendant vingt ans, avait combattu
pour la liberté. Tout cela n'était rien pour le parti radical;
son organe, *Le Démocrate du Rhin,* lui fit une opposition
acharnée, parce que, disait-il, le pays n'avait pas eu la
république démocratique promise par M. Lichtenberger. On
lui préféra M. *Emile de Girardin !* cette girouette politique
qui, pendant quinze années, avait prêté l'appui de sa plume
acérée à Louis-Philippe et à ses ministres; qui, en 1848, avait
fait une opposition haineuse au général Cavaignac, et qui, en
1849, lors des élections générales, avait patronné la candidature du prince de Joinville.

Il fut néanmoins élu par 37,566 voix, contre 13,057 données à M. Lichtenberger. Ce dernier était catholique, mais
d'une nuance beaucoup trop libérale pour convenir à nos
cléricaux; ils avaient réuni 29,539 voix sur un sieur *Müller*,
rédacteur d'un journal légitimiste. La feuille de la préfecture,
L'Alsacien, dirigé par M. Huder, ancien notaire, avait soutenu
cette candidature en combattant avec la dernière violence et
la plus insigne mauvaise foi celle de M. Lichtenberger.

Je dois ajouter ici, qu'ainsi que M. Thiers, qui alors était
l'instigateur de toutes les lois liberticides, votées de 1849 à
1851, et qui, dans ses vieux jours, s'est réhabilité en contri-
buant pour une large part, en 1871, à la fondation de la République, M. Emile de Girardin, lui aussi, s'est réhabilité en
1877 où, vieux d'années, mais toujours jeune de tête, il
entreprit cette campagne magnifique, contre le 16 Mai, qui
aboutit à la chute du ministère Broglie, Buffet et consorts, et
un peu plus tard à la démission du maréchal de Mac-Mahon.
Mais en 1850, rien ne justifiait la préférence accordée à

M. de Girardin sur M. Lichtenberger par le parti radical. Ce dernier, avec ses thèses absolues, sa devise : « *Tout ou rien* », ne fit que le jeu des monarchistes. Les résultats de ses théories abstraites, parfois séduisantes, mais fausses quand on se trouve en face d'une écrasante majorité hostile à tout progrès, furent vingt années de servitude et.... l'annexion de l'Alsace-Lorraine à l'Allemagne !

———

Vers la fin du mois de juin, on parla d'un voyage du Président dans les départements de l'Est. La nouvelle fut précédée d'un changement de préfets. Celui du Bas-Rhin, M. Chanal, fut révoqué, peut-être parce qu'il n'arriva pas à faire nommer députés les candidats du gouvernement ; M. West, jusqu'alors préfet du Haut-Rhin, fut mis à sa place. M. de Dürckeim-Montmartin (1), sous-préfet à Sélestat, succéda à M. West dans le Haut-Rhin.

Le Président de la République se mit en route le 12 août 1850, en se rendant d'abord à Lyon après s'être arrêté à Dijon, à Chalon et à Mâcon. De Lyon, il alla à Besançon. *La Société du Dix Décembre*, qui avait été fondée à Paris et dans plusieurs grandes villes, pour pousser à l'Empire, accueillit le Président par des cris de : « *Vive Napoléon ! Vive l'Empire !* » qui partout furent largement couverts par ceux de : « *Vive la République !* » A Besançon, on avait préparé un grand bal populaire où l'arrivée du Président fut saluée par des huées ! (2)

---

(1) Il ne resta pas longtemps préfet et il échangea bientôt son poste contre celui, beaucoup moins fatigant, d'inspecteur des télégraphes. Il habite le château de Frœschwiller et, dès 1871, passa aux Allemands.

(2) Ernest Hamel, *Histoire du second Empire*, tome II.

L'itinéraire portait que le Président serait rendu à Mulhouse le 28 août, à trois heures, et qu'il y visiterait une exposition de la Société industrielle, ainsi que les deux établissements Nægely et Dollfus-Mieg. Mais il arriva déjà vers deux heures au champ de manœuvres de la Doller, où il devait être reçu par le Conseil municipal qui, à ce moment, venait seulement de quitter la mairie, escorté par une nombreuse députation d'ouvriers.

Le corps municipal arriva au son de la *Marseillaise*, jouée par la musique de la garde nationale. Le Président descendit alors de voiture, avec les ministres et une suite nombreuse à laquelle s'étaient joints, à Belfort, le général Magnan, commandant la division militaire, le général commandant le Haut-Rhin, les préfets et sous-préfets, et MM. de Heckeren, Migeon et Prudhomme, députés, membres de la majorité. A ce moment, un cri unanime et significatif de : « *Vive la République* ! » sortit de toutes les poitrines. Le Président, après les compliments d'usage échangés entre lui et le maire de la ville, M. Emile Kœchlin, passa rapidement dans les rangs de la garde nationale et de la troupe de ligne, puis il se fit présenter les délégués, — au nombre de cent cinquante, — des ouvriers des manufactures et usines. Ceux de l'établissement Hofer, ex-représentant, l'un des condamnés, par contumace, de la Haute-Cour de Versailles, portaient le crêpe au bras et avaient attaché ce signe de deuil à leur bannière. Un des délégués remit au Président une demande en grâce pour M. Hofer, signée par plus de trois mille citoyens de Mulhouse.

Le cortège se mit alors en route pour le nouveau quartier. Dans l'une des salles de la Société industrielle, une collation avait été préparée. Après le déjeuner et une nouvelle présentation des autorités, etc., le Président parcourut les salles de l'exposition, puis, après avoir remis au maire la croix de la Légion d'honneur, il annonça que, sans visiter les deux établissements qu'on voulait lui faire voir, il se rendrait de suite à la gare où l'attendait un wagon d'honneur pour le conduire à Colmar.

Dans les diverses présentations il n'y eut point de discours prononcé ; cependant M. Isaac Kœchlin, de Willer, membre de la Chambre de commerce, s'avança vers le Président pour lui adresser, au nom de l'industrie du pays, quelques paroles de félicitation sur la politique adoptée par l'élu du 10 décembre :

« Nous vous en remercions du fond du cœur, dit M. Kœchlin, et, après une pause, — comme pour chercher le mot de la circonstance, — il ajouta : « *Donnez-nous un lendemain, Monsieur le Président, et vous comblerez notre bonheur !* » Le Président s'inclina et ne répondit pas ; mais un des généraux de la suite dit à M. Kœchlin, de manière à être entendu distinctement : « *Vous l'aurez ce lendemain !...* » (1)

Hélas, oui ! *nous l'avons eu ce lendemain et nous l'avons encore.* M. Isaac Kœchlin, heureusement pour lui, n'est plus de ce monde ; il regretterait certainement d'avoir, par un sentiment compréhensible, mais profondément égoïste, poussé à cet Empire qui devait amener la perte de l'Alsace-Lorraine.

Le Président arriva à Colmar à cinq heures du soir déjà, lorsqu'à peine la garde nationale et la troupe de ligne venaient de se ranger aux alentours de la gare. Le cortège fut reçu par les cris de : « *Vive la République ! Respect à la Constitution !* »

Cet accueil républicain contraria visiblement les personnes de la suite et le mécontentement s'accrut lorsque l'artillerie de la garde civique, après avoir tiré la salve portée au programme, défila devant la préfecture où était descendu

(1) *Courrier du Bas-Rhin* du 22 août 1850.

le Président, en chantant la *Marseillaise* et le *Chant du Départ*.

Le Président n'assista pas au bal, offert par la Ville; le lendemain matin, il passa en revue la garde nationale de Colmar et celle des villes voisines, et quitta Colmar à une heure; il s'arrêta un instant à Sélestat et arriva vers trois heures à Strasbourg.

Le Conseil municipal n'ayant pas voulu voter des fonds, la réception du Président se borna aux salves d'artillerie et au son des cloches. Les édifices publics furent pavoisés et, le soir, illuminés; enfin, un feu d'artifice, préparé par l'artillerie, fut tiré près de la porte des Juifs, en face de la préfecture, où le Président était descendu.

Le lendemain, 22 août, fut consacré aux réceptions, aux visites ordinaires, cathédrale, arsenal, citadelle, hôpitaux, etc., et le soir, à six heures, le Président assista à un banquet qui lui fut offert à l'hôtel de Paris, et par souscription, par le commerce (1), sur l'initiative de M. J. Sengenwald, président de la Chambre de commerce. Du banquet on se rendit à un bal, organisé par le maire, également par souscription, à la salle de spectacle.

Vendredi, le 23 août, le Président quitta Strasbourg, à midi, après avoir assisté, à onze heures, avec sa parente, la princesse Stéphanie de Bade, et une suite nombreuse, à une messe à la cathédrale.

La sortie eut lieu par le faubourg National où une dernière et formidable salve de : « *Vive la République!* » résonna aux oreilles du Président.

La réception faite à Louis-Napoléon Bonaparte ne fut nulle part cordiale, et cela pour de bonnes raisons. Son

(1) L'auteur de ce livre, bien que membre de la Chambre de commerce, refusa d'y souscrire.

entourage le poussait à l'Empire ; des pétitions à l'Assemblée nationale demandaient que les Tuileries fussent affectées au logement du Président de la République et son traitement porté à 6 millions (1). On passa à l'ordre du jour ; mais les républicains sentirent parfaitement que la majorité de l'Assemblée retournerait volontiers à la monarchie si alors, comme plus tard, il n'y avait eu la rivalité entre les trois partis : légitimistes, orléanistes et bonapartistes. Le nombre des derniers, d'abord insignifiant, s'accrut de jour en jour : cousins, neveux, familiers, gens besogneux de toute espèce, arrivèrent comme à la curée et intriguèrent pour que le prince-Président — on ne l'appelait plus le citoyen Bonaparte — s'emparât résolùment d'un pouvoir que la Constitution ne lui donnait pas. Aussi, partout où le Président passait, on en profitait pour associer au cri de « *Vive la République !* » celui de : « *Respect à la Constitution !* »

À Strasbourg, comme on l'a vu, le maire et le président de la Chambre de commerce durent avoir recours à des souscriptions particulières, pour offrir au Président, l'un un bal, l'autre un banquet.

L'accueil fut encore moins empressé à Nancy et à Metz (2) et le Président rentra à Paris assez désappointé de son excursion.

Le 26 août 1850 mourut à Claremont, à l'âge de soixante-dix-sept ans, l'ex-roi Louis-Philippe (3) ; au même moment Louis-Napoléon Bonaparte parcourait la France avec sa nombreuse suite et une pompe presque royale, lui que, en 1836, le roi avait si généreusement fait exporter à New-York, au lieu

(1) Assemblée législative, séance du 9 août 1850.
(2) *Courrier du Bas-Rhin* du 28 août 1850.
(3) *Standard* du 26 août 1850.

de le faire fusiller pour sa criminelle tentative à Strasbourg ; lui qui renouvela cette tentative en 1840, à Boulogne et avec les circonstances aggravantes de traître à la parole jurée et envers son royal bienfaiteur que, en récompense de sa clémence, il entendait chasser du trône pour se mettre à sa place. Une pareille conduite eût dû remplir toute âme honnête de dégoût pour cet aventurier. Néanmoins il fut placé à la tête de la France et flagorné par cette masse de gens qui s'empressent toujours de se prosterner au pied de qui détient le pouvoir. Encore n'était-ce que le début d'une carrière, commencée et continuée par le parjure et le crime et qui devait se terminer par la lâcheté et le mensonge dans la honte de Sedan !

Les anciens croyaient à la Némésis ; sans doute parce qu'à toute époque la destinée s'est vengée sur certaines individualités. Mais si Napoléon Iᵉʳ a expié ses méfaits à Sainte-Hélène, et son neveu, Napoléon III, les siens, à Chislehurst, cela n'a pas rendu le bonheur aux milliers de familles, plongées dans le malheur, par les guerres incessantes, ni sauvé les quinze cent mille Alsaciens-Lorrains du sort cruel d'être séparés de leur mère-patrie.

Parfois le peuple remplit les fonctions de la déesse vengeresse. Les mêmes journaux anglais qui nous annonçaient la mort de Louis-Philippe racontèrent que, le 4 septembre 1850, le maréchal Haynau, le bourreau des patriotes italiens et hongrois, était allé, en touriste, visiter la fameuse brasserie de Barclay et Perkins à Londres. Suivant l'usage, il inscrivit son nom sur le livre des visiteurs. Les employés et ouvriers de l'établissement surent ainsi quel hôte leur était arrivé. Il y eut d'abord une sourde rumeur qui bientôt se traduisit en une véritable attaque contre le maréchal et sa suite. Tous les projectiles qu'on pouvait se procurer furent lancés contre lui. Couvert de boue, il parvint à grand'peine à se sauver. Après une course effrénée, ayant rencontré un hôtel, il se réfugia dans une chambre dont il trouva par hasard la porte ouverte. Ce ne fut qu'avec beaucoup de peine qu'il put échapper à la justice populaire (1).

Pareille mésaventure lui arriva à Bruxelles, en 1852. De là, il se rendit à Paris, où, grâce à la tendre sollicitude de la police bonapartiste, à laquelle un pareil homme ne pouvait déplaire, il respira plus tranquillement.

Le quinze août nous fûmes douloureusement affectés par la nouvelle de la mort tragique de Jean Kuntz. Ce brave garde forestier de la ville de Strasbourg, au Hautwald, avait été assassiné par un braconnier (2).

A cette époque, il n'y avait au Hautwald ni hôtel, ni même une auberge. La commune se composait de fermes isolées, de quelques scieries, et des trois maisons forestières de Strasbourg : celle de la vallée, habitée par M. Marchal, le brigadier ; la *Melkerei*, à mi-hauteur du Champ-du-Feu, occupée par Kuntz, et la maison de la Rothlach sur le plateau du Champ-du-Feu, habitée alors par le garde forestier Herzog.

Tous les excursionnistes, dans la jolie vallée de Barr et les belles montagnes qui l'avoisinent, connaissaient Kuntz et sa vaillante femme, qui avait meublé quelques chambres de leur maison forestière pour loger des touristes. Le Conseil municipal vota à la veuve un secours, et le maire, M. Kratz, dans une bonne intention, nomma garde forestier, à la place du défunt, son frère, Charles Kuntz, ancien militaire. Cependant la mésintelligence ne tarda pas à éclater entre eux, et la

---

(1) *Morning Post* et *Morning Chronicle* du 5 septembre 1850.

(2) Il s'appelait Georges Müller, du hameau de Lahutte, près Belmont, et fut condamné à vingt ans de travaux forcés.

veuve Kuntz, aidée de son beau-frère, M. Marchal, le brigadier, se décida, en 1855, à fonder dans la vallée, l'auberge du Haut-wald, avec une douzaine de chambres, modestement meublées, mais si bien tenues, qu'on se passa volontiers de l'élégance. Grâce aux soins de Mme Kuntz, l'essai réussit ; quelques années plus tard, elle fit construire l'hôtel-chalet, à gauche de la route en venant d'Andlau. Enfin, en 1872, elle fonda, avec le concours de son fils, M. Hippolyte Kuntz, le grand hôtel qui actuellement est un séjour recherché non-seulement par les Alsaciens et les Français, mais encore par des Anglais, des Américains, des Russes, etc.

L'exemple donné par Mme Kuntz trouva des imitateurs. Aux Trois-Epis près Colmar, au Lac Blanc, au Haut Kœnigsbourg, à Grendelbruch, à Wangenbourg, à Rothau, etc.; les hôtels existants furent agrandis, d'autres créés et, d'année en année, nos belles Vosges, si longtemps délaissées, faute de bons gîtes, reçoivent un nombre plus considérable de touristes.

Enfin nous devons une mention spéciale à la Sainte-Odile, cet antique monastère perché sur une des plus hautes crêtes des Vosges avec ses gigantesques rochers pour base.

Lieu de pèlerinage pour les uns, séjour de campagne pour les autres, tous y admirent la vue étendue dont on y jouit sur notre belle, riche — et pauvre — Alsace.

Avec le vénérable supérieur, le jeune et bienveillant abbé qui lui est adjoint, avec les frères et les sœurs qui soignent ce vaste couvent-hôtel, la Sainte-Odile, telle qu'elle est gérée aujourd'hui, réalise le type le plus parfait de la fraternité en matière religieuse. Les uns vont à l'église, les autres choisissent pour temple la nature. Tous, aux heures des repas, se réunissent à la même table, — catholiques et protestants — curés et pasteurs — s'y coudoient et consomment ensemble, en toute cordialité, les mets préparés et servis par les bonnes sœurs.

Pourquoi, ailleurs, pousse-t-on à la séparation des cultes?

L'enfant catholique, dès sa tendre jeunesse, doit être préservé du contact de ses camarades d'une autre religion — cette éducation, espère-t-on, le suivra toute sa vie, et afin qu'à sa mort il ne puisse être souillé par le voisinage du cadavre d'un hérétique, on relègue celui-ci dans quelque coin obscur du cimetière. Que le clergé y pousse, cela se comprend, il a son but : la domination. Mais qu'il y ait des laïques à l'esprit assez étroit pour approuver, pour encourager même cette intolé-lérance !... Hommes à courte vue, c'est en vain que vous luttez contre les flots de lumière qui peu à peu dissiperont vos ténèbres !

Les manifestations républicaines, faites par la garde nationale lors du récent voyage du Président, avaient natu-rellement déplu en haut lieu. Déplaire alors c'était être condamné à disparaître. On commença par supprimer la garde nationale de Mulhouse. Le préfet, M. de Durckheim-Montmartin, avait annoncé dans cette ville une visite officielle. Pour le recevoir le maire convoqua les diverses autorités et les officiers de la garde nationale. Ces derniers avaient à leur tête M. Emile Dollfus, leur colonel. Lorsqu'ils furent présentés au préfet, celui-ci leur déclara que la garde nationale avait agi avec inconvenance à l'égard du Président lors de sa récente visite, ne cessant de crier : *Vive la République !* — Le colonel et surtout le commandant Mansbændel récla-mèrent, comme de raison, contre les paroles du jeune préfet (1). Sans nul doute celui-ci se savait appuyé car, par décret présidentiel du 25 novembre 1850, non seulement la garde nationale, mais encore le corps des sapeurs-pompiers de Mulhouse, furent dissous.

(1) *Industriel alsacien* du 4 novembre 1850.

Le Courrier du Bas-Rhin du 3 et du 7 décembre 1850 publia deux protestations énergiques, signées Zickel-Kœchlin et Jean-Frédéric Schœn, contre ce procédé, blâmable surtout à l'égard des pompiers qui avaient toujours rendu de grands services, non seulement dans Mulhouse, mais encore dans les communes environnantes. On n'en tint aucun compte; la garde nationale resta dissoute. Bientôt devait venir le tour de celle de Strasbourg.

1851

Par décret présidentiel du 8 mars 1851, la garde nationale de Strasbourg fut dissoute. M. Kratz, maire de Strasbourg, ne voulant pas concourir à cette mesure arbitraire, que rien ne justifiait, donna aussitôt sa démission. Les adjoints, MM. Bœrsch et Lichtenberger fils, l'imitèrent. Le troisième adjoint, M. Chastelain, fut nommé maire, avec MM. Jules Sengenwald, Preiss et Picquart pour adjoints.

La dissolution ne s'accomplit pas sans quelques protestations. Le colonel de la légion, M. Louis Steiner, en fit une sous forme d'ordre du jour. En voici les principaux passages (1) :

« *Ordre du jour du 12 mars 1851*

« Mes chers camarades,

« La garde nationale de Strasbourg vient d'être frappée au cœur. Cette patriotique légion, garde vigilante de nos

(1) *Courrier du Bas-Rhin* du 13 mars 1851.

25

frontières, qui a fait ses preuves à toutes les époques de notre histoire, n'existe plus.....

« Vous aurez à restituer les armes..... et, quelque pénible que puisse vous paraître la mesure, vous devez, en bons républicains, respect à la loi.....

« Avec un certain orgueil je marchais en tête de cette légion, *sentinelle avancée de notre belle France.*

« .....Il appartenait à des hommes qui, sans les journées de Février et la générosité de la République, vivraient dans l'exil, de vous appliquer cette mesure.....

« Soit ; recevez ce coup, quelque irritant qu'il puisse vous paraître, avec le calme et la dignité de vrais républicains..... »

« Salut et fraternité.

« L. Steiner,

« ex-colonel, chef de légion. »

Les armes furent restituées très exactement ; mais, quatre mois plus tard, le ministère de la guerre réclama les frais de réparation et, d'après les motifs invoqués par le maire, M. Chastelain, le Conseil municipal, bien qu'avec beaucoup de répugnance, dut voter la somme demandée de 6,219 francs (1).

En 1851, eut lieu à Londres la première grande Exposition universelle. L'Alsace, le Haut-Rhin surtout, y occupa une place très honorable. Parmi les exposants de Mulhouse figuraient notamment MM. Dollfus-Mieg et Cie, Kœchlin frères, Schlumberger, Schwartz-Huguenin, etc., puis MM. Gros Odier Roman et Cie, de Wesserling ; Hartmann, de Münster ; Ch. Steiner, de Ribeauvillé ; Zuber et Cie, de Rixheim, etc.

(1) Séance du Conseil municipal du 7 août 1851.

Le Bas-Rhin était représenté par MM. Coulaux, de Mols-heim ; de Dietrich, de Niederbronn ; Goldenberg, de Zornhof ; Lang, de Sélestat ; Schattenmann, directeur des mines de Bouxviller ; Herrenschmidt, du Wacken ; Simon, lithographe ; Silbermann, imprimeur, à Strasbourg, etc., etc.

La Prusse brilla surtout par l'exhibition d'armes de guerre. A l'entrée du premier salon du *Zollverein*, un formi-dable engin frappa les regards. C'était un canon prussien, de beau fer poli, monté sur un affût de bois verni (1).....

Le gouvernement, rétrograde en toute chose, ne l'était pas en matière de douane. M. de Sainte-Beuve avait présenté à l'Assemblée un projet de réforme douanière. Ce fut encore M. Thiers qui le combattit. Robert Peel avait rompu avec le vieux système protecteur ; M. Thiers prédit que l'expérience serait ruineuse pour l'Angleterre et, défenseur à outrance de la prohibition, il osa même soutenir que là Suisse se ruine-rait pour avoir aboli les droits élevés : « La filature y est morte, le tissage languit, » disait M. Thiers (2). Il emporta ainsi le vote, et le système prohibitif fut maintenu.

M. Jean Dollfus (3) n'avait pas été plus heureux à Mulhouse.

(1) Extrait du *Moniteur universel* de mai 1851.

(2) *Revue de Genève*, juillet 1851.

(3) L'Alsace a le bonheur de compter en ce moment encore parmi ses meilleurs patriotes, M. Jean Dollfus. Né à Mulhouse le 20 sep-tembre 1800 et bien qu'âgé de près de quatre-vingt-quatre ans, le vénérable vieillard a conservé sa grande activité et sa lucidité d'esprit. Elu par sa ville natale, quand, en 1874, l'Alsace-Lorraine envoya la première fois des députés au Parlement allemand, M. Dollfus fit partie de la députation qui, par l'organe de M. Teutsch, député de Saverne, protesta, dans la séance du 18 février 1874, contre l'annexion. A toutes les élections suivantes M. Dollfus fut réélu. En

Dans la séance de la Société industrielle du 19 mars 1851, sa proposition de réforme douanière, après une très vive discussion, avait bien été prise en considération et renvoyée à une Commission d'examen, mais, dans une séance ultérieure, elle fut rejetée.

A la même époque on discutait beaucoup la question des associations ouvrières. Strasbourg en vit éclore quatre dans le cours de cette année. Ce fut d'abord l'association des ouvriers ébénistes de Strasbourg, sous la raison sociale « Lauf et Cⁱᵉ », constituée par acte devant Mᵉ Zimmer, notaire, le 3 mai 1851 ; puis, l'association des ouvriers bottiers et cordonniers, sous la raison « Henri Bruder et Cⁱᵉ » par acte devant Mᵉ Flach, du 3 juillet ; puis, les ouvriers tailleurs, également par acte devant Mᵉ Flach, du 16 juillet, sous la raison « Eugène Heim et Cⁱᵉ » ; enfin, les ouvriers tourneurs en chaises s'associèrent sous la raison « Georges Gleitz et Cⁱᵉ », par acte reçu par Mᵉ Zeyssolf, le 17 août 1851 (1).

1878, il publia, sous forme de manifeste, un discours qu'il n'a pas pu tenir au Reichstag et qu'il adressa à tous les membres du Parlement; il y prêcha les principes de la fraternité des peuples civilisés, et invita l'Allemagne à faire une *vraie* paix avec la France. Malheureusement sa voix ne fut pas plus écoutée que celles de quelques autres apôtres du même principe, qui, se plaçant au point de vue purement allemand, prêchaient l'entente avec la France pour permettre à l'Allemagne une réduction considérable de son immense appareil militaire et l'application des fonds, devenant alors disponibles, à des travaux et entreprises qui augmenteraient la prospérité nationale.

M. Dollfus, un des fondateurs de l'important établissement Dollfus-Mieg et Cⁱᵉ, a puissamment contribué à la création des cités ouvrières et à celles de diverses institutions de bienfaisance à Mulhouse; dans ses œuvres philanthropiques, il trouva un digne collaborateur en la personne de son gendre M. Engel Dollfus, un homme de bien dans toute l'acception du mot, mais que la mort impitoyable enleva, avant l'âge, dans le courant de l'année 1883.

(1) *Courrier du Bas-Rhin* des 6 mai, 5, 18 juillet et 31 août.

C'était une bonne pensée qui poussait les ouvriers à ces associations et il est assez naturel qu'ils aient essayé de la mettre à exécution ; mais excellente en théorie, elle devait, dans la pratique, conduire à des déceptions.

Aucune de ces associations n'a vécu longtemps ; cependant, on a tort de croire que la réaction, après le Coup d'Etat, en était la cause. Elles portaient en elles le germe de la mort.

A chaque entreprise de ce genre, il faut un ou plusieurs gérants ; les ouvriers, bien inspirés, choisissent les plus intelligents d'entre eux ; tout d'abord ceux-ci auront le pas sur les autres. En admettant que les bénéfices soient répartis par parts égales entre tous, il est certain que pendant que les uns rabotent ou cousent, les gérants, qui ont à veiller aux achats, à la vente, aux paiements, etc., loin de travailler manuellement ont, au contraire, souvent des ordres à donner à leurs coassociés.

Bientôt les mauvaises passions, dont la nature humaine est si amplement dotée, s'éveillent ; de la jalousie il n'y a qu'un pas à la haine. Une scission est inévitable. Et, je le répète, il en sera presque toujours ainsi tant que les hommes ne seront pas coulés dans le même moule, ni absolument égaux dès leur naissance : tant qu'il y aura des forts et des faibles, des intelligents et des gens bornés, des hommes actifs et des natures paresseuses, etc. C'est contre cet écueil de l'inégalité native que viendront presque toujours se briser les rêves des réformateurs socialistes. Nous ne voulons pas dire par là qu'il n'y ait pas de réformes sociales à réaliser ; bien au contraire, et une des premières serait de décharger les pauvres de certains impôts, tels que ceux sur le sel, sur les boissons, etc., qui pèsent d'autant plus lourdement sur eux que généralement leurs familles sont nombreuses ; — de donner l'instruction largement ; — de construire des cités ouvrières offrant des logements salubres et peu coûteux aux ouvriers honnêtes et laborieux, pour qu'ils y trouvent ce bien-être relatif que les taudis occupés par la plupart d'entre eux ne peuvent jamais leur offrir.

Un beau rêve que réaliseront peut-être les générations futures, ce serait de faire une pension aux *invalides du travail*. On en donne aux militaires ; — fort bien. — Mais le mineur qui passe sa vie dans les profondeurs de la terre pour nous fournir la houille — le maçon qui grimpe sur les toits de nos maisons pour nous garantir de l'intempérie du climat — et tant d'autres — n'exposent-ils pas, eux aussi, leur vie dans notre intérêt, et cela journellement ! ?

Je n'aime pas qu'on invoque à tout propos l'intervention de l'*Etat*. Je désirerais, au contraire, que l'initiative privée se manifestât plus souvent ; mais pour une pension aux invalides du travail, la générosité individuelle ne suffirait pas. L'égoïste qui refuse de donner, ne peut être atteint que par l'impôt perçu par l'Etat. Pourquoi celui-ci ne créerait-il pas un impôt sur le revenu dont le produit serait spécialement affecté à des pensions aux invalides du travail ? D'ailleurs il se pourrait que ces pensions n'exigeassent pas une somme exorbitante ; il ne s'agirait que d'ouvriers pouvant prouver par des pièces en règle, qu'ils sont nés français, qu'ils ont été bons et loyaux serviteurs, restés, par exemple, quarante années dans le même emploi, etc. Enfin l'Etat ne fournirait qu'une sorte de supplément aux économies que l'ouvrier aurait pu réaliser, ou à la pension que le patron accorderait à un vieux serviteur.

Trop souvent le salaire de l'ouvrier est si limité que celui qui est chargé d'une nombreuse famille, tant que les enfants ne gagnent rien, n'arrive pas à faire des économies, et quand on lui parle d'épargne, il répond presque invariablement : « A « quoi bon, je ne pourrai jamais amasser de quoi avoir une « rente qui me fasse vivre dans mes vieux jours ; l'hôpital « m'attend, donc, profitons du présent, etc. »

Mais s'il avait la perspective d'une pension de quelques
cents francs que lui fournirait l'*Etat* après de bons et loyaux
services, un puissant stimulant à l'*épargne* naîtrait en lui.
L'ouvrier, de dissolu, deviendrait rangé; le cabaret y perdrait,
mais le ménage, l'intérieur de famille, y gagnerait, et *d'indifférent à la stabilité de l'Etat, sinon son ennemi, l'ouvrier
deviendrait, au contraire, son défenseur.*

Ah ! si nos voisins d'outre-Rhin arrivaient un jour à
comprendre quels avantages immenses résulteraient pour eux
d'une *vraie* paix avec la France ! En première ligne elle permettrait la réduction de moitié au moins du budget de la
guerre ; ce serait pour chaque Etat une économie annuelle
de deux cent cinquante millions au minimum, somme plus
que suffisante pour doter largement une caisse de retraite en
faveur des invalides du travail. En même temps on enlèverait
aux prédicateurs socialistes ou aux fauteurs de désordre, toute
prise sur les masses, et le fantôme du socialisme, qui parfois
hante les meilleurs esprits, s'évanouirait certainement. Mais il
est à craindre, hélas ! qu'il faille attendre longtemps encore
cette heure fortunée, de l'entente des nations !

———

Pendant qu'en province la démocratie socialiste essayait
de mettre ses théories en pratique, la haute politique ne chô-
mait pas. Louis-Napoléon Bonaparte avait demandé une dotation de 1,800,000 francs. Une majorité (1), composée de monarchistes et de républicains, la rejeta. Tous les représentants de
l'Alsace votèrent contre, à l'exception de MM. Dollfus, Heckeren
et Migeon.

Ce rejet irrita vivement les bonapartistes; l'orage s'an-
nonçait. Le 17 juillet 1851, le général Magnan quitta Stras-

(1) Séance de l'Assemblée législative du 11 février 1851.

bourg pour prendre, à Paris, le commandement en chef de la capitale. Il fut remplacé, dans notre ville, par le **général Waldner de Freundstein** (1).

Le 28 octobre, dans un remaniement ministériel, le général de Saint-Arnaud fut créé ministre de la guerre. Ces nominations, et d'autres encore, inquiétèrent l'Assemblée et l'opinion publique. On sentait que le danger devenait menaçant. Il éclata le 2 décembre.

Le 4 décembre, nos journaux locaux publièrent le décret de dissolution de l'Assemblée législative et du Conseil d'Etat, et convoquait le peuple pour voter les bases d'une Constitution. Ces bases étaient : un chef de gouvernement pour dix ans, des ministres dépendant du pouvoir exécutif seul, un Sénat, etc.

Dans la nuit du 1er au 2 décembre, on avait arrêté les principaux membres de l'Assemblée législative, parmi eux deux représentants de l'Alsace, MM. Edmond Valentin et Kestner. Le préfet du Bas-Rhin, M. West, fit afficher une proclamation où il disait entre autres : « La loi doit être religieusement observée ; la mission des magistrats est de veiller à l'ordre public....; ils la rempliront avec le sentiment du devoir...... »

Parler de l'observation religieuse des lois à un moment où elles étaient outrageusement foulées aux pieds et où le régime du sabre était ouvertement proclamé (2), c'était mettre à bout la patience des républicains avancés. Ils crurent devoir tenter un soulèvement ; il échoua devant les baïonnettes d'une part, et l'immobilité des masses de l'autre.

(1) *Moniteur* du 20 juillet 1851.

(2) Dans le seul cimetière de Montmartre, trois cent soixante cadavres avaient été reçus dans les journées des 4 et 5 décembre. Parmi eux figurait celui du **vaillant** représentant Baudin.

L'Alsace aussi eut ses agitations. A Strasbourg, dans la journée de samedi, 6 décembre, une foule assez considérable, avec un drapeau portant le mot *Constitution*, se dirigea vers la caserne d'Austerlitz ; presque en même temps, le général Waldner et le préfet, M. West, accompagnés d'un nombreux état-major et d'un fort détachement de cuirassiers, arrivaient sur le lieu de rassemblement. Une charge fut commandée, le drapeau disparut et la foule se dispersa. A quatre heures du soir, M. Comte, le commissaire central récemment nommé, escorté d'agents et de gendarmes, parcourait la ville en proclamant l'état de siège.

Le préfet du Haut-Rhin, M. Durckheim, prit à peu près les mêmes mesures (1).

C'en était fait de la liberté. Le Coup d'Etat resta victorieux. A Paris, et dans les départements du centre et du midi, quelques milliers de personnes furent massacrées ; mais le triomphe de M. Bonaparte et de ses prétoriens émergeait de ce sang. Il n'y eut plus d'obstacle. On allait enfin pouvoir se ruer à la curée et se gorger des millions que l'on convoitait depuis deux ans.

Strasbourg, après la petite agitation du 6 décembre, resta calme. Mais il fallut quelques victimes à la réaction. Dans la journée du 7 décembre, on arrêta MM. Piton, gaînier, Keller, épicier, Prudhomme de Rosheim, Beyer, avocat, Louis Gros, Blondin de Saint-Dié, et Chrétien Ott (2). Ce dernier, grâce aux démarches d'un de ses parents, fut relâché ; les autres

(1) *Courrier du Bas-Rhin* du 7 décembre 1851.

(2) M. Chrétien Ott fut un des meilleurs patriotes de Strasbourg ; mais, républicain d'ancienne date, il avait à supporter des tracasseries de la police déjà pendant la monarchie de Juillet, et lorsque, après le guet-apens du 2 Décembre, la réaction était maîtresse absolue et qu'elle brûlait du désir de sacrifier quelques républicains en évidence, Ott fut arrêté parmi les premiers. Il aurait subi le sort de la trans-

furent déportés en Algérie, en vertu d'un décret autorisant
l'administration à déporter, sans jugement, tout individu coupable d'avoir fait partie d'une Société secrète. On sait combien
le terme est élastique. Ce décret menaçait à tout moment des
milliers de citoyens ; mais on voulait effrayer les esprits pour
préparer le plébiscite ou *le vote libre*, destiné à faire approuver
par le peuple le crime du 2 Décembre. Les arrestations continuèrent pendant quelques jours encore ; parmi les personnes
arrêtées figurèrent : MM. Zabern, fabricant de cire, Muths,
architecte, et North de Hürtigheim. Ce dernier échappa à la
déportation, grâce à l'intervention d'un ami du préfet,
M. North, maire à Wasselonne.

Le Haut-Rhin ne devait pas rester en arrière sur le Bas-
Rhin. A la suite de quelques manifestations politiques dans
la journée du 7 décembre, on arrêta beaucoup de républicains, entre autres MM. Xavier Chauffour, Pellerin et Zickel-
Kœchlin de Mulhouse qui, après une détention de trois
semaines à la prison d'Ensisheim furent relâchés (1). D'autres
furent expulsés. Parmi eux, M. Schmitt (2), le rédacteur de la
Volksrepublick (République du Peuple), feuille supprimée le
lendemain du 2 Décembre.

portation (par voiture cellulaire jusqu'au port d'embarquement, tout
comme les pires assassins) si, au dernier moment, son neveu, M. Guillaume Hatt, ex-commandant de la garde nationale, n'avait obtenu son
élargissement par le général Waldner de Freundstein, commandant
de la division militaire. M. Hatt était alors brasseur « au Géant, » à
la Krutenau. Cet immeuble fut démoli, en 1854, pour faire place à la
manufacture de tabac.

(1) *Courrier du Bas-Rhin* du 1er janvier 1852.

(2) Georges-Joseph Schmitt, né à Mulhouse, en 1813, était certainement un des plus purs caractères de l'époque ; un homme de bien
dans la belle acception du mot. En 1848, il quitta la carrière de
maître d'école à laquelle il avait été destiné, pour se charger de la
rédaction de la *Volksrepublick*, journal fondé par un groupe de démo-

Le fameux plébiscite, ou vote libre, eut lieu les 20 et
21 décembre. Le résultat fut :

Bas-Rhin : 105,712 — *Oui*

9,529 — *Non*

Haut-Rhin : 99,532 — *Oui*

5,885 — *Non*

Le premier acte de l'infâme comédie était joué.

crates alsaciens et rédigé dans l'idiome du pays. Cette feuille
populaire conquit bientôt une influence prépondérante, mais le Coup
d'Etat vint arrêter brusquement la carrière et les succès de Schmitt.
Expulsé de France, il se réfugia à Fribourg, en Suisse, où, de 1853 à
1869, il rédigea le *Confédéré*, journal anticlérical.

C'est ici que se place un épisode vraiment touchant de la vie
du noble proscrit. Sans fortune, chargé d'une nombreuse famille, il
vécut péniblement de son modique traitement de rédacteur d'une
feuille mal vue dans une petite ville où les jésuites pullulaient. Mais
les traits les plus acérés de la plume de Schmitt étaient dirigés contre
le triste héros du 2 Décembre. L'Empire ne pouvant obtenir de la
Suisse la suppression de la feuille gênante, fit faire des offres magnifiques à Schmitt pour le gagner à sa cause, mais celui-ci refusa
noblement, ne pouvant louer, disait-il, ce qu'il méprisait ; — il resta
pauvre — mais riche de sa bonne conscience. En 1869, M. Alfred
Kœchlin-Steinbach, l'excellent patriote enlevé trop tôt à la cause
alsacienne, ayant fondé, à Mulhouse, l'*Electeur souverain*, appela
Schmitt pour lui en confier la rédaction. Mais, dès 1870, l'invasion
prussienne l'expulsa de nouveau. Il se réfugia à Bâle et devint un
des collaborateurs du *Volksfreund*, journal du parti démocratique.
C'est là que l'auteur de ce livre vit souvent le vaillant patriote dont
une des principales préoccupations était la consolidation de la République en France, alors en butte aux assauts que lui livrait la majorité réactionnaire de l'Assemblée. — Hélas ! la destinée cruelle refusa
à Schmitt la consolation suprême de voir le triomphe des élections
républicaines en 1876. Il mourut à Bâle, le 15 juin 1875, — pauvre,
mais laissant à sa famille un nom respecté de tous ceux dont l'égoïsme
n'a pas desséché le cœur.

1852

————•—•—•————

SOMMAIRE

L'année s'ouvrit par un *Te Deum* chanté dans toutes les églises par ordre du gouvernement; Mgr Ræss ne se le fit pas dire deux fois pour célébrer la fête avec une grande pompe dans notre cathédrale. Le général, le préfet, les fonctionnaires civils et militaires y assistèrent. Des services analogues eurent lieu dans les églises protestantes et dans les synagogues. A Colmar, le *Te Deum* fut célébré en présence de la Cour d'appel et des autorités. A l'issue de la cérémonie, tous se rendirent en cortège au temple protestant et à la synagogue (1).

_____

(1) *Journal du Haut-Rhin*, du 7 janvier 1852.

Le *Moniteur* publia ensuite des dépêches des départements annonçant l'enthousiasme des populations à prendre
part à ces manifestations. Celui du 7 janvier donna la dépêche
suivante de Strasbourg :

« Le *Te Deum* a été chanté à la cathédrale et des services
ont été célébrés dans les temples des autres cultes. La *population entière* rend grâce au Président. »

La vérité est, qu'en dehors des autorités, il n'y eut pas
cinquante personnes ! Le 1ᵉʳ janvier, d'ordinaire si animé, se
passa dans un morne silence.

Du reste, aucune supercherie ne coûta à ce fatal gouvernement. En voici une preuve sur mille : Parmi les représentants expulsés figurait M. Bandsept, député du Bas-Rhin. Le
Moniteur du 14 février 1852 publia une lettre de M. Bandsept,
dans laquelle celui-ci déclarait qu'après le vote unanime de la
France il était décidé à ne plus s'occuper de politique et que
sa demande de rentrer en France, adressée au Président de la
République, avait été accueillie par celui-ci avec une grande
bienveillance, etc.

Le *Courrier du Bas-Rhin*, du 17 février 1852, reproduisit
cette lettre.

Elle était apocryphe. M. Bandsept adressa de Londres au
Moniteur la lettre suivante, reproduite par le *Courrier du
Bas-Rhin* du 24 février :

« Vous publiez dans vos colonnes une lettre par laquelle
je demanderais à M. Louis Bonaparte l'autorisation de rentrer en France. Je n'ai jamais écrit une lettre semblable;
c'est une infâme imposture contre laquelle je proteste de la
façon la plus énergique et avec la plus profonde indignation, » etc...

M. Bandsept n'était qu'un simple ouvrier, mais un homme

intelligent, foncièrement honnête et alliant à beaucoup de bon sens beaucoup d'énergie. Peut-être, dans son intérêt à lui, eût-il mieux fait de ne pas se mêler de politique, mais certes, des caractères comme le sien, fortement trempés, auraient rendu de meilleurs services à la France que les milliers de flagorneurs qui ont fini par la conduire à Sedan et par livrer l'Alsace-Lorraine à l'Allemagne.

Le *Constitutionnel* du 18 mai avait publié un article signé Granier de Cassagnac et ayant pour titre : « M. Changarnier et M. Lamoricière. »

M. Granier raconte qu'en novembre 1850, ces deux généraux et leurs amis avaient médité de faire arrêter le Président Louis Napoléon ; que le comte Molé, présent à ce cénacle, ne voulant pas tremper dans la trahison, avait immédiatement prévenu le chef de l'Etat. M. Molé, dans une lettre publiée par le *Constitutionnel*, affirme avec toute l'indignation d'un homme outragé que tout cela était faux ; qu'il n'avait jamais assisté à une réunion pareille qui, à ce qu'il croyait, n'avait jamais eu lieu, que c'était une infâme calomnie de lui prêter ce *rôle de calomniateur*, etc., etc.

Après les actions de grâces, rendues à la Providence pour avoir laissé réussir le forfait du 2 Décembre, on continua la lugubre besogne qui consista à fortifier le nouveau pouvoir.

Par décret du 9 janvier 1852, furent définitivement expulsés du territoire français, de celui de l'Algérie et de celui des colonies, soixante-six des anciens représentants ; parmi eux MM. Edmond Valentin, Bandsept, Ennery, Hochstuhl,

Laboulaye, Cassal, Savoye, députés de l'Alsace ; MM. Charras, Baune (1), Victor Hugo, etc.

Par un second décret, dix-huit représentants furent momentanément expulsés ; parmi eux MM. Victor Chauffour et E. de Girardin, du Bas-Rhin, les généraux de Lamoricière, Changarnier, Leflô, Bedeau, M. Thiers, etc., etc.

Tous furent extraits des prisons de Paris, de Vincennes, de Ham, etc., où ils se trouvaient depuis le 2 Décembre, et conduits à la frontière sous l'escorte de gendarmes.

---

(1) Ces deux nobles proscrits sont enterrés à Bâle. Charras est né à Clermont en 1810. Comme élève de l'Ecole polytechnique, il combattit pour la liberté pendant les journées de Juillet 1830. Il conquit ses grades en Algérie, et s'y distingua par plusieurs actions d'éclat. En 1848, il fut appelé à Paris, nommé lieutenant-colonel et secrétaire d'Etat au ministère de la guerre. Le département du Puy-de-Dôme l'élut représentant du peuple en 1848 et en 1849. Républicain convaincu, inébranlable dans les principes de droiture et de dévouement à la patrie, Charras figura parmi les premiers qu'on devait arrêter dans la nuit du 1-2 décembre 1851. Exilé à Bruxelles, il prit part à plusieurs publications et fit paraître, en 1857, son *Histoire de la campagne de 1815*. Il passa ensuite en Suisse et se fixa à Bâle, où il se maria, en 1858, avec Mlle Mathilde Kestner, de Thann. — Cette belle existence, qui ne connut pas de transaction avec sa conscience, fut tranchée avant l'heure ; malgré les soins les plus dévoués de sa noble compagne, Charras succomba à une maladie de cœur en janvier 1865. De nombreuses délégations des républicains alsaciens assistèrent à ses obsèques, et d'année en année la colonie alsacienne française à Bâle se réunit, le 23 janvier, sur la tombe de ce martyr de la liberté !

Eugène Baune, né à Montbrison en 1799, se destina d'abord à la profession d'ingénieur civil ; mais, ardent patriote, il se jeta bientôt dans la politique, et, comme journaliste, fit une guerre implacable au régime abhorré des Bourbons. Juillet 1830 le vit au premier rang. Plus tard, il ne cessa de combattre la réaction sous Louis-Philippe ; il fut impliqué dans plusieurs procès politiques et condamné à de

C'étaient les favorisés. Plusieurs députés et des milliers de malheureux furent déportés en Algérie et en Guyane (1).

Un autre décret du 17 janvier 1852, raya MM. Charras, lieutenant-colonel d'infanterie, Valentin, sous-lieutenant, et quelques capitaines d'artillerie des cadres de l'armée.

A Strasbourg, M. Goudchaux, directeur du Comptoir d'escompte, créé en 1848, fut révoqué par arrêté du ministre des finances (2).

nombreuses années de prison. En 1848, il contribua à la proclamation de la République. Le département de la Loire l'élut député en 1848 et en 1849, et souvent il occupa la tribune pour plaider la cause des nationalités étrangères. Arrêté le 2 Décembre et exilé en Belgique, il s'établit à Bruxelles. Une maladie de cœur l'empêcha de prendre une part active au relèvement de la République en France, après le désastre de 1870. En 1873, après le renversement du gouvernement de M. Thiers, il vint se fixer à Bâle, auprès de sa fille, Mme veuve L., qui, avec ses deux jeunes demoiselles, entoura le vénérable vieillard de ses soins les plus affectueux. Malgré son grand âge et ses infirmités, il prononça un discours patriotique sur la tombe de Charras, le 23 janvier 1875, dixième anniversaire de la mort de l'illustre proscrit. Eugène Baune s'éteignit doucement dans les bras de sa fille, le 8 mars 1880. La colonie alsacienne française de Bâle lui fit ériger un monument pour perpétuer la mémoire de cet excellent patriote, qui, ainsi que Charras, Schmitt et autres proscrits, avait trouvé un refuge sur le sol hospitalier de la Suisse.

(1) Ernest Hamel, dans son *Histoire du second Empire*, évalue à plus de cent mille le nombre des victimes dans les trente départements mis en état de siège.

(2) Pour remplacer M. Goudchaux, on dut convoquer les actionnaires ; ils avaient à désigner trois candidats sur lesquels le gouvernement choisirait, en vertu du droit qu'il s'était réservé en accordant, en 1848, une garantie d'intérêt aux actionnaires.

M. Knoderer réunit 433 suffrages, M. Hirsch 305, M. Broistedt 191.

M. Hirsch était l'enfant chéri de la réaction ; il fut nommé. Tout Strasbourg connaît sa fin lamentable. Déclaré en faillite, en 1863, et condamné à un an de prison pour avoir spéculé à la Bourse, contrairement aux Statuts, ses actionnaires perdirent le capital entier ; les créanciers obtinrent 72 pour 100.

Un arrêté du préfet, M. West, du 9 janvier 1852, pros-
crivit les inscriptions : *Liberté, Égalité, Fraternité*. On alla
même jusqu'à faire enlever une petite statue de la Liberté,
placée au rond-point du jardin Lips, et les mots : « *Vivre libre
ou mourir, 1791* » gravés dans la pierre au-dessus de la
grande porte de l'Ancienne Boucherie, près du pont du
Corbeau, durent disparaître pour la troisième ou quatrième
fois.

Le 22 janvier, Louis-Napoléon fit publier les décrets qui
spolièrent les Orléans d'une grande partie de leur fortune (1). Les classes riches qui avaient vu avec plaisir ou tout
au moins avec indifférence, le Président porter la main sur
les propriétés d'une foule de malheureux républicains, éprou-
vèrent quelque émotion à la publication de ces décrets ; mais
ce sentiment ne fut que de courte durée.

Après avoir fait destituer tout ce qui restait de maires républicains ou obtenu leur démission par le serment de fidélité,
imposé à tous les fonctionnaires, enfin après avoir promulgué
sa Constitution de 1852, par laquelle il s'attribuait toute la
puissance exécutive, législative et judiciaire, le Président fit
procéder, le 1er mars, à l'élection de députés.

Le gouvernement avait proposé, pour le Bas-Rhin,
MM. Renouard de Bussière, Coulaux, Hallez-Claparède, et
Becquet. Pour le Haut-Rhin, MM. Migeon, de Reinach fils,
Lefébure. Tous furent nommés sans opposition.

Seule à Paris et à Lyon, l'opposition put donner signe de
vie en élisant comme députés MM. Carnot, Hénon et le général

---

(1) Dans les motifs, il dit : « Aujourd'hui plus que jamais, de
hautes considérations politiques commandent de diminuer l'influence
que donne à la famille d'Orléans la possession de près de 300 millions
d'immeubles en France. »

Cavaignac. Tous trois refusèrent le serment par lettre collective, adressée au président de la Chambre. Ils y disaient :

« Nous remercions les électeurs d'avoir pensé que nos noms protesteraient d'eux-mêmes contre la destruction des libertés publiques et les rigueurs de l'arbitraire, mais nous n'admettons pas qu'ils aient voulu nous envoyer siéger dans un corps législatif dont les pouvoirs ne s'étendent point jusqu'à réparer les violations du droit. Nous repoussons les théories immorales des réticences et des arrière-pensées ; nous refusons le serment.... »

Ce noble exemple eut peu d'imitateurs, du moins dans les hautes régions. A Strasbourg, dix membres du Conseil municipal donnèrent leur démission pour ne pas prêter serment. Ce furent : MM. Bartholmé, F.-D. Bernhard, Dietrich, Friedolsheim, Jon. Gœtz, Heimburger, F. Hey, Holl, Lichtenberger et Steiner (1).

Le 3 juillet, MM. Chastelain, maire, Preis, adjoint et Schützenberger, membre du Conseil municipal de Strasbourg, partirent pour Paris, afin, dit le *Courrier du Bas-Rhin* du 4 juillet, d'inviter le prince-Président de venir à Strasbourg pour l'inauguration du chemin de fer de Paris, fixée provisoirement au 17 juillet.

Le Président accepta l'invitation. Cette inauguration lui offrit une occasion toute naturelle de sonder l'opinion du pays. Des ovations officielles lui furent préparées dans les villes où il s'arrêta. Toutes les flatteries, toutes les bassesses, dont les courtisans et certains fonctionnaires sont capables, lui furent prodiguées.

A Nancy, il entra par un arc de triomphe surmonté d'un aigle immense. A Saverne, il fut reçu par le préfet du Bas-

(1) Séance du Conseil municipal du 4 mai 1852.

Rhin et les sous-préfets, par le général commandant le département et une députation du Conseil général.

Une salve de cent-un coups de canons annonça son arrivée à Strasbourg, le 19 juillet, à midi. L'ornementation de la gare avait été confiée à l'entrepreneur parisien, M. Godillot. En face du rempart (1), on avait élevé un autel, garni, des deux côtés, d'estrades basses où prit place le clergé. A onze heures déjà, celui-ci était sorti processionnellement de l'église Saint-Jean, précédé d'un commissaire de police.

Venaient ensuite les élèves du grand et du petit séminaire, les curés de Strasbourg avec les bannières de leurs églises, finalement l'évêque Ræss avec mitre et crosse!

Depuis 1830, il n'y avait plus eu de procession dans les rues de Strasbourg ! Il fallait profiter de l'occasion pour faire revivre, ne fût-ce que pour une heure, ce souvenir du passé.

Près de l'autel, se trouvaient deux estrades, reliées par un grand velarium sur lequel on lisait : « *A Louis-Napoléon, l'Alsace reconnaissante !* »

Le Président passa trois jours dans nos murs; il y eut, comme à l'occasion des voyages princiers, revues, bal, cortège des campagnards, manœuvres de pontonniers sur le Rhin, etc. L'enthousiasme parut d'assez bon aloi, du moins de la part des gens de la campagne ; on avait si bien préparé le terrain. Le préfet, M. West, dans une de ses circulaires, disait :

« Louis-Napoléon a accepté la mission de clore l'ère des révolutions en France... Le chef de l'Etat veut être entouré d'hommes qui aiment le peuple, qui connaissent ses intérêts... Grandeur de la France au dehors ; ordre et prospérité au dedans, voilà son but... »

Une autre fois, c'étaient des protestations en faveur de

(1) Il s'agit, bien entendu, de l'ancien rempart tel qu'il exista jusqu'en 1870.

la paix ; on alla même jusqu'à dire aux paysans que bientôt il n'y aurait plus de conscription. Que fallait-il de plus pour gagner les cœurs naïfs de ces braves gens !

A la station de Brumath, un grand drapeau portait l'inscription :

« *Les chemins de fer assurent la paix du monde.* »

M. Ernest Hamel, dans son *Histoire du second Empire* (1), dit que le Président, jusqu'à son entrée en Alsace, avait été reçu par des cris d'enthousiasme qui, du moins, avaient conservé un caractère légal : « *Vive le prince-Président !* *Vive Louis-Napoléon !* » Mais il ajoute qu'il était réservé à Strasbourg de faire entendre, pour la première fois, le cri séditieux de : « *Vive l'Empereur !* » ce qui lui inspire les douloureuses réflexions : « Pauvre Alsace ! Elle paie cher aujourd'hui l'irréparable faute d'avoir, une des premières, salué du titre d'empereur le chef imbécile qui devait la livrer, sans défense, aux coups des ennemis et par l'incapacité duquel il lui était réservé d'être arrachée violemment du sein de la mère-patrie... »

M. Hamel a raison de plaindre la pauvre Alsace, mais il est trop sévère à son égard. — Bien que j'aie assisté en observateur à toutes ces manifestations publiques et que je n'aie jamais entendu le cri de : « *Vive l'Empereur !* », il n'est pas impossible qu'il ait été poussé par quelque individu payé *ad hoc* (2). Mais les nombreux reporters des journaux de Paris

---

(1) E. Hamel, *Histoire du second Empire*, page 60.

(2) Je me rappelle parfaitement avoir vu des hommes criant de toute la force de leurs poumons : « Vive le prince-Président ! » Ce cri poussé, ils coururent à travers de petites rues se poster près d'un autre passage du cortège présidentiel pour y répéter la même manœuvre, et ainsi de suite sur tout le parcours, depuis la gare jusqu'à la préfecture, où des appartements avaient été préparés pour le Président. — Le préfet télégraphia ensuite à Paris qu'il y a eu beaucoup d'enthousiasme !

qui ont assisté à ces fêtes, ne paraissent pas s'en être aperçu, car ils n'en ont point parlé. Il est vrai que deux dépêches officielles envoyées de Strasbourg au ministre de la police à Paris, le 19 et le 22 juillet, mentionnent le cri de : « *Vive l'Empereur !* » mais on sait quel degré de créance il faut ajouter aux dépêches des fonctionnaires de cette époque (1).

Quoi qu'il en soit, l'Alsace n'est ni plus ni moins coupable que *la France entière* d'avoir acclamé l'Empire et de l'avoir soutenu pendant près de vingt ans, alors surtout qu'après les guerres de Crimée, d'Italie, du Mexique, etc., les plus obtus ont dû être convaincus que toutes les assurances de paix n'étaient qu'un leurre dans la bouche de ce menteur consommé. Les vrais coupables, après Napoléon, ce sont ses ministres, ses députés et ses sénateurs serviles, qui avaient le pouvoir d'empêcher la guerre ; ce sont les cléricaux qui poussaient la dévote impératrice à faire sa guerre à elle contre la Prusse hérétique. Ce sont indirectement les ultra-radicaux. Non contents des libertés que leur donnait 1848 — alors qu'en 1847, sous Louis-Philippe, ils eussent été enchantés d'en obtenir la dixième partie seulement — leur impatience à faire triompher leurs idées — peut-être à arriver au pouvoir — leurs extravagances — ont fini par jeter le gros de la nation dans les bras de l'aventurier qui a failli perdre le pays et qui a consommé la ruine de l'Alsace-Lorraine. Car c'est elle qui sert de victime expiatoire pour les fautes de la France entière. Du reste, déjà, lors du voyage de Napoléon en août 1850, à Lyon, Dijon, à Besançon, etc., il fut accueilli par la *Société du Dix-Décembre,* fondée à Paris et dans d'autres

---

(1) J'ai déjà dit que le préfet M. West télégraphiait, le 7 janvier 1852, lors du *Te Deum* en l'honneur du guet-apens du 2 Décembre, que « *toute la population* rendait grâce au Président, » etc., alors que personne, en dehors des fonctionnaires payés et de quelques curieux, n'y avait pris part.

grandes villes, pour pousser à l'Empire, par les cris de « *Vive Napoléon ! Vive l'Empire !* » (voir page 368). M. Hamel avait certainement perdu de vue ce fait, sans cela il n'aurait pas accusé Strasbourg d'avoir, pour la première fois, fait entendre le cri séditieux de : « *Vive l'Empereur !* »

Au surplus, l'Empire était dans l'air. Parti six semaines plus tard pour un voyage dans le midi, le Président fut accueilli partout par les cris de : « *Vive l'Empereur !* » A Lyon, à l'inauguration d'une statue équestre de Napoléon Ier, le Président dit : « Depuis Paris jusqu'à Lyon, s'est élevé le cri unanime de : « *Vive l'Empereur !* » Mais ce cri est bien plus, à mes yeux, un souvenir qui touche mon cœur qu'un espoir qui touche mon orgueil. »

C'était un nouveau mensonge à ajouter à tous les autres, car la création de l'Empire était certainement une chose chez lui arrêtée depuis longtemps.

Comme chef de l'Etat, le Président cherchait surtout à gagner les influences cléricales ; ainsi un nouveau plan d'études, publié par M. Fortoul, rendit l'enseignement religieux obligatoire pour tous les internes des lycées. M. de Falloux était dépassé.

Aussi l'évêque de Châlon-sur-Saône avait salué à l'avance le prince-Président par ces mots : « *Qu'il soit béni cet homme de Dieu, car c'est Dieu qui l'a suscité pour le bonheur de notre patrie* (1)..... »

Lorsqu'on met en regard de cette parole la sanglante date de 1870, on voit que l'esprit des prophètes n'avait point effleuré Monseigneur de Châlon !

On mêlait volontiers alors la religion aux hommages serviles rendus à Bonaparte. Témoin un discours de M. Granier de Cassagnac, père, quand, en septembre 1852, on lui fit

---

(1) Ernest Hamel, *Histoire du second Empire.*

une ovation à Aignan (1) (Gers). « Oui, dit-il, je l'avoue,
j'en suis fier, je suis l'ami, le serviteur dévoué du prince
Louis-Napoléon. Dans l'angoisse de mon âme, voyant la
France entraînée vers l'abîme, j'adressais à la Providence
la parole de l'apôtre à Jésus : « Seigneur, sauvez-nous, nous
périssons ». *La Providence ne fut pas sourde à ce cri de
mon cœur.* »

La Providence de M. Granier n'était certes pas celle
des Alsaciens-Lorrains.

Des élections municipales avaient eu lieu à Strasbourg
les 11, 12 et 19 septembre. L'élément libéral l'emporta dans
une certaine mesure. Beaucoup d'anciens conseillers furent
réélus. Le 24 octobre, le *Moniteur* publia la composition de
l'administration municipale de Strasbourg. Furent nommés :

Maire : M. Coulaux, député. Adjoints : MM. Lacombe,
ancien notaire ; Frédéric Strohl, directeur du chemin de fer
d'Alsace ; Delaporte, colonel en retraite, et Frédéric Traut,
avoué.

MM. Lacombe et Strohl seuls avaient été élus membres
du nouveau Conseil.

Le 31 octobre, le préfet installa la nouvelle administration et le maire, M. Coulaux, proposa tout de suite au
Conseil de voter au prince-Président une adresse de félicitations et de remerciements, qui contenait, à mots plus
ou moins couverts, le vœu de voir la République convertie
en Empire. L'adresse fut adoptée à l'unanimité des membres
présents moins une voix. C'était celle de M. de Wangen ;
il déclara qu'il s'associerait à toute adresse qui exprimerait
des sentiments de reconnaissance envers le prince-Président,

---

(1) *Courrier du Gers*, septembre 1852.

mais qu'il ne pensait pas qu'on dût engager l'avenir. Quels qu'aient été les motifs de M. de Wangen, c'était un acte d'indépendance qui lui fait honneur ; il donna un peu plus tard sa démission de membre du Conseil (1).

Le 7 novembre, le Sénat vota l'Empire ; le 8, M. West, le préfet du Bas-Rhin, nous en informa par une proclamation où il disait : « Les vœux émis par les Conseils généraux, les Conseils municipaux et par toute la population, sont exaucés..... Nos vieux soldats reverront l'aigle impériale et nos jeunes générations salueront dans l'empereur *Napoléon III* un gouvernement vraiment national », etc.....

Le peuple était convoqué pour le 20-21 novembre, afin de consacrer ces changements par un plébiscite. En attendant, les adresses au prince-Président pleuvaient. Le tribunal civil de Strasbourg envoya la sienne le 12 novembre ; il y était dit : « La France a besoin de paix.... Soyez son empereur, prince..... tel est le vœu du peuple français et celui du tribunal civil de Strasbourg » (2).

Les adresses de la Cour d'appel et du Tribunal de première instance de Colmar étaient conçues dans le même sens. La première invitait carrément Monseigneur à se faire proclamer empereur (3). La seconde l'appelait le sauveur de l'anarchie (4), etc.

Le vote du 20-21 novembre donnait, pour le Bas-Rhin : 114,685 *Oui*, contre 3,318 *Non* ; pour le Haut-Rhin : 92,730 *Oui*, contre 2,833 *Non*.

(1) Séance du Conseil municipal du 17 décembre 1852.
(2) *Courrier du Bas-Rhin*, du 11 novembre 1852.
(3) *Loc. cit.*, du 12 novembre 1852.
(4) *Loc. cit.*, du 16 novembre 1852.

Sur la proposition du maire, M. Coulaux, notre Conseil municipal (1) offrit, au nom de la Ville, à l'empereur Napoléon III l'ancien château épiscopal (2) et, par lettre du 7 décembre 1852, Sa Majesté accepta. Napoléon y disait, entre autres : « Qu'il était bien touché de cette offre et que c'était pour lui un engagement de retourner souvent dans cette Alsace si riche en patriotiques souvenirs ».....

Dimanche, le 5 décembre 1852, eut lieu, en Alsace, la proclamation de l'Empire ; à Strasbourg, elle se fit au son des cloches, avec accompagnement de salves d'artillerie et d'une revue sur la place *Kléber*. Un drapeau tricolore avait été placé dans la main de l'illustre général devant la statue duquel les autorités civiles et militaires se placèrent pour le défilé. Les mânes du glorieux républicain ont dû tressaillir à cette indigne comédie.

La revue avait été précédée par des services religieux dans toutes les églises. La circulaire que l'évêque Ræss adressa aux curés de son diocèse, disait entre autres :

« ..... L'empereur ne voit dans son élévation nouvelle qu'une mission plus élevée, *qui lui est confiée par la Providence* », etc. (3).....

Vers la fin du mois de septembre, la vallée du Rhin fut désolée par une inondation formidable. Le 17 septembre, le Rhin ne marqua que 1^m,68 au rhénomètre du pont de Kehl. Le 20 septembre, il était à 4^m,44. Tous les villages riverains, depuis Huningue jusqu'à Strasbourg, furent inondés.

(1) Séance du Conseil municipal du 18 novembre 1852.
(2) Aujourd'hui affecté à la bibliothèque de l'Université allemande.
(3) *Courrier du Bas-Rhin,* du 10 décembre 1846.

Les communes de Mackenheim, de Rhinau, de Boofzheim, d'Obenheim, de Gerstheim et le Neuhof eurent énormément à souffrir. Une cinquantaine de maisons s'étaient écroulées ; des centaines menaçaient ruine.

Comme d'ordinaire, des souscriptions furent ouvertes et les dons affluèrent largement. Mais, au lieu d'en laisser la répartition à l'initiative privée, le préfet ordonna de centraliser les fonds à la recette générale et nomma des Commissions chargées de visiter les bâtiments submergés, de prescrire les moyens de consolidation, de rechercher les causes d'insalubrité, d'indiquer les moyens de les combattre et de lui faire des rapports journaliers sur le résultat de leurs opérations.

Sans doute l'intention du préfet était de soulager les malheureux, mais, son but, en tout cas, fut complètement manqué.

Ces Commissions, ayant reconnu que la plupart des maisons écroulées ou endommagées étaient situées dans des bas-fonds, eurent la malheureuse idée de proposer de nouvelles constructions sur des terrains plus élevés. L'administration accepta ces propositions. Le résultat le plus direct fut que les pauvres inondés durent faire reconstruire ou réparer leurs masures à leurs frais ; car on retint toute subvention dans la pensée de les obliger plus tard à transporter ailleurs leurs pénates.

Vers la fin de décembre 1852, quelques inondés de Boofzheim et de Rhinau, auxquels je m'intéressais particulièrement, vinrent me prier de leur donner des conseils sur les démarches à faire pour obtenir quelques subsides. Ils m'affirmèrent qu'en dehors des dons en nature, que les communes épargnées par le fléau leur avaient amenés, ni eux, ni leurs compagnons d'infortune n'avaient encore reçu le moindre secours en argent.

J'allais voir une de mes connaissances, M. Bauer, chef de division à la préfecture, et c'est alors que je fus informé des dispositions de la Commission. La construction de maisonnettes sur d'autres terrains, donnait lieu à des retards d'autant plus considérables, qu'elle devait se faire par la voie administrative. Je fis observer que l'hiver ayant commencé, ces malheureux ne pouvaient attendre ; qu'ils répareraient tant bien que mal leurs anciennes demeures et qu'alors, selon toute probabilité, ils y resteraient.

Ils n'obtinrent rien. Vers le printemps, je les revis. Ils me dirent qu'on parlait bien, dans leurs villages, d'habitations qui seraient construites, mais que rien n'avait encore été fait. Pour en avoir le cœur net, je me rendis sur les lieux, fin juillet 1853, accompagné d'un de mes amis.

A Obenheim, nous vîmes, sur le bord de la route, sept maisonnettes à peine sous toit ; à Boofzheim, deux ou trois à moitié terminées. A Rhinau, sur un pré, gisaient quelques tas de moëllons, destinés, nous disait-on, à des constructions. Enfin, à Mackenheim, nous trouvâmes une dizaine de maisonnettes à peu près terminées, mais non encore habitées. Il fallait que d'abord elles fussent bénites !

Au mois de septembre 1853, *un an après le désastre*, l'inauguration eut lieu solennellement. Le préfet et le sous-préfet, les maires, les curés, pasteurs et rabbins des communes environnantes, les gendarmes et les gardes-champêtres ; tous y assistèrent.

Sa G., Mgr Ræss, donna elle-même la bénédiction. Le lendemain les feuilles de l'Alsace rendirent compte de cette fête de bienfaisance qui montrait si bien la touchante sollicitude du gouvernement paternel de S. M. l'empereur, veillant au sort des pauvres et des déshérités.

Les maisonnettes furent, sans doute, données à quelques gardes-champêtres, ou à des individus bien pensants dont, à l'occasion, on se servait comme courtiers d'élection. Quant aux inondés, ils ne reçurent à peu près *rien*. — Les maison-nettes payées, il restait bien un solde, sur les 200,000 francs qu'avait produits la souscription, mais on le répartit au marc le franc. C'est-à-dire que celui qui possédait vingt arpents recevait vingt fois plus que le pauvre diable qui n'en avait qu'un seul.

Quand la presse est entièrement libre, on se plaint souvent, et non à tort, de ses écarts. Mais, quand elle est muselée, quand toute critique, toute discussion indépendante, est étouffée, le mal est positivement plus grand.

CONCLUSION

1852 — 1884

————◦✕◦————

Au cours de cette année, les journaux d'outre-Rhin firent de nouveau à l'Alsace l'honneur de s'occuper d'elle avec une touchante sollicitude (1).

La revue trimestrielle allemande « *Die deutsche Viertel-jahrsschrift* », alors une des feuilles les plus considérées chez nos voisins, reparla, dans un long article, de la grande faute des puissances alliées d'avoir, en 1815, laissé l'Alsace à la France et du désir des Alsaciens de se jeter de nouveau dans les bras de leur bonne mère, l'Allemagne. La *Gazette d'Augsbourg*, l'organe le plus répandu de l'Allemagne du sud, s'empressa de reproduire cet article. Les braves gens pensaient, sans doute, que les Alsaciens, connus pour avoir des sentiments républicains, seraient dégoûtés de la France qui venait de se remettre sous les fourches caudines d'un Napoléon. Ils se trompaient du tout au tout. Alors même que le second Empire n'inspirait que du mépris à tous les bons patriotes, aucun d'eux n'eût voulu changer de nationalité ; tous espéraient que cet ordre de choses ne durerait pas.

A l'appui de ses assertions, l'auteur allemand dit, entre autres : « Les lois, les arrêtés, tous les avis officiels, sont accompagnés de traductions allemandes. Dans la plupart des églises on prêche en allemand », etc., etc., et il conclut :

(1) Le *Courrier du Bas-Rhin* publia, sous le 8–10 juillet 1852, trois excellents articles, signés de M. Ch. Bœrsch, alors son rédacteur en chef, réfutant vigoureusement les arguments des écrivains allemands.

« L'homme du peuple déteste et repousse la manière d'être des Français..... Si l'Alsace était de nouveau réunie à l'Allemagne, une seule génération suffirait à y effacer toute trace de la France ».....

C'était encore une grossière erreur. Si la France a toléré, en Alsace, pendant deux siècles, l'usage de la langue allemande, c'est par un effet de cette générosité native qui gagne les cœurs, même les plus revêches, et c'est précisément l'homme du peuple qui y est peut-être le plus sensible.

Quant à l'assertion qu'une seule génération suffirait pour effacer toute trace de la France, les faits lui ont donné et lui donnent journellement un démenti formel.

Voilà treize ans que l'Alsace-Lorraine est annexée à l'Allemagne et aucun Allemand, de bonne foi, habitant le pays, n'osera soutenir que le sentiment allemand s'est frayé un chemin dans le cœur des Alsaciens.

Et même en supposant que cette transformation se fît et qu'après beaucoup d'années, les Alsaciens-Lorrains, d'excellents Français, aient été convertis en Allemands, la *France* ne perdra pas de vue les provinces perdues. Sachant qu'elle avait mérité une leçon pour avoir laissé déclarer la guerre par son triste empereur, elle aurait oublié, le temps aidant, et les milliards de la rançon et les défaites de l'année terrible. Il est probable que jamais elle n'oubliera l'Alsace-Lorraine. Si besoin en était (1), les cent mille Alsaciens-Lorrains éparpillés sur le sol entier de la France y entretiendraient le souvenir des deux provinces sœurs séparées de la mère-patrie ;

(1) Une preuve entre mille, que les Français penseront toujours à l'Alsace-Lorraine :

Le 23 décembre 1883, eut lieu, à Cognac, un grand banquet patriotique. Dans son discours, M. Duclaud, le député de la Charente, parlant de la fête de l'arbre de Noël, donnée annuellement par l'Association d'Alsace-Lorraine à Paris, dit entre autres : « Songeons,

d'ailleurs, n'y aurait-il pas toujours en France un parti qui
penserait que la frontière naturelle c'est le Rhin et non les
Vosges (1)?

———————————

*Ce que nous avons conquis, en six mois, il faudra que
nous le gardions, l'arme au bras, pendant cinquante ans*, a
dit le feld-maréchal de Moltke. Je crains, pour l'Allemagne,
que le célèbre stratégiste n'ait été trop bon prophète et
qu'elle ne soit obligée de payer cher, trop cher peut-être,
par l'énorme attirail militaire que nécessite l'annexion, la
volonté de garder l'Alsace-Lorraine.

La statistique officielle dressée récemment donne à l'empire allemand 45,320,000 habitants.

Sans l'Alsace-Lorraine, il lui en resterait encore près de
44 millions, — donc environ 8 millions de plus qu'à la
France qui ne compte que 36 millions d'habitants. — Mais
sans l'Alsace-Lorraine l'empire allemand serait surtout mora-
lement plus fort ; car au lieu d'avoir à ses frontières occiden-
tales, un ennemi, il aurait pour voisin une nation amie, ou
pour le moins neutre.

Et non seulement numériquement, mais par sa puissante
organisation militaire, l'empire allemand serait encore supérieur à la France. Celle-ci, richement dotée par la nature, n'est

————————————————————————

« Messieurs, que là-bas, cette terre *d'Alsace est gardée par nos*
« *morts ;* sur leurs tombeaux sont gravés ces deux mots : « *Adhuc*
« *loquuntur* » (ils parlent encore) ; et comme le disait un Français
« aimant son pays : « Ils parlent de la France ! Ecoutons leurs voix ! »
(*Salve d'applaudissements.*) — Extrait du journal *La Charente*, du
28 décembre 1883.

(1) On sait que Jules César déjà, dans ses *Commentaires*, parle
du Rhin comme de la frontière qui sépara la Gaule de la Germanie.
(*Guerre des Gaules*, par Jules César ; traduction Ch. Louandre.
Paris, 1856, p. 2.)

pas et *n'a jamais été jalouse de l'Allemagne*, moins bien partagée qu'elle. C'est plutôt le contraire qu'on pourrait supposer.

La meilleure preuve en est dans la puissance d'attraction que la France exerce sur l'Allemagne. Avant 1870 — Paris, Lyon, Marseille, Bordeaux, le Havre, Reims, la Champagne et la Bourgogne regorgeaient d'établissements allemands, qui s'y étaient fondés à l'ombre de cette grande générosité française si mal récompensée pendant la dernière guerre.

Depuis la conclusion de la paix, et bien que les Allemands sachent qu'ils sont mal vus en France tant que celle-ci restera mutilée, ils viennent de nouveau s'y établir ; à Paris surtout, où ils sont en nombre considérable.

Voit-on, par contre, des Français s'établir en Allemagne ? Jamais ! — A moins qu'on ne veuille remonter à l'époque néfaste de la révocation de l'Edit de Nantes ! — Pourquoi, dès lors, le Français serait-il jaloux de l'Allemand ? — Il l'est au plus quand ce dernier vient à Paris lui faire concurrence sur son propre marché, alors que lui, Français, ne veut nullement jouir de la réciprocité en Allemagne.

Malgré cela — peut-être pour cela — les publicistes allemands continuent à représenter la France comme l'ennemi héréditaire (*der Erbfeind*) de l'Allemagne et à entretenir la haine entre les deux peuples, ainsi obligés à gaspiller leurs grandes ressources, en un immense matériel de destruction au lieu de les employer à des entreprises utiles.

L'entente entre eux est une utopie, dira-t-on. Elle ne le sera plus, du moment que le chauvinisme fera place à la saine raison, au simple bon sens qui dit — cela est clair comme le jour — qu'une *vraie* paix entre les deux peuples serait pour eux une source inappréciable de prospérité.

Cette vraie paix se fera le jour où la question de l'Alsace-Lorraine sera vidée à l'amiable, et si aucun intérêt dynastique ne vient plus s'en mêler.

Encore une utopie, me criera-t-on ! Soit. — Mais les Anglais et les Français, que leurs souverains, dans un intérêt tout personnel, avaient poussés, durant des siècles à s'entre-tuer, vivent en paix depuis soixante-neuf ans, quoique leurs intérêts s'entre-choquent bien plus aujourd'hui qu'autrefois ; et pourtant si un point noir s'élève entre eux, on discute et on s'arrange sans recourir tout d'abord à la force brutale.

Du reste la France, en tant que nation, n'aurait certainement pas voté la guerre en 1870, si elle avait été consultée. Elle n'avait rien à y gagner ; la paix fait sa prospérité ; pourquoi l'aurait-elle donc troublée ? Mais au lieu de rester maîtresse de ses destinées, elle s'en était remise à la direction de l'homme providentiel de triste mémoire ; les conséquences de cet aveuglement devaient, nécessairement, lui être fatales ; seulement, et je ne saurais trop le répéter, l'Alsace-Lorraine est la victime expiatoire de la faute commise par *la nation entière*.

Peut-être que beaucoup de Français n'ont pas une idée exacte de la situation malheureuse faite aux Alsaciens-Lorrains par cet abandon.

Je ne parle pas des innombrables vexations, grandes et petites, auxquelles est exposé un pays, envahi, pris et gardé par des conquérants. Je crains que les Français ne se soient pas mieux comportés quand, sous le premier Empire, ils commandaient en maîtres en Allemagne, en Espagne, etc. C'est, prétend-on, la conséquence naturelle de la guerre, ce reste des temps barbares, que le dix-neuvième siècle aurait dû extirper et qu'à sa honte éternelle, au contraire, il s'applique à transformer en une science qui consiste à s'entre-tuer au plus vite et en aussi grand nombre que possible. — Je ne m'arrêterai ni à l'énorme perturbation produite par le changement : des rouages administratifs, de la langue officielle, du Code, etc.; — ni aux pertes matérielles considérables, aux ruines même

dont ce bouleversement politique (1) et économique complet a
été la conséquence inévitable pour certaines industries, auxquelles le plus beau marché du monde, celui de Paris et de la
France, a été à peu près fermé par les barrières douanières.

Ce dont j'entends parler c'est du déchirement des plus
vieilles relations, de la dispersion des familles, de la rupture
violente de tous les liens de parenté ou d'amitié. Une des
causes principales de ce mal fut l'option, valable seulement
lorsque l'optant quittait le pays. Puis la demande *d'incorporation dans l'armée allemande de tous les jeunes Alsaciens-
Lorrains, nés à partir de 1851 — alors que ceux nés en
1850 faisaient encore partie de l'armée française !* L'émigration en masse fut la conséquence naturelle de cette mesure (2). Elle sema la haine, et la semence a si bien levé,
qu'après douze années, dans la séance de la Délégation d'Alsace-Lorraine (3), du 14 décembre 1883, M. le Secrétaire
d'Etat, de Hoffmann, se crut obligé de donner la réponse

_____

(1) Strasbourg, par exemple, fut, comme ville frontière pendant
deux cents ans, l'intermédiaire pour une grande partie du trafic entre
la France, l'Allemagne et l'Autriche. — Cette branche commerciale
y est ruinée depuis que la frontière a été portée de 90 kilomètres en
avant, dans la direction de Paris à Avricourt, dans celle de Lyon à
Belfort.

(2) Il fallait ne pas avoir la moindre notion du caractère alsacien
pour ne pas arriver à la conviction que cette mesure, ainsi que d'autres, par exemple, la suppression presque totale de l'enseignement du
français, l'enlèvement des noms français des rues et places, etc., —
tout cela dès 1871, — ne produisissent des froissements tels qu'aujourd'hui encore les meilleures intentions de M. de Manteuffel s'en
trouvent paralysées.

(3) D'après des ordres de Berlin, tout s'y traite, depuis un an, en
langue allemande. Vainement on a représenté que certains députés
ignorent complètement cette langue ; le français est resté exclu.

suivante, à un vœu de la Délégation, tendant à obtenir enfin une Constitution pour l'Alsace-Lorraine :

« L'Alsace-Lorraine a encore avec le grand Etat, auquel elle a autrefois appartenu, des relations trop intimes pour qu'il ne soit pas nécessaire d'user de quelque prudence. En droit public, l'Alsace-Lorraine, il est vrai, est séparée de la France; mais les relations d'affaires et de famille sont autant de liens qui rapprochent les deux pays et qui sont utilisés, je ne veux pas dire par l'Alsace elle-même, mais par des agitateurs qui ont leur résidence en France, pour susciter des difficultés au gouvernement allemand établi ici, pour maintenir le sentiment que le pays appartient à la France, et pour empêcher un autre sentiment, celui de la communauté avec l'Allemagne, de prendre racine. Messieurs, c'est là qu'est le danger. L'article de la dictature n'est pas dirigé contre le pays lui-même, mais contre l'agitation étrangère; il est surtout dirigé contre l'agitation que font les Alsaciens-Lorrains établis à Paris. C'est à ces bons amis, à Paris, que le pays doit s'en prendre, si l'Allemagne ne peut pas encore se décider à donner à l'Alsace-Lorraine la même liberté qu'aux autres Etats allemands. »

En 1815, un délai de *six* années fut accordé, pour l'option, aux habitants des territoires de la Sarre et de la Bavière rhénane (Sarre-Louis, Landau, etc.) cédés après Waterloo à la Prusse et à la Bavière (1). En 1871, on laissa *un* an seulement de délai d'option aux quinze cent mille Alsaciens-Lorrains qui, en outre des cinq milliards, faisaient la rançon de la France pour la guerre commencée par l'engeance bonapartiste. — Or, il est certain qu'avec un délai de six ans, quantité de jeunes gens et leurs familles seraient restés dans le pays, et que le nombre des agitateurs dont parle M. le Secrétaire d'Etat s'en serait trouvé considérablement réduit.

---

(1) Vaulabelle, *Histoire des deux Restaurations*, t. III, p. 452.

M. Jean Dollfus, dans le mémoire que j'ai cité (page 382) et qu'il a adressé à tous ses collègues du Reichstag a, entre autres, fait appel à leur esprit de justice, en rappelant les mots inscrits sur la colonne élevée à Berlin, au dernier roi de Prusse : « *Gerechtigkeit erhœhet die Vœlker* » (la justice élève les nations). — Mais ce n'est pas avec de la politique de sentiment que le prince de Bismarck a créé l'unité de l'Allemagne ; dès lors, il ne doit pas être partisan de cette politique. L'Allemagne consultera ses intérêts ; elle examinera si l'Alsace-Lorraine, cette petite bande de terre, quelque fertile qu'elle soit, mérite une dépense annuelle d'au moins 200 millions de marks et cela pendant cinquante ans *au moins*. L'Allemagne se demandera s'il ne lui serait pas plus avantageux d'employer ces 10,000 millions de marks à la guérison de la plaie sociale, en construisant des cités ouvrières, au lieu de casernes, et en dégrevant les impôts, à la création de nouvelles voies ferrées pour aider au développement de son agriculture et de son industrie ; à l'augmentation considérable de sa flotte ; à la fondation de colonies lointaines, qui, protégées par ses navires, offriraient au trop plein de sa population et, par la suite, à ses produits manufacturés, des lieux d'écoulement autrement avantageux que le sont pour l'Allemagne les Etats-Unis d'Amérique.

Pourquoi l'Allemagne, avec sa grande puissance d'expansion, avec ses 45 millions d'habitants si bien disposés à l'émigration, ne fonderait-elle pas des empires lointains? Pourquoi ne créerait-elle pas des colonies florissantes comme l'Angleterre l'a fait, pendant que les nations du Continent européen s'entre-guerroyaient et s'entre-ruinaient en lui abandonnant la domination des mers? Pourquoi? — Parce qu'elle a l'Alsace-Lorraine à garder. — Parce qu'elle a pour voisine la France avec laquelle elle ne sera en VRAIE paix que le jour où il n'y aura plus de pomme de discorde (1) entre elles. Parce que, étant donnée cette situation, chaque Etat a constamment cinq cent mille soldats sous les armes, alors que la moitié serait plus que suffisante pour maintenir l'ordre et la tranquillité dans le pays.

Une ère de prospérité pareille à celle de l'Angleterre et des Etats-Unis d'Amérique pourrait encore se lever pour la plupart des Etats du Continent européen si leurs deux nations les plus civilisées, avec 80 millions de population — l'Allemagne et la France — étaient d'accord. — Sans leur assentiment la paix ne pourrait plus être troublée. — Quant à la France, tant qu'elle sera en République et que le peuple aura à prononcer, il est certain qu'elle ne fera pas de guerre agressive.

Aussi, souhaitons, pour le bien de tous, que la République se maintienne en France. Puisse-t-elle trouver toujours, pour

(1) Ce terme n'est pas choisi au hasard. Après les victoires brillantes, mais inespérées de Fræschviller et de Sedan, l'Allemagne fut saisie d'une espèce de vertige — la nature humaine supporte difficilement les succès trop rapides — et sa presse tout entière demandait à grands cris l'incorporation de l'Alsace dans l'Allemagne. — En septembre 1870, arrivant devant Strasbourg assiégé, avec les délégués suisses qui avaient pour mission d'offrir l'hospitalité suisse aux vieillards, aux femmes et aux enfants, si on leur permettait le passage par les lignes des assiégeants, je fus admis à l'honneur d'une entrevue avec S. A. R. le grand-duc de Bade. Naturellement bon et généreux, il déplorait les malheurs des Strasbourgeois, qu'il était venu soulager, ne pouvant pas les leur éviter. C'est grâce à son intercession que la mission suisse obtint du général de Werder, qui commandait le siège et le bombardement, la permission de faire sortir deux mille personnes. Ayant parlé à S. A. R. du sort réservé à l'Alsace, le grand-duc me dit : « Si la politique exigeait absolument qu'on la détachât de la France, qu'on en fasse un pays neutre, ou un pays prussien ou bavarois ; seulement pas de pays badois, car, ajouta-t-il d'une voix prophétique : *Je crains que cela ne devienne une pomme de discorde pour de longues années !* »

la diriger, des citoyens fermes, alliant à l'énergie, l'esprit de justice et de désintéressement ; des hommes enfin qui mettront au-dessus de leurs intérêts privés, au-dessus de leurs mesquines rivalités, un intérêt bien autrement grand : CELUI DE LA PATRIE.

FIN

TABLE ALPHABÉTIQUE

DES

NOMS ET FAITS PRINCIPAUX MENTIONNÉS DANS CET OUVRAGE

————————

A

B

C

G

H

I J

K

L

M

N

O

P

Q

R

S

Y Z

TABLE DES MATIÈRES

ERRATA

Page 57, ligne 19, *au lieu de :* Celui de fin décembre 1823, *lire :* Celui de fin décembre 1832.

Page 350, ligne 13, *au lieu de :* durent avoir des conséquences fatales ? *lire :* durent avoir des conséquences fatales !

OUVRAGES DU MÊME AUTEUR

LA MISSION SUISSE A STRASBOURG, PENDANT LE BOM-
   BARDEMENT, EN SEPTEMBRE 1870. — Strasbourg, imprimerie Heitz, 1874. (Pas dans le commerce.)

L'IMPOT SUR LES REVENUS. — Paris, librairie Fischbacher,
   1876.

DE L'IMPOT SUR LE REVENU ET SUR LA FORTUNE. —
   Paris, Imprimerie Moderne, rue Jean-Jacques-Rousseau, 1877.

CE QU'ONT FAIT LES BONAPARTISTES. — Paris, Société du
   Patriote, rue des Saints-Pères, 45, 1874.

OU LE CLÉRICALISME MÈNE LES NATIONS. — Paris, même
   Société, 1876.

LA RÉPUBLIQUE C'EST LA PAIX, LA MONARCHIE C'EST
   LA GUERRE. — Paris, même Société, 1877.

GUILLAUME TELL ET LES FONDATEURS DE L'INDÉPEN-
   DANCE SUISSE. — Paris, même Société, 1882.

CHRISTOPHE COLOMB ET LA DÉCOUVERTE DE L'AMÉ-
   RIQUE. — Paris, même Société, 1882.

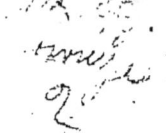

www.ingramcontent.com/pod-product-compliance
Lightning Source LLC
Chambersburg PA
CBHW070758030726
47504CB00003B/604